向家坝升船机运行管理实践

段开林　江传宾　王向辉　等　编著

中国三峡出版传媒
中国三峡出版社

图书在版编目（CIP）数据

向家坝升船机运行管理实践 / 段开林等编著. —北京：中国三峡出版社，2023.8
ISBN 978-7-5206-0273-0

Ⅰ. ①向… Ⅱ. ①段… Ⅲ. ①通航坝-升船机-运行-管理-水富县 Ⅳ. ①TV649 ②U642.7

中国国家版本馆 CIP 数据核字（2023）第 013537 号

责任编辑：李　东

中国三峡出版社出版发行
（北京市通州区粮市街2号院　101100）
电话：（010）59401531　59401529
http://media.ctg.com.cn

北京中科印刷有限公司印刷　新华书店经销
2023 年 10 月第 1 版　2023 年 10 月第 1 次印刷
开本：787 毫米 ×1092 毫米 1/16 开　印张：13.5
字数：291千字
ISBN 978-7-5206-0273-0　定价：98.00元

编 委 会

主　　编：段开林

副 主 编：江传宾　王向辉

编写人员：陈　诚　唐　跃　刘佳洋　刘　恒　胡学龙
石　儒　郝寅生　王海军　马　麟　何海波
赵　政

前言

Preface

向家坝升船机是继三峡升船机之后我国建设的第二座巨型升船机，是向家坝水电站工程的重要组成部分。此通航建筑物为全平衡齿轮齿条爬升螺母柱保安式一级垂直升船机，主要由上游引航道、上闸首、船厢室段、下闸首和下游引航道五部分组成，全长约1530m。升船机按Ⅳ级航道标准设计，设计代表船型为2×500t级一顶二驳船队，同时兼顾1000t级单船。升船机最大提升高度114.20m，单级提升高度在同类型升船机中位列世界第一。升船机工程于2011年5月开始主体工程施工，历经7年建设、安装及调试，于2018年5月通过初步验收，开始试通航。

金沙江下游建坝成库以前，由于滩多水急，航道条件较差，因此宜宾至新市镇107km河段常年只能通行300t级船舶，航运发展缓慢。向家坝工程蓄水以后，整个库区成为深水航道，同时通过合理调度也改善了大坝以下航道条件。得益于水路运输的低成本，金沙江流域矿产资源外运和建材物资运输需求明显增加，向家坝断面货运量稳步增长，翻坝运输与升船机运力迅速达到饱和。

长江电力向家坝水力发电厂作为向家坝水电站的运行管理单位，按照三峡集团安排，在2017年组建了升船机运行筹备组，正式介入升船机通航运行管理。升船机试通航运行至今，通过能力逐年攀升，设备状态持续改善，年度货运量已远远超过设计指标。升船机的高效率运行，成功开辟了金沙江新的“黄金水道”，为库区经济发展持续注入新动能，彰显三峡集团履行社会责任，守护“大国重器”的责任担当。

不可否认，升船机作为快速过坝设施，在国内高强度运行案例较少，积累的运行管理经验相对有限。齿轮齿条爬升式升船机在三峡和向家坝水电站首次应用，在设计、制造、安装等方面均达到国际先进水平；但在微观层面，仍存在一些需要完善的地方。升船机结构复杂，安全要求高，作为“非标”产品，部件选型及参数优化、操作方式调整、检修工艺及技术标准完善等工作具有开创性意义。向家坝升船机管理团队成立于 2017 年 8 月，经过近四年的运行积累，在管理流程、设备运维、科技创新等方面进行了诸多改进与探索，大大提升了升船机的运行安全和可靠水平。

向家坝升船机地处金沙江下游通航河段，属川滇两省界河段，作为航道的一部分，通航管理涉及四川、云南两省各级航务海事主管部门，存在多头管理现象，且地方利益诉求多样，协调难度大。向家坝电厂作为通航建筑物运行管理单位，在维护良好的通航管理秩序方面也做了大量的工作。

为系统总结升船机运行管理方面的经验和成绩，提升通航建筑物管理水平，向家坝电厂组织编撰完成了《向家坝升船机运行管理实践》一书。本书作者从亲身实践出发，全面客观总结了向家坝升船机的结构和特点、通航管理、操作与维护、优化与改进等方面的经验，言之有据、操作有方，可以作为通航建筑物管理的培训教材，也可为国内同行提供升船机运行管理方面的借鉴和参考。

由于作者写作水平和经验的局限，本书难免存在疏漏和不足之处，恳请读者批评指正。

本书编委会

2022 年 5 月

目 录
Contents

第1章 升船机概述

1.1 升船机概况

升船机是一种为了克服航道较短距离中的水位较大落差而利用机械能升降船舶的通航建筑物。在某些情况下，甚至具有船闸无法比拟的优越性。从第一次世界大战到现在，随着制造技术越发先进，项目规模逐渐庞大，建造形态和辅助功能也在不断变化，升船机为全球水运事业的发展做出了重大贡献。

根据升船机承船轿厢工作时的运行方向，可分为垂直升船机、斜面升船机和旋转升船机。

垂直升船机是指具有沿垂直方向运动的承船轿厢的升船机，此类升船机的型式有浮筒垂直式、平衡重式和水压式。浮筒垂直式升船机是指承船轿厢底端和浮筒连接，承船轿厢重力依靠浮筒的浮力来均衡支撑。平衡重式垂直升船机承船轿厢另一端通过钢丝绳连接配重，组成一个平衡体，有效降低了升船功率。水压式垂直升船机是指承船轿厢的重力依靠水压机的活塞支持。

斜面升船机的承船轿厢沿斜坡轨道升降运动，根据斜坡轨道的不同又分为两种类型：纵向类和横向类。纵向斜面升船机是指承船轿厢上下途中，斜坡轨道方向与船舶停止时的纵轴线相同，而横向斜面升船机是指承船轿厢上下途中，斜坡轨道方向与船舶停止时的纵轴线正交。

旋转升船机是由一对对称的旋转吊臂、一根中轴等组成，一对吊臂末端环形槽内悬持有封闭的承船轿厢，承船轿厢可在吊臂环形槽内完成重力旋转。让船舶进入吊臂中的封闭水槽，然后旋转半圈与上下游河道对接。

1.2 升船机的发展

国外对升船机的研究已有200多年的历史，早期的机械化升船机出现在英国，此后在法国、德国、比利时等西欧国家逐步发展起来。十八九世纪出现的升船机提升高度受制造水平的限制，大多数都在15m以下，船舶吨位一般在100t以下。随着西欧工业的发展，升船机样式开始发生变化，而且更多地应用了平衡系统，在20世纪，现代大型升船机应运而生，配合船闸实践运行，具有很广阔的发展前景。

在德国，首台升船机——尼德芬诺平衡重式升船机于1936年建成。随着技术的发展，1962年建成了亨利兴堡双浮筒式垂直新升船机，1974年又建成了在当时不管是体量还是技术都是首屈一指的吕内堡平衡重式垂直升船机。

在法国，1967年以来，除了在莱茵运河上修建了阿尔滋维累横向斜面升船机外，还于1972年在加龙支运河上的蒙特施建造了世界上第一座水坡式升船机。

在苏联，20世纪80年代初修建的克拉斯诺亚尔斯克升船机至今仍然是一座举世无双的工程，目前世界上没有类似的通航建筑物，也是当时苏联水电工程取得的重大成就之一。该项目证明了在高水头水利枢纽中修建类似建筑物可以解决通航问题，不仅技术可行，而且经济合理。

在比利时，利用4座新船闸和1座能克服67.55m水头的隆库尔斜面升船机，使沙勒瓦罗—布鲁塞尔运河的改建收到了显著效果，将该运河上的船闸总数由38座减少到10座，极大地降低了船闸维护成本。而在2001年建成的斯特勒比—蒂厄垂直升船机，更是将双线一级钢丝绳卷扬提升技术提升了一个台阶。

在英国，2001年在苏格兰的福尔基克城建成了世界上第一台旋转升船机，该旋转升船机可以把船从一条运河传送至另外一条水平面不同的运河，从而使北海和大西洋通过运河形成了一个新通道。

如上所述，这些国外升船机都是非常具有代表性的，无论是在设计上或者说在建造上，都有很多值得我们借鉴的地方。

在国内，随着我国大江、大河水利枢纽的快速建设与发展，为解决水位集中落差的问题，一般的船闸类通航建筑物已无法满足日益增长的快速通航及货运需求。我国通过借鉴国外升船机先进技术，结合国内实际情况，修建了为数众多的升船机，目前升船机数量居世界第一，其主要集中在湘、川、鄂、桂等省份。我国自20世纪50年代末期就开始研制升船机，60年代建成浠水县白莲河升船机，正式拉开了我国升船机的建造历史。截至1980年，我国共建造了63座升船机，其主要技术指标见表1–1。

表 1–1　截至 1980 年我国建成的升船机主要技术指标

型式	主要指标		湿运（座）	干运（座）
垂直升船机（共 5 座）	运输船舶吨位（t）	10 ～ 30	—	3
		30 ～ 50	—	1
		150	1	—
	提升高度（m）	≤ 10	—	1
		≥ 40	1	3
斜面升船机（共 56 座）	运输船舶吨位（t）	≤ 10	—	11
		10 ～ 30	2	35
		30 ～ 50	—	7
		150	1	—
	提升高度（m）	≤ 10	—	40
		10 ～ 20	1	4
		20 ～ 30	1	2
		30 ～ 40	1	2
		240	—	5
水坡升船机	运输船舶吨位（t）	10 ～ 30	1	—
		60	1	—
	提升高度（m）	≤ 10	—	2

自 20 世纪 90 年代开始，先后建设清江隔河岩、红水河岩滩、乌江彭水、长江三峡、乌江构皮滩、右江百色等升船机。我国目前在建或者建成的升船机主要都以钢丝绳卷扬垂直提升式和齿轮齿条爬升式为主，已投运或在建的大、中型升船机主要指标见表 1–2。

表 1–2　国内已投运或在建的大、中型升船机主要指标

河流	闸坝名	升船机型式	提升高度（m）	承船厢有效尺寸（m×m×m）（宽 × 长 × 高）	载船吨位（t）	承船厢载船及水共重（t）	建成年份
汉江	丹江口	移动式卷扬垂直	45.00	10.70 × 33.00 × 0.90	150	450	1973
		双向下水斜面	41.00	10.70 × 33.00 × 0.90	150（300）	385	1973
闽江	水口	卷扬垂直提升	59.10	14.00 × 112.00 × 2.50	2 × 500	5300	2003
红水河	岩滩	卷扬垂直提升	68.50	10.8 × 40.00 × 1.80	250	1430	1997
	龙滩	二级卷扬垂直提升	88.50/90.50	12.00 × 70.00 × 2.20	500	—	建设中

续表

河流	闸坝名	升船机型式	提升高度（m）	承船厢有效尺寸（m×m×m）（宽×长×高）	载船吨位（t）	承船厢载船及水共重(t)	建成年份
清江	高坝洲	卷扬垂直提升	40.30	10.80×42.00×1.70	300	1560	2008
	隔河岩	二级卷扬垂直提升	40.00/82.00	10.20×42.00×1.70	300	1374	2004
长江	三峡	齿轮齿条爬升	113.00	18.00×120.00×3.50	3000	15500	2016
澜沧江	景洪	水力浮动式	66.86	12.00×59.00×2.50	500	3300	2016
乌江	思林	卷扬垂直提升	76.70	12.00×59.00×2.50	500	3300	2019
	沙陀	卷扬垂直提升	74.90	12.00×59.00×2.50	500	3300	2019
	彭水	卷扬垂直提升	66.60	12.00×59.00×2.50	500	3250	2010
	构皮滩	三级卷扬垂直提升	55.00/127.00/79.00	12.00×59.00×2.50	500	3150	2021
嘉陵江	亭子口	卷扬垂直提升	85.40	12.00×116.00×2.50	2×500	6250	2018
金沙江	向家坝	齿轮齿条爬升	114.00	12.00×116.00×3.00	1000	8150	2018
右江	百色	卷扬垂直提升	88.8	130×12×3.9	1000	—	建设中

国内比较典型的升船机如下：

（1）景洪升船机

采用世界首创的水力驱动方式，通过将平衡重做成体积和重量相匹配的浮筒，使得浮筒重量大于承船厢总重量，进而通过调节浮筒的重量来改变承船厢和浮筒之间重量差值，进而使得承船厢升降运行，升降速度由充泄水速度来控制。景洪升船机最大提升高度为66.86m，过船吨位为500t，升船机全程耗时17min，为澜沧江—湄公河航道的重要水运枢纽。

（2）三峡升船机

采用齿轮齿条爬升式平衡重运行结构，升船机提升总重量15 500t，提升船舶吨位3000t，最大提升高度为113m。三峡升船机是三峡水利枢纽通航设施的重要组成部分，是五级船闸的辅助通航设施，主要作为三峡大坝客货轮和特种船舶快速过坝的通道，具有通过速度快、提升高度高、适应上下游水位变幅能力强的特点，是目前国内建造难度最高的升船机之一。

（3）构皮滩升船机

根据当地通航环境和大坝特点，其通航工程主要由上下游引航道、三级垂直升船机和两级中间渠道等组成。第一级和第三级采用承船厢下水式垂直升船机，第二级为全平衡式垂直升船机，单级最大提升高度127m。构皮滩通航建筑物最高通航水头为199m，过船吨位为500t，上游通航水位变幅40m，通航建筑物为Ⅳ级，是目前世界上水头最高、水位变幅最大的通航建筑物。

以上这些升船机的设计和建成运行，标志着我国升船机的建造水平已跃居世界前列。

第2章 向家坝升船机的结构及特点

2.1 向家坝升船机概述

向家坝水电站是金沙江下游梯级开发的最后一座电站，坝址位于四川省宜宾市和云南省水富市交界的金沙江上，距宜宾市区约33km，距水富市区约1.5km。向家坝水电站以发电为主，同时改善通航条件，兼顾防洪、灌溉，并有拦沙和对溪洛渡水电站进行反调节等作用。向家坝水电站位于金沙江通航河段上，也是整个金沙江流域唯一具有通航建筑物的水电站，通航里程上至新市镇，下至宜宾市，全长105km，水运的大宗物资主要是煤、非金属矿石、化工和建筑材料等。

向家坝升船机布置于向家坝水电站金沙江河道左侧，其中心线与坝轴线交角90°，左右分别与冲沙孔坝段和厂房坝段相邻。升船机按Ⅳ级航道设计，最大过坝船队为2×500t级一顶二驳船队，最大过坝单船为1000t级机动货船。向家坝升船机总提升吨位8150t，正常升降速度为0.2m/s，最大提升高度114.20m，主要运行参数详见表2–1。

表2–1　向家坝升船机主要运行参数

项目	内容	参数
气温	多年平均气温	18.4℃
	极端最高气温	39.3℃
	极端最低气温	-1.0℃
湿度	多年平均相对湿度	82%
降雨	多年平均降雨量	908.1mm
流量	多年平均流量	4570m^3/s
	实测最大流量	29 000m^3/s
	实测最小流量	1060m^3/s
	历史最大洪水流量	36 900m^3/s

续表

项目	内容	参数
风速	多年实测平均最大风速	13.7m/s
地震烈度	基本地震烈度	7 度
	水平向地震加速度	0.149*g*
风压	机构设计最大工作风压	500Pa
	机构设计非工作风压	800Pa
运行风级及风速	运行风级	≤ 6 级
	运行风速	≤ 13.8m/s
航运条件	船队尺度	111.0m × 10.8m × 1.6m（长 × 宽 × 吃水深）
	单船尺度	85m × 10.8m × 2.0m（长 × 宽 × 吃水深）
	通航净空	10m
	进出承船厢速度	≤ 0.5m/s
运行水位条件	上游最高通航水位	380.00m
	上游最低通航水位	370.00m
	上游防洪检修挡水位	381.86m
	下游最高通航水位	277.25m
	下游最低通航水位	265.80m
	下游防洪检修挡水位	291.82m
	最小通航流量	1200m^3/s
	最大通航流量（设计）	12 000m^3/s
水流条件	纵向水面流速	≤ 2.0m/s
	横向水面流速	≤ 0.3m/s
	水面回流流速	≤ 0.4m/s
	最大涌浪高	≤ ± 0.50m
设计运行时长	年运行天数	330d
	日运行小时	22h

2.2 通航建筑物

向家坝升船机通航建筑物主要由上游引航道、上闸首、承船厢室段、下闸首及下游引航道（含辅助闸室和辅助闸首）五部分组成，全长 1530m，总体布置如图 2–1 所示，土建结构主要参数见表 2–2。

图 2–1　向家坝升船机总体布置情况

表 2–2　向家坝升船机土建结构主要参数　　单位：m

项目		内容	参数
上游引航道		基本宽度	40
上闸首	挡水坝段	长	115.5
		宽	29.6
		顶高程	384.00
		底高程	226.00
		通航航槽宽	12
		航槽底高程	366.50
	渡槽段	长	85.45
		顶高程	382.00
		底高程	230.00
		通航航槽宽	12.00
		航槽底高程	366.50
承船厢室段		总长	116.0
		承船厢室宽	19.0
		底高程	255.00
		建基面高程	240.00

续表

项目	内容	参数
承船厢室段	顶高程	393.00
	结构总高	153.0
	塔柱顺水流方向长	47.2
	塔柱垂直水流方向宽	14.0
	上下游塔柱间距	19.6
	塔柱与上下闸首间隙	1.0
下闸首	长	40
	宽	47
	顶高程	296.00
	上游段底高程	235.00
	下游段底高程	252.00
	结构最大高度	61
	通航航槽宽	12
	航槽底高程	262.00
辅助闸室	长	118
	顶高程	296.00
	通航航槽宽	24.00
	航槽底高程	260.5
辅助闸首	长	20
	顶高程	296.00
	辅助闸首总宽	39
	通航航槽宽	24.00
	航槽底高程	260.5
下游引航道	基本宽度	40
	总长	约 788

上游引航道布置于河心靠左岸侧，长度约 500m，采用向左岸侧单向扩宽的形式，航道中心线与坝轴线垂直，从坝轴线向上游依次布置导航段、调顺段、停泊段，引航道基本宽度为 40.00m。导航段建筑物由主导航堤及靠船设施组成，主导航堤采用钢质浮式结构，设置于升船机上游引航道右侧，其长度为 120.00m。

上闸首由挡水坝段和渡槽段组成，兼有挡水及升船机闸首双重功能。挡水坝段沿升船机中心线长 115.50m，宽 29.60m，顶高程 384.00m，渡槽段沿升船机中心线长 85.45m，顶高程 382.00m。上闸首航槽宽 12.00m，航槽底高程 366.50m。上闸首顺水流方向依次布置上闸首事故检修闸门、坝顶活动桥、上闸首检修排水设备、上闸首工作闸门等设备。

承船厢室段建筑物总长 116.00m。296.00m 高程以下为挡水结构，并作为塔柱基础，为整体式坞式结构。承船厢室宽 19.00m，底板高程 255.00m，建基面高程 240.00m。296.00m 高程以上对称布置 4 个承重塔柱筒体，其顶高程 393.00m，塔柱结构高度 153.00m，建筑物总高 180.50m。4 个筒状塔柱结构对称布置在承船厢室两侧，每个塔柱顺水流方向长 47.20m，垂直水流方向宽 14.00m（高程 296.00m 以上），除螺母柱布置位置处的壁厚为 1.25m 外，其余壁厚均为 1.0m。上下游两个塔柱间距 19.60m，其间布置楼梯和电梯，上下游塔柱分别与上下闸首之间各有 1.00m 的间隙。在塔柱 300.00m 高程和向上每增加 15.00m 高程处，其四周设置 2.00m × 2.00m 的通风洞，以降低温度应力的影响。每个塔柱的内侧分别布置 1 个长 16.00m、宽 5.40m 的凹槽，凹槽的墙壁上设有驱动机构的齿条和安全机构的螺母柱，同时每个塔柱内部分别设 4 个用于容纳平衡重组升降运行的平衡重竖井。左右塔柱之间在 393.00m 高程下布置 18 根横向联系梁（断面为 1.0m × 3.0m），横梁净跨度 19.0m，通过横梁构成升船机 393 高程大厅，其内布置 16 组平衡重定滑轮组、升船机调控室、供配电等各功能机房。

下闸首紧邻承船厢室段下游端布置，系整体坞式结构，其长度为 40.00m，宽 52.10m，顶高程 296.00m，结构最大高度 63.00m。下闸首航槽宽度 12.00m，底高程 262.00m。下闸首顺水流方向依次布置下闸首工作闸门、下闸首检修闸门、下闸首防撞装置、下闸首渗漏排水系统等设备。

下游引航道布置在下闸首的下游，基本宽度 40m，由直线段、圆弧段、连接段三部分组成，圆弧段和口门处加宽至 60m，其布置如图 2–2 所示。直线段与下闸首末端相连，顺水流方向依次布置导航段、调顺段和停泊段。直线段后接一半径为 444.00m、长度 232.47m 的圆弧段，圆弧段下游末端设连接段，与下游主航道衔接。下游引航道内建筑物布置辅助闸室、辅助闸首、主导航墙、辅导航墙及靠船墩。辅助闸室总长 118.00m，沿纵向分为 6 个结构段，闸室有效尺度为 120.00m × 24.00m（长 × 宽，其中宽为承船厢宽度 12.0m 的 2 倍）。辅助闸室为分离式结构，左、右边墙顶高程分别为 281.50m 和 286.40m，底高程均为 258.00m，结构高度分别为 23.50m 和 28.40m。辅助闸室底板顶高程为 260.50m，厚 2.50m。辅助闸首设在辅助闸室下游侧，长 20.00m，航槽宽 24.00m，底板顶高程 260.50m，采用分离式结构，边墩顶高程 296.00m，建基面高程 256.50m，结构最大高度 39.50m。辅助闸首布置有辅助闸首防撞装置、辅助闸首工作闸门等设备。紧接辅助闸首下游端沿引航道左侧布置辅导航墙，长 13.045m，右侧为混凝土重力式结构的主导航墙。沿下游引航道停泊段左侧布置 4 个靠船墩，其墩中心线间距为 40.0m，另在沿原泄水渠岸边顺岸布置了 8 个靠船墩，墩上设置系船柱，供船舶在不同水位条件下系缆。

图 2-2　下游引航道布置图

2.3 承船厢设备

2.3.1　承船厢结构及设备布置

向家坝升船机承船厢采用盛水结构与承载结构合为一体的自承载式结构型式，标准段尺寸 125m×16.4m×8.0m（长 × 宽 × 高），主要由主纵梁、底铺板、安全横梁、驱动横梁、厢头等部分组成，整体结构如图 2–3 所示，主要技术参数见表 2–3。主纵梁布置于承船厢结构的两侧，与厢头一起组成长方形大型箱梁框架结构，其截面尺寸为 8m×2m（高 × 宽）。厢头位于承船厢的端部，在其上部安装承船厢工作门。底铺板位于主纵梁内侧、承船厢中部，为承船厢载水面板。安全横梁、驱动横梁布置于承船厢的上游和下游，各 2 根。承船厢结构通过 128 根 ϕ76mm 钢丝绳与平衡重相连，承船厢无水总重约为 3390t，带水总重约为 8150t。

承船厢两侧对称布置 4 个侧翼结构，长 15.6m，宽 6m，作为承船厢的 4 个驱动室，其内布置承船厢驱动机构、事故安全机构以及相应的电气、液压设备。驱动机构通过机械轴连接，形成机械同步系统。安全机构的旋转螺杆与相邻的驱动系统连接，同步运行。驱动机构齿条和安全机构螺母柱通过二期埋件安装在塔柱凹槽的混凝土墙壁上。

4 套横导向机构布置在 4 套驱动机构下方，利用驱动机构齿条底座板作为导轨。在正常运行工况下，横导向机构承受运行风载荷并对承船厢进行横向导向，在地震情况下，该机构将传递承船厢的横向地震载荷。

4 套纵导向与顶紧机构位于承船厢两侧，其导轨位于下游塔柱筒体的上游端，两导轨面对称中心线距承船厢横向中心线 11.9m。在正常升降运行工况下，纵导向承受运行风载并对承船厢进行纵向导向，在与闸首对接期间顶紧机构使承船厢纵向锁定，同时在地震情况下传递承船厢的纵向地震载荷。

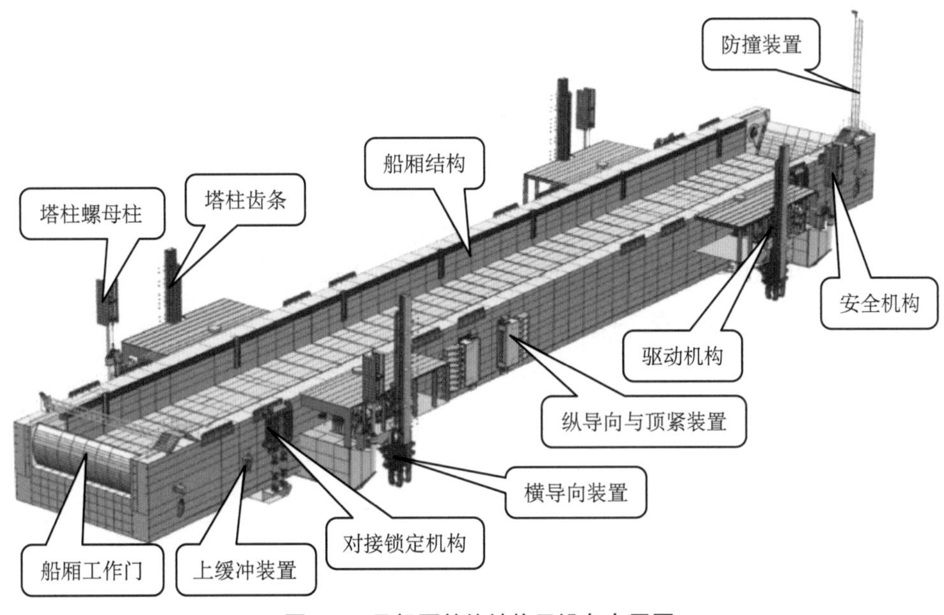

图 2-3　承船厢整体结构及设备布置图

表 2-3　承船厢主要技术参数

序号	项目	技术参数
1	承船厢总重（含水体）	8150t
2	承船厢结构和设备总重	3390t
3	承船厢有效水域尺寸	116m × 12m × 3.0m（长 × 宽 × 水深）
4	承船厢外形尺寸	125m × 16.4m × 7.5m（长 × 标准段宽 × 高）
5	承船厢最大提升高度	114.2m
6	承船厢升降速度	12m/min
7	承船厢正常运行加速度	± 0.01m/s^2
8	承船厢正常运行允许误载水深	± 0.1m
9	承船厢对接时最大误载水深	± 0.5m
10	升船机设计寿命	金属结构 70 年，机械设备 35 年

4 套对接锁定装置对称布置在承船厢两侧，纵向间距 90m，用以在对接状态将承船厢竖向锁定。对接锁定机构通过液压缸驱动的摩擦块与导轨之间的摩擦力将承船厢沿竖向锁定，可适应承船厢和塔柱之间的纵、横向相对变位。

承船厢两端分别布置一扇下沉式弧形承船厢门，由 2 台液压油缸启闭。闸门开启后卧于承船厢底铺板以下的门龛内。在距承船厢两端面 4.5m 处各设有一套带液压缓冲的防撞装置，用于避免船舶失速时撞击承船厢门。

承船厢布置 10 个电气设备室，用于布置控制柜、开关站等电气设备。布置 6 套液压泵站，用于操作驱动机构液气弹簧、对接锁定装置、横导向机构、纵导向与顶紧机构、承船厢门及其防撞装置等。

除上述设备外，承船厢上还布置上缓冲器、消防、照明、暖通等设备。

2.3.2 承船厢驱动系统

向家坝升船机承船厢驱动系统由驱动机构和同步轴系统两部分组成，总体布置如图 2–4 所示，主要技术参数见表 2–4。

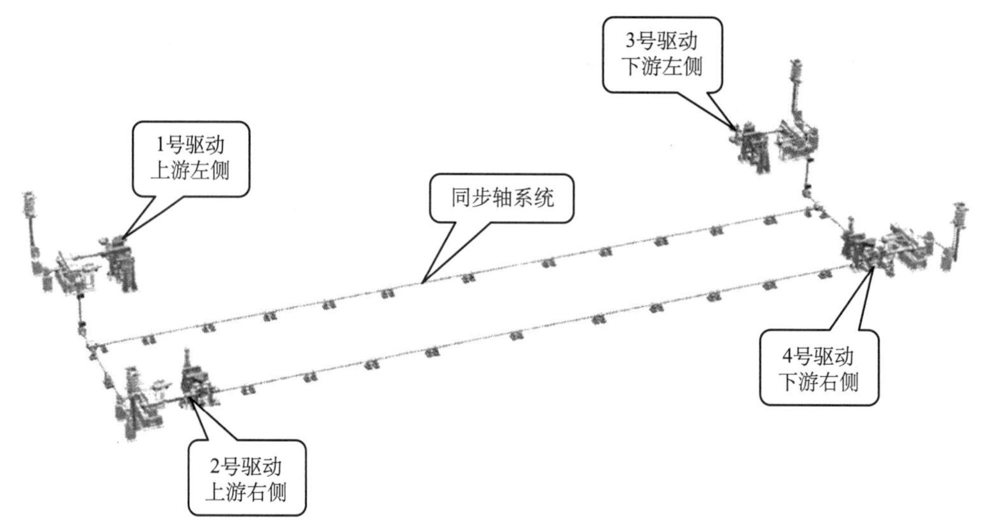

图 2–4 承船厢驱动系统总体布置图

表 2–4 驱动系统主要技术参数

序号	项目	技术参数
1	最大提升高度	114.2m
2	升降速度	0.2m/s
3	承船厢运行加速度	± 0.01m/s^2

续表

序号	项目	技术参数
4	承船厢事故制动加速度	$-0.04m/s^2$
5	运行最大允许误载水深	± 0.10m
6	驱动机构正常运行最大载荷	± 3320kN
7	驱动机构最大事故载荷	± 6240kN
8	整机设计寿命	35 年（72000h）
9	总驱动功率	4 × 250kW
10	齿轮转速	5r/min
11	减速器传动比	200
12	同步轴转速	250r/min
13	驱动机构适应相对变位能力	纵向 ± 90mm；横向 ± 120mm

驱动机构共 4 套，分别布置在承船厢两侧的 4 个侧翼平台，小齿轮中心线距承船厢横向中心线 32 950mm。4 套驱动机构通过布置在承船厢结构中的同步轴系统相连接。驱动机构主要由一套机械传动单元、一套小齿轮托架系统和机架组成，如图 2–5 所示。一套机械传动单元布置在小齿轮托架外侧，靠近安全机构布置，其减速器中间输出轴与安全机构相连接。

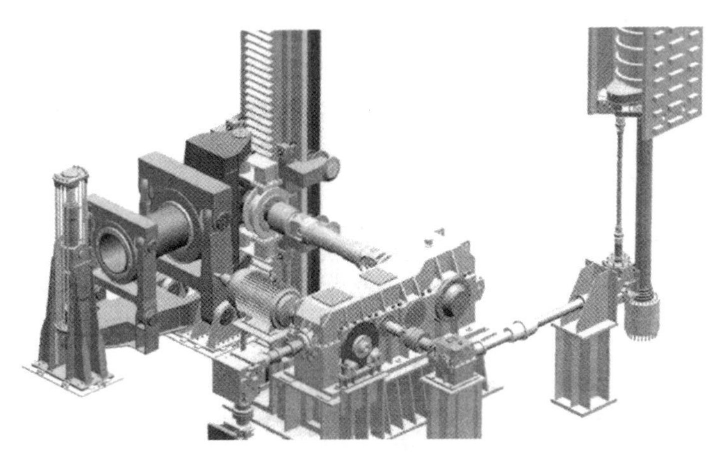

图 2–5　驱动机构主驱动部分

机械传动单元包括电动机、减速器、锥齿轮箱、万向联轴器组件、安全制动系统、安全离合器、带齿式联轴器中间轴等设备。减速器的低速级输出轴通过万向联轴器组件与齿轮轴连接。减速器高速轴内侧输出轴端与电动机相连接，并装设工作制动器；高速轴外侧轴端装设安全制动器。减速器的中间轴外侧输出轴端通过安全离合器与锥齿轮箱连接，其动力再通过带齿式联轴器中间轴和锥齿轮箱传递至安全机构；中间轴内侧输出轴端装设绝对值旋转编码器。减速器高速轴设置锥齿轮，并与减速器尾部出轴上的锥齿轮啮合。减速器尾部出轴与同步轴系统相连接。

小齿轮托架系统位于每套驱动设备小齿轮的横向中心线上，具有传递小齿轮载荷、适应塔柱和承船厢变形、限制小齿轮载荷等功能。小齿轮托架系统由齿轮轴、支承及导向机构、位移适应机构和液气弹簧机构组成。齿轮轴的轴端与机械传动系统的万向联轴器组件的花键套连接。

同步轴系统为连接 4 套驱动机构的空间轴系，由锥齿轮箱、带齿式联轴器中间轴、弹性爪形联轴器、轴承座、同步轴段、扭矩传感器等组成。同步轴段包括布置在承船厢底部的水平纵轴和水平横轴、布置在承船厢侧翼平台的水平横轴以及布置在主纵梁外侧的竖直轴。同步轴系统在转向处均采用换向锥齿轮箱连接。布置在承船厢底部的水平纵轴和较长的水平横轴按一定的间隔分段，各轴段之间通过联轴器连接，各轴段两端设轴承座，轴承座安装于承船厢结构上。

2.3.3 承船厢安全机构

承船厢 4 套安全机构对称布置在承船厢两侧的侧翼平台，距承船厢室横向中心线 40 050mm，距承船厢室纵向中心线 16 400mm。

安全机构采用“长螺母—短螺杆”方式，4 套中空的长螺母柱铺设在塔柱凹槽的墙壁上，短螺杆竖直布置在螺母柱内，二者螺纹副的螺旋面之间保持一定的间隙，短螺杆通过机械传动设备与驱动机构的齿轮轴相连接，通过传动设备适当的传动比保证齿轮的爬升速度与螺杆的旋升速度严格同步。

安全机构主要由短螺杆、上下导向架、撑杆、撑杆上下支承座、推力球面滚子轴承、齿轮组件、万向联轴器等组成，其结构如图 2–6 所示，主要技术参数见表 2–5。

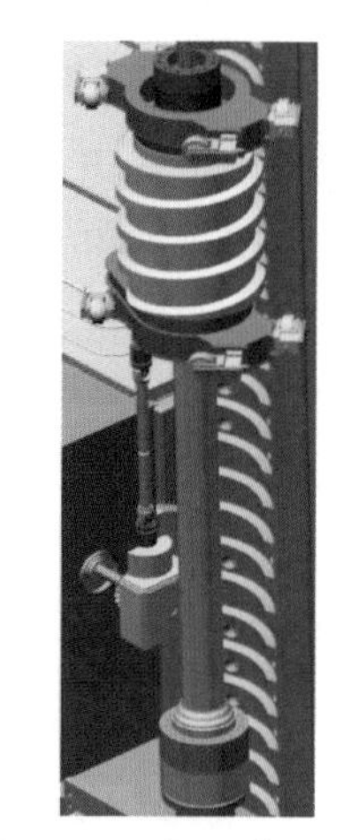

图 2–6 承船厢安全机构结构

表 2–5 安全机构主要技术参数

序号	项目	技术参数
1	最大事故载荷	水漏空 47 600kN；水满厢 12 400kN
2	螺纹副中径	1050mm
3	螺纹副螺距	300mm
4	螺纹副间隙	± 60mm
5	机构适应变位能力	纵向 ± 100mm；横向 ± 120mm
6	螺纹副摩擦系数	≥ 0.1
7	短螺杆螺纹齿形角	20°
8	短螺杆旋向	右旋

驱动机构的动力通过减速器中间轴、转向锥齿轮箱、传动轴、万向联轴器、开式齿轮等将动力传给短螺杆。在减速器与锥齿轮箱之间设置带扭矩检测装置的离合器。当安全机构的阻力矩增大至限定值时，扭矩检测装置发出信号，驱动机构迅速停机。设备检修时，可开启离合器单独对驱动机构或安全机构进行调整。

短螺杆通过撑杆的偏摆来适应承船厢与塔柱之间的相对变位，螺杆通过上下导向架在螺母柱内定位和导向，螺杆的上下两端通过螺栓与上下滑环轴承的外圈相连，上下滑环轴承的固定内圈与上下导向架之间分别用螺栓连接，上下导向托架的重量通过滑环轴承传到短螺杆，再经撑杆传到承船厢结构。

下滑环轴承的外圈为外齿圈，固定在短螺杆下端，外齿圈与齿轮啮合。齿轮组件由齿轮、轴、轴承、透盖、密封件等组成，齿轮安装在传动轴的顶部轴颈，传动轴通过轴承支承于下导向架上的钢筒体内。轴的下端通过铰座与万向联轴器相连接。

撑杆下端支承于下支承座上。下支承座固定于承船厢主横梁端部，由上球座、下球座、轴承盖等组成。撑杆端部的球头与中间杆件通过螺纹连接，端部球头的上下球面分别支承于上球座和下球座，上球座通过止口安装于轴承座上部。

上支承座由上下推力球面滚子轴承、球座、支承环、碟形弹簧组、套筒、密封件及密封支承套管等零件组成。球座和支承环安装于螺杆内腔的顶端。碟形弹簧通过螺栓安装在螺杆内部空腔顶部的盲孔内，碟形弹簧预紧安装，使撑杆顶端球形支承面与固定于短螺杆空腔顶部支座上的球面轴承之间形成 3mm 的间隙，以避免二者在正常运行过程中发生摩擦，并减小短螺杆的旋转阻力矩。上球面滚子轴承安装于撑杆顶部轴颈，内圈由轴肩定位，外圈顶靠在由碟形弹簧支承的支承环上。撑杆通过顶部球面滚子轴承、支承环及碟簧支承于螺杆内腔。承船厢受到的向上的不平衡载荷经撑杆通过球座、球面滚子轴承、支承环和碟簧传至螺杆，最后经螺母柱传递至塔柱。上支承的下球面滚子轴承内圈支承在撑杆上部的下轴肩，轴承外圈支承于套筒端部。套筒用螺栓固定在螺杆内腔下端的轴肩，在套筒上装设有螺旋弹簧，以对球面滚子轴承施加一定的预压力，满足球面滚子轴承正常运行所需的压力。下球面滚子轴承底部设置了密封环，密封环支承在密封支承套管顶端球面上，其球心与上下球面滚子轴承的中心一致，以保证撑杆发生偏摆后密封可靠。密封支承套管装设在套管内壁，与套管底端用螺栓连接。承船厢受到的向下的不平衡载荷经撑杆、下球面滚子轴承、套管传至螺杆，再经螺母柱传至塔柱基础。上支承座的上球面滚子轴承与下球面滚子轴承的球面同心，以适应撑杆的偏摆。

安全机构用于在升船机平衡系统遭到破坏时，将承船厢锁定在螺母柱上，避免灾难性事故的发生。在正常工况下，安全机构的旋转螺杆在驱动机构的驱动下旋转，在承船厢升降过程中保持与螺母柱之间的螺牙间隙；当承船厢发生漏水、沉船或超载等事故时，随着驱动机构齿轮载荷的增加，驱动机构的载荷检测装置将发出停机信号，驱动电机停止运转，制动器上闸制动，当不平衡载荷达到液气弹簧的预紧载荷时，液气弹簧油缸产生位移使安全机构螺纹副间隙逐渐减小直至消失。借助螺母与螺杆的自锁，由事故引发的承船厢不平衡力通过撑杆、旋转螺杆传递至螺母柱，再经螺母柱传到塔柱结构上，从而实现承船厢的安全锁定。此外，升船机在安装、检修时，可通过安全机构将承船厢锁定。

2.3.4 承船厢对接锁定机构

对接锁定装置共 4 套，对称布置在承船厢主纵梁的外侧，距承船厢横向中心线 45m，距承船厢纵向中心线 9.025m。对接锁定装置埋件布置在 4 个塔柱对应于锁定装置位置的墙壁的牛腿上。牛腿结构沿塔柱的整个高度设置，其底部高程 260.80m，顶部高程 383.20m。每个塔柱结构上的 2 条牛腿形成 1 个凹槽，摩擦式锁定机构位于凹槽内，承船厢升降时锁定装置沿牛腿上的轨道运行。

对接锁定机构由撑紧油缸、支承油缸、液气弹簧油缸、框架结构、导向装置等组成，其结构如图 2-7 所示，主要技术参数见表 2-6。

撑紧油缸用于使机构获得对轨道的压紧力及竖向静摩擦力，采用活塞杆支承、缸体移动的型式。3 对撑紧油缸相向装设在框架结构内，其活塞杆通过球面支承与框架结构

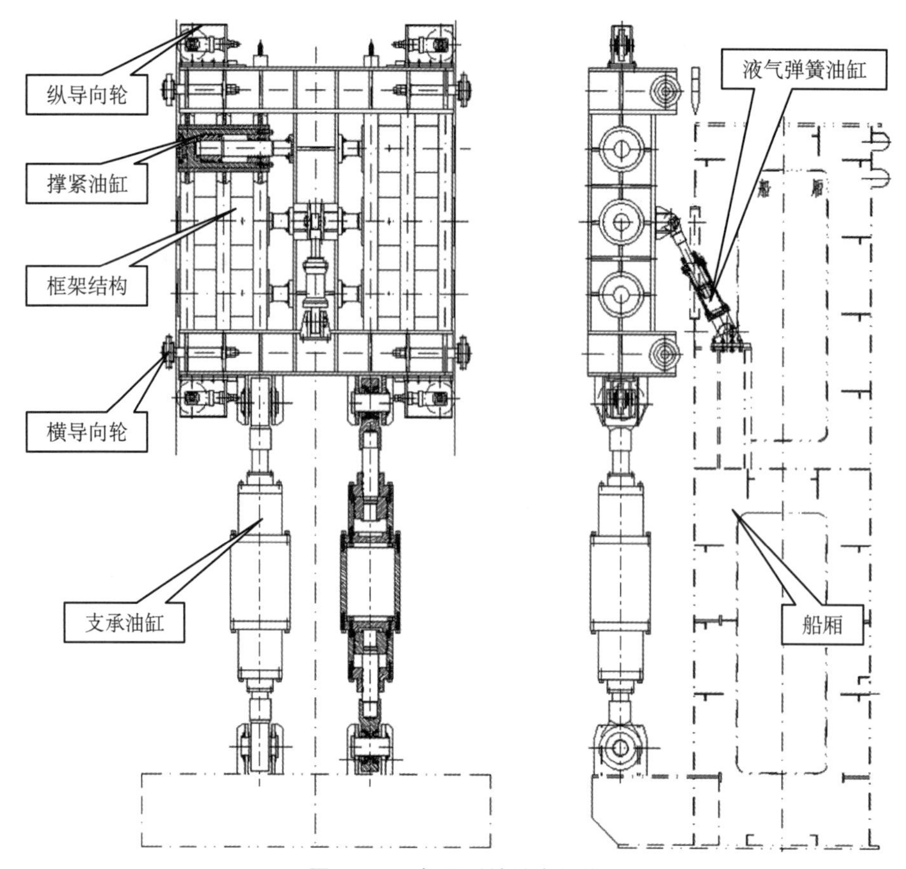

图 2-7 承船厢对接锁定机构

的中部箱形梁连接，缸体以间隙配合装设在套筒内，可在套筒内移动，套筒则与框架结构焊接成一体。缸体端部装设有球面支承的压块，压块上镶嵌了具有高摩擦系数、高抗压强度的特制摩擦片。撑紧油缸的有杆腔充油、加压后，缸体推出，摩擦片压紧导轨踏面；无杆腔充油、加压后，缸体缩回到套筒内，脱离与摩擦轨道的接触。

表 2-6　对接锁定机构主要技术参数

序号	项目	技术参数
1	总锁定载荷	7750kN
2	总锁定能力	4 × 2500kN
3	机构适应变位能力	纵向 ± 90mm；横向 ± 120mm
4	撑紧油缸单缸撑紧力	1250kN
5	撑紧油缸摩擦副静摩擦系数	≥ 0.4
6	单套支承油缸设计支承载荷	1250kN
7	单套支承油缸最大承载能力	1500kN
8	液气弹簧油缸设计载荷	50 ～ 150kN
9	液气弹簧油缸倾斜角	约 61°

支承油缸用于向撑紧油缸传递承船厢的竖向附加载荷，2 套支承油缸装在框架结构下方，每套油缸组均包括 2 只单作用活塞油缸和一节连接套管，2 只油缸的活塞杆分别通过关节轴承与锁定装置的框架结构及承船厢结构连接，油缸缸体的尾盖则分别与套管的两端连接。在承船厢升降期间和对接锁定过程中，上下油缸的活塞均处于上极限位置，活塞与端盖处于顶紧状态，以便于系统的控制和调整。

在框架的上下两端各装设 2 套纵导向轮和 2 套横导向轮，纵向导轮采用预紧机械弹簧支承，横向导轮采用刚性支承。横向导轮通过液气弹簧油缸压紧于横向导轨，液气弹簧油缸位于承船厢主纵梁内，其两端分别通过关节轴承与框架结构和承船厢结构连接。

2.3.5　承船厢横导向机构

承船厢横导向机构包括 4 套横导向装置和 2 套补偿系统。4 套横导向装置对称布置在承船厢两侧，位于驱动机构正下方，以齿条导轨板作导轨，由双活塞杆导向油缸和导向架等组成，结构如图 2-8 所示，主要技术参数见表 2-7。2 套补偿系统布置在承船厢底部，位于上、下游端 2 套导向机构的连线上，由补偿油缸和补油箱等组成，通过管路与导向机构的油缸连接，用于补偿系统的油液的泄漏和温变产生的体积变化。

横导向机构的作用是对承船厢进行横向引导并使承船厢中心线始终位于两侧齿条的对称中心线上，同时将承船厢上的横向荷载传递到塔柱上。导向架通过导向轮约束在横向导轨的前后导轨面，并通过油缸与承船厢相连。在承船厢运行时，导向架跟随承船厢沿着4个齿条的导轨运行。在正常工况下，只有弹簧导向轮参与工作；在地震工况下，弹簧导向轮弹簧压缩，压条与导轨的间隙消失，从而处于工作状态。

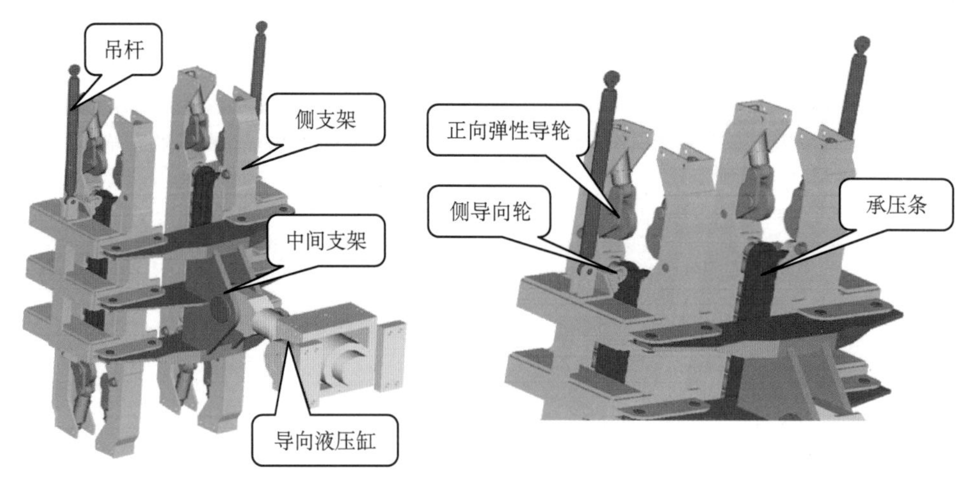

图2-8 横向导向机构

表2-7 横导向机构主要技术参数

序号	项目	技术参数
1	正常运行载荷	单个导向架170kN
2	非正常运行载荷	单个导向架340kN
3	地震工况载荷	单个导向架4340kN
4	机构适应变位能力	纵向 ±100mm；横向 ±120mm

2.3.6 承船厢纵导向与顶紧机构

承船厢纵导向与顶紧机构采用弹簧组方案，共4套，布置在承船厢主纵梁外侧，相对于承船厢纵向中心线和纵导向轨道中心线对称布置。纵导向轨道中心线位于承船厢横向中心线下游，距承船厢横向中心线11.9m。4套装置对称布置在纵向轨道的上下游，结构完全相同，均由2套导向轮装置、1套顶紧装置和1套弹簧组结构及1套箱体结构组成，结构如图2-9所示，主要技术参数见表2-8。

承船厢纵导向与顶紧机构通过自身箱体结构的两垂直面栓紧固定在承船厢主纵梁上，自身箱体基座大面与承船厢主纵梁外腹板之间螺栓连接，弹簧组座面与承船厢上焊接的纵导向系统基座之间螺栓连接。弹性导轮由导向轮和经过预紧的碟形弹簧组构成，承船厢正常升降时，导轮通过弹簧压紧在轨道上。

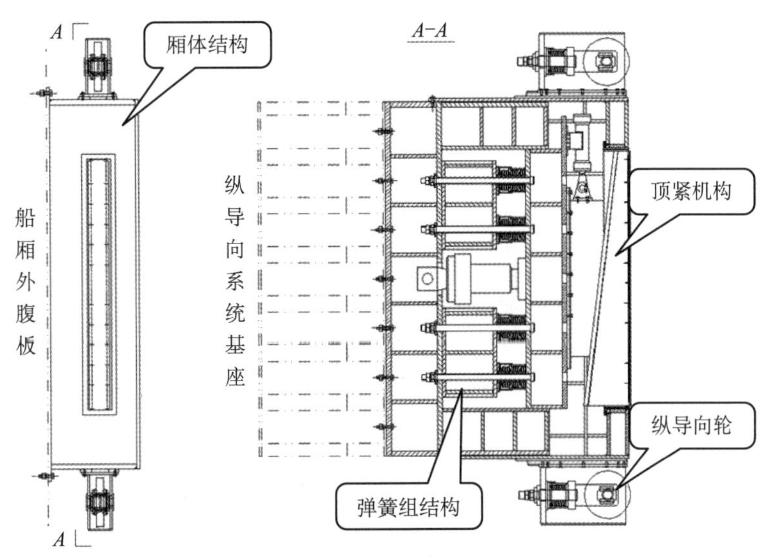

图 2-9　承船厢纵导向与顶紧装置

表 2-8　纵导向与顶紧机构主要技术参数

序号	项目	技术参数
1	顶紧块最大外形尺寸	3100mm × 600mm × 300mm
2	驱动块最大外形尺寸	1900mm × 480mm × 400mm
3	碟簧组合型式	对合 5、叠合 5
4	碟簧规格	250mm × 127mm × 14mm
5	地震阻尼装置阻尼力	1000kN
6	地震阻尼装置刚度	120MN/m
7	地震阻尼装置阻尼系数	6800kNsec/m

2.3.7　承船厢工作门

承船厢工作门采用带背板的下沉式反向弧形门，布置于承船厢的两端，每扇承船厢工作门由 2 台液压油缸同步操作。承船厢工作门主要由门体、支臂、侧向及底部止水、止水钢板、侧导向滑块、承船厢门止动缓冲器、支铰轴承、扭矩管、驱动臂等组成，结构如图 2–10 所示，主要技术参数见表 2–9。

门叶结构采用焊接结构，弧形面板朝向承船厢外侧，平面的背板朝向承船厢内侧，门体尺寸 12600mm（长）×4045mm（宽）×1010mm（弓高）。门叶通过螺栓及连接板与支臂连接，支铰自润滑轴承安装在承船厢侧壁上，并设有密封装置，扭矩管作为承船厢门的铰轴，承担门体启闭时的扭转力矩，其两端分别通过铰制螺栓连接着闸门支臂和扇形的驱动臂，驱动臂通过销轴连接着液压启闭机的油缸耳环。

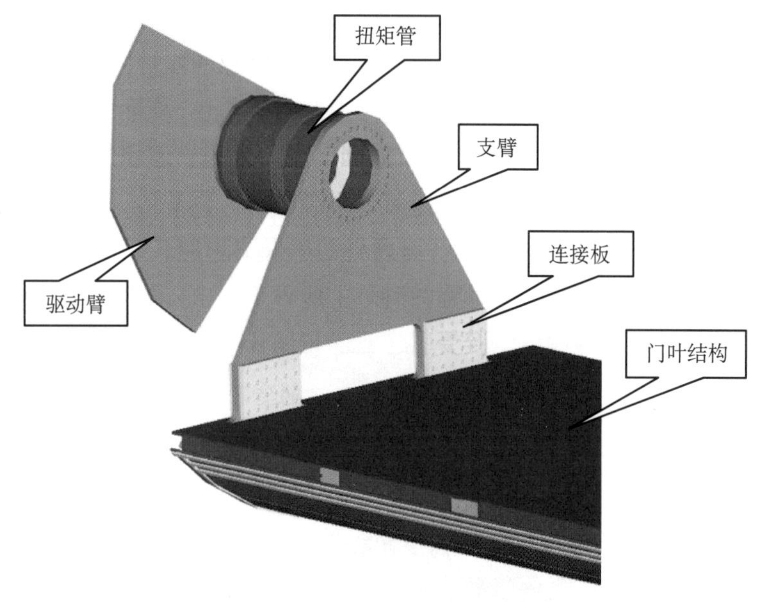

图 2-10　承船厢工作门及启闭机

表 2-9　承船厢工作门主要技术参数

序号	项目	技术参数
1	面板宽度	12.6m
2	门高度	4.02m
3	弧形面板外半径	2.8m
4	门体最大厚度	1.11m
5	止水预压缩量	最大 5mm
6	升降工况挡水水深	（3.0 ± 0.1）m
7	对接工况挡水水深	（3.0 ± 0.5）m
8	最大开度	90° /180° （正常工况 / 检修工况）
9	开启时门叶上下游最大允许水位差	± 0.2m

承船厢工作门侧止水橡皮安装在弧形面板的两侧，采用双 P 型结构，可对工作门进行双向止水，弧形止水座板装设在承船厢头部的门槽结构上，如图 2-11 所示。底止水橡皮安装在工作门底缘，采用双 Ω 形结构，止水座板装设在门槽底部。在门体两端装设横导向塑料滑块，门槽两侧则装设不锈钢轨道。

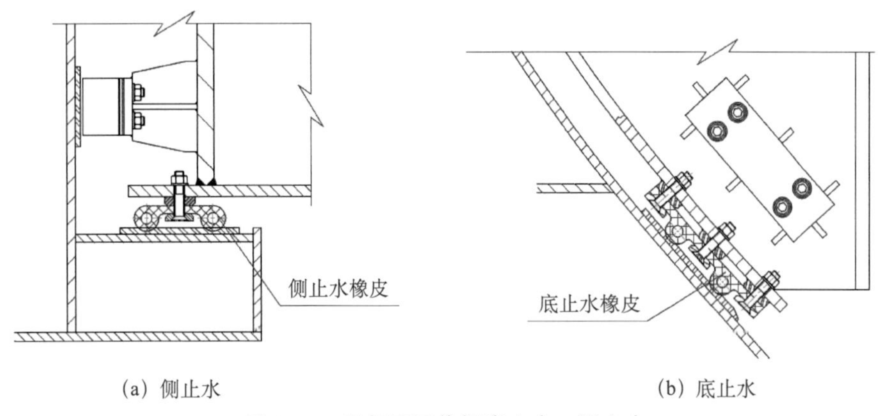

图 2-11　承船厢工作门底止水、侧止水

2.3.8　承船厢防撞装置

承船厢防撞装置共 2 套，位于承船厢上下游两端，呈反对称布置。防撞装置主要由钢丝绳组件、吊架结构、吊架锁定装置、吊架启闭装置、缓冲油缸、钢丝绳导向滑轮、制动装置、限载与导向装置、锁闩装置、锁闩装置导向架以及机舱内的泄水系统等设备组成，结构如图 2-12 所示，主要技术参数见表 2-10。

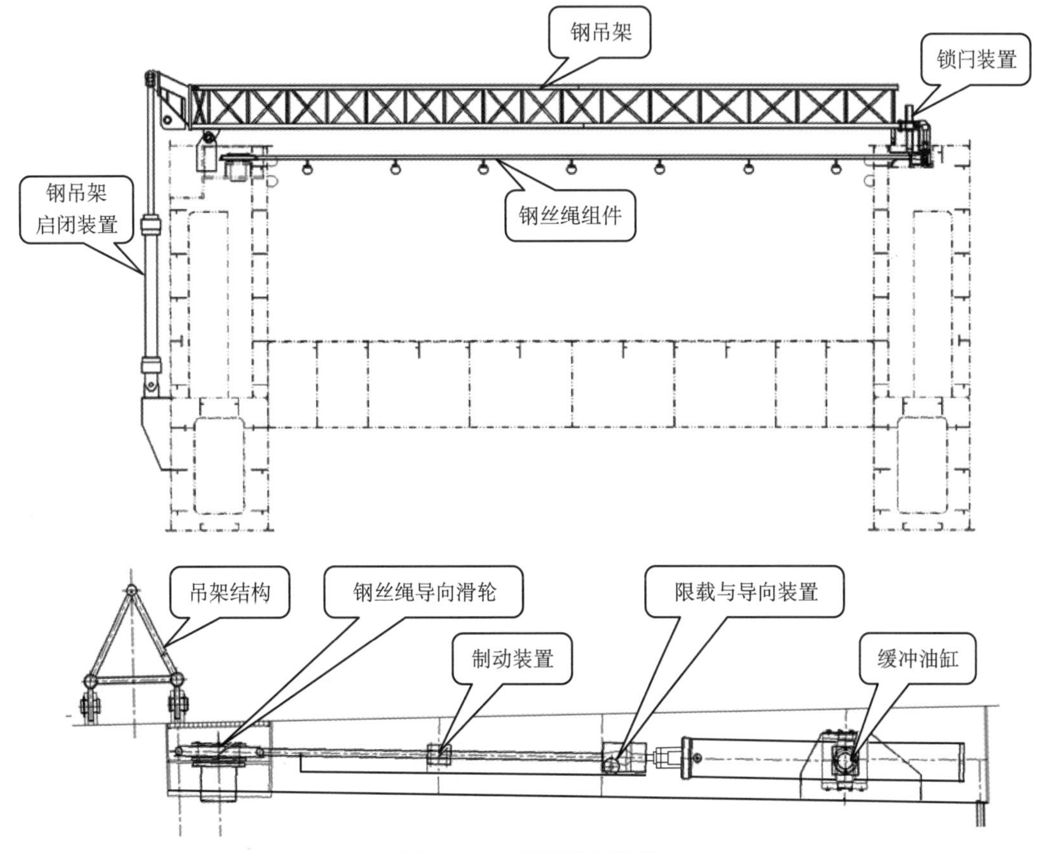

图 2-12　承船厢防撞装置

防撞装置的钢丝绳至承船厢端部的距离为4.5m。正常工作时，张紧的钢丝绳横越承船厢，一端由锁闩固定在承船厢的一侧，另一端经过导向滑轮后与缓冲油缸的活塞杆相连。

吊架的驱动油缸布置在承船厢主纵梁的外侧，与缓冲油缸、锁定油缸、锁闩油缸等由布置在承船厢头机舱内的液压泵站操作。

表 2-10 承船厢防撞装置主要技术参数

序号	项目	技术参数
1	缓冲装置最大缓冲能量	4.0 × 105N · m
2	防撞系统最大缓冲距离	2.5m
3	缓冲油缸最大拉力	600kN
4	防撞钢丝绳直径	60mm
5	防撞钢丝抗拉强度	1960MPa
6	防撞钢丝绳整绳最小破断拉力	3.188kN

2.3.9 平衡重系统

承船厢由128根ϕ76mm钢丝绳悬吊，钢丝绳分成16组对称布置在承船厢两侧，钢丝绳的一端通过调节装置与承船厢主纵梁外腹板上方的吊耳连接，另一端绕过塔柱顶部机房内的平衡滑轮后，与平衡重块连接，如图2-13所示。平衡重块分成16组装设在承船厢室两侧的16个平衡重井内。因钢丝绳悬吊长度变化造成的不平衡载荷通过悬挂在平衡重组下的平衡链予以补偿，平衡链的另一端绕过承船厢室底部的导向装置后与承船厢连接。

平衡重系统由平衡重组、滑轮组、钢丝绳、平衡链及其导向装置、钢丝绳调节组件、钢丝绳连接组件、滑轮组润滑系统等设备组成，主要技术参数见表2-11。

表 2-11 平衡重系统主要技术参数

序号	项目	技术参数
1	平衡重总重	8150t
2	平衡重组数量	16
3	钢丝绳数量	128根
4	钢丝绳直径	ϕ76mm
5	钢丝绳标称抗拉强度	1960N/mm^2
6	钢丝绳整绳最小破断拉力	≥ 4800kN
7	调整平衡重块供货总重量	460t
8	调整平衡重块结构型式	钢板

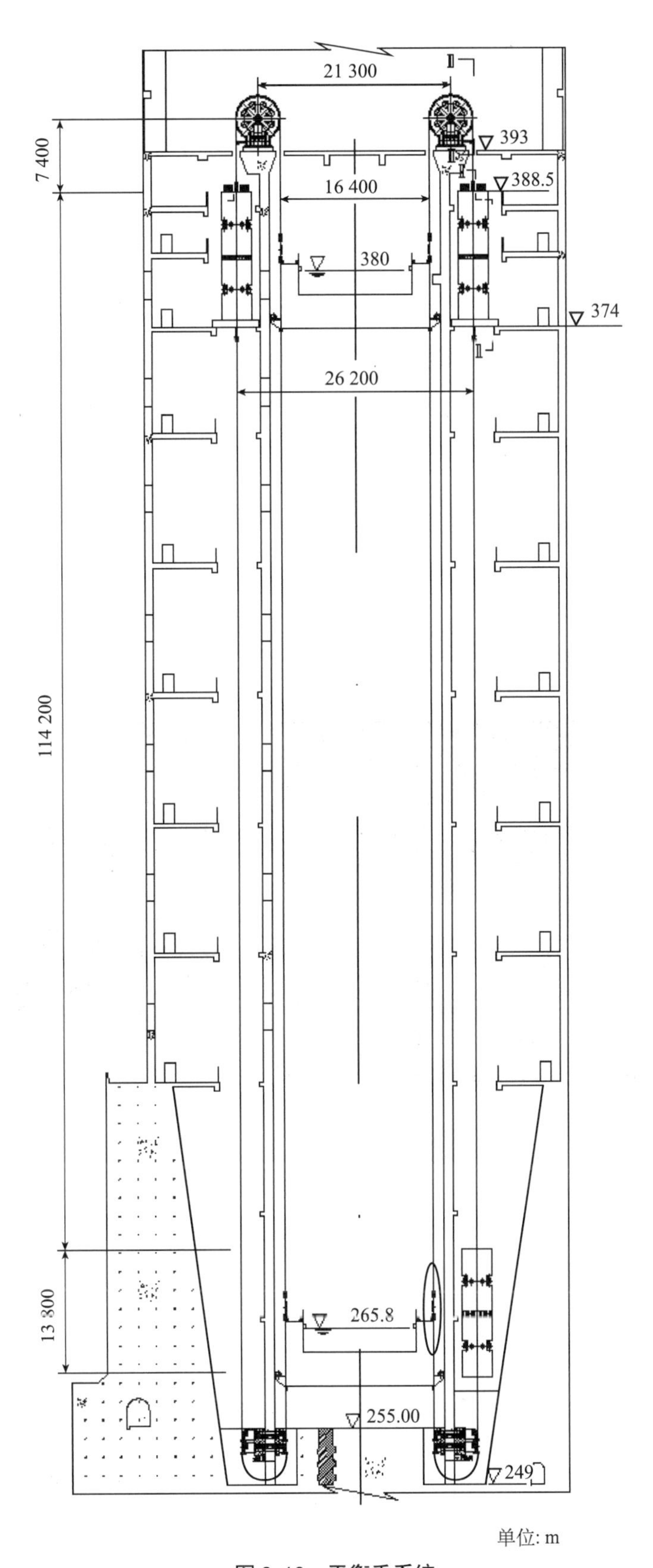
21 300
393
7 400
388.5
16 400
380
374
26 200
114 200
13 300
265.8
255.00
249
单位: m

图 2-13　平衡重系统

平衡重组由平衡重块、承载框架、调整平衡重块及导向装置等组成。每个平衡重组包含7个平衡重块：4个混凝土平衡重块Ⅰ、2个混凝土平衡重块Ⅱ、1个混凝土平衡重块Ⅲ。混凝土平衡重块采用高容重混凝土，骨料为铁矿沙，平衡重块Ⅰ、Ⅱ的容重为3.5t/m^3，平衡重块Ⅲ的容重为2.5t/m^3，混凝土强度等级为C35。在平衡重块顶部设置了调整平衡重块，材料为Q235钢板，通过螺栓与埋设在平衡重块顶部的预埋钢板连接。承载框架作为断绳安全保护结构嵌在平衡重块两侧的凹槽内，可将破断钢丝绳所悬吊的平衡重块的重量分摊到其他钢丝绳，框架强度按照单根钢丝绳破断的事故工况确定。框架上设有8套纵导向轮和8套横导向轮，导向轮布置在框架的上、下横梁上。平衡重承载框架如图2–14所示。纵导向轮采用刚性导轮，对称安装在横梁上部中心线两侧，横导向轮采用弹性导轮，安装在横梁的端部，导向轨道铺设在塔柱墙壁上，平衡重组沿轨道升降运行。

16组滑轮组对称布置在塔柱顶部机房的两侧，滑轮轴中心线高程396.50m。每组平衡滑轮组由4个双槽滑轮单元、3个双支承支座、2个单支承支座、1个整体机架以及相应的二期埋件组成，如图2–15所示。每个滑轮单元独立支承，滑轮单元由滑轮、滑轮轴、球面滚柱轴承、定位环、透盖、密封圈及连接件等组成。滑轮支座通过螺栓安装在整体机架上，机架通过地脚螺栓安装在二期埋件上。

图2–14　平衡重承载框架

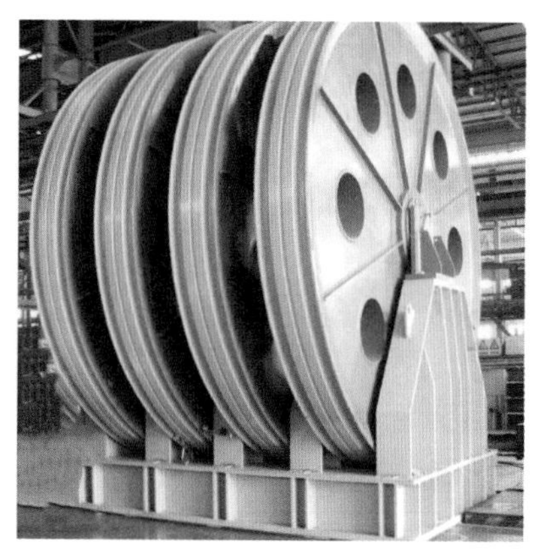
图2–15　平衡重滑轮组

图2–16　平衡重钢丝绳结构示意图

钢丝绳选型结构为10个外层压实股的CASAR SUPERPLAST8，其结构如图2–16所示。基本参数为：外层股为10股压实圆形股；绳股结构为10×31瓦林吞式、西鲁式；带塑料垫层包覆独立钢芯；镀锌，制绳润滑油（Elaskon SK–O）；右旋同向捻、左旋同向捻配对使用；钢丝抗拉强度1960N/mm^2；钢丝绳名义直径ϕ76mm；钢丝绳重量27.233kg/m；钢丝绳最小破断拉力50 739kN。

每个平衡重组悬挂一条平衡链，平衡链由钢丝绳组件、热轧钢板、钢丝绳压板及其紧固件、钢丝绳夹、销轴与连接件等组成，采用2条钢丝绳夹持平衡链块型式，16条平衡链的单位长度重量与128根钢丝绳的单位长度重量相等，每条平衡链单位长度重约220kg/m，如图2-17所示。平衡链的一端悬吊在平衡重块的底部，另一端则穿过塔柱底部的混凝土墙壁后与承船厢主纵梁的外腹板连接。在承船厢室底部和塔柱与承重墙之间的联系梁上设有平衡链导向装置，导向装置由导轮、轴承座、支架及二期埋件等组成。

钢丝绳调节组件布置在承船厢侧，位于钢丝绳与承船厢连接处，包括花篮螺母、单耳调节螺杆、双耳调节螺杆、销轴及开口销、防松螺母、防旋板等构件。

钢丝绳连接构件布置平衡重侧，位于钢丝绳与平衡重块连接处，包括平衡梁、销轴及开口销等构件。

每两组相邻的滑轮组设一干油润滑系统，共8套，对称布置在塔柱顶部机房内两相邻滑轮组之间。滑轮润滑系统由润滑泵站、管路系统、分配器、油嘴、控制装置等组成。

图2-17　平衡链

2.3.10　承船厢液压系统

承船厢液压系统共6套，其中4套分别布置在承船厢两侧的4个驱动机房内，2套分别布置在承船厢两端底部的机舱内。每套系统均包括液压泵站、控制阀组（含缸旁阀块）和管路系统等设备。

布置在上游左侧机房的1套液压系统（1号液压系统）操作邻近的1套驱动机构、2套横导向装置及1套补偿系统、1套对接锁定装置的液压设备。布置在上游右侧机房的1套液压系统（2号液压系统）操作邻近的1套驱动机构和1套对接锁定装置的液压设备。布置在下游左侧机房的1套液压系统（3号液压系统）操作邻近的1套驱动机构、2套横导向装置及1套补偿系统、1套对接锁定装置、2套纵导向与顶紧机构的液压设备。布置在下游右侧机房的1套液压系统（4号液压系统）操作邻近的1套驱动机构、1套对接锁定装置、2套纵导向与顶紧机构的液压设备。布置在两侧厢头机舱的2套液压系统（5号、6号液压系统）的作用和设备构成完全相同，均分别操作邻近的承船厢厢门启闭机及锁定装置、防撞装置的液压设备。

2.3.11 承船厢附属设备

2.3.11.1 承船厢缓冲器

向家坝升船机共有 8 套缓冲器，分别安装于承船厢上缓冲（4 套）和承船厢室下缓冲（4 套），缓冲器型号 OLEO 9MFZ-200-05，缓冲行程 400mm，撞击力 700kN，其结构如图 2-18 所示。OLEO 缓冲器实质上是一种油式缓冲器，受到撞击时，主活塞被压入油缸内，将缸内的液压油通过小孔压入主活塞，推动隔离活塞向缓冲器头部方向运动，压缩气室内的空气达到很高的压力。主活塞的复位是靠压缩空气推动隔离活塞将液压油压回油缸，如同能使缓冲器活塞复位的弹簧。

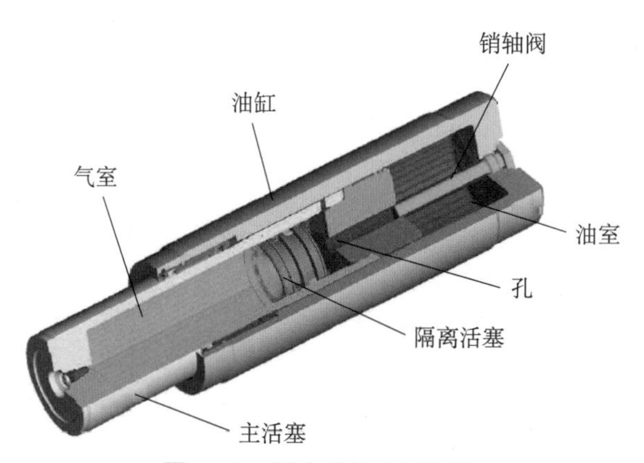

图 2-18　缓冲器结构示意图

当主活塞缓慢移动时，液压油会在很小的压力差下以低速通过小孔，因此缓冲器的闭合阻力主要取决于空气压缩。这使缓冲器具有柔软性，以缓和低速轻撞。当主活塞突然受力时，被主活塞取代的液压油必须以很高的速度流过小孔，油室中的压力会自动提高，从而产生使缓冲器闭合的阻力以减缓冲击。主活塞在整个运行过程中，冲击能量已被最大限度地均匀吸收，因此作用在缓冲器上的力减小到最小。这一特性在缓冲器中是通过锥型销轴阀来实现的，在缓冲器闭合过程中，锥形销轴阀能逐渐减少小孔面积。销轴阀的形状锥度是经过精确计算的，无论是重载运行还是轻载运行，不管撞击速度如何，撞击总在缓冲器的行程中被液压减缓，这就提供给起重机最可靠的保护。

2.3.11.2 疏散扶梯

疏散扶梯布置于各驱动室顶部平台上，为可调节高度扶梯（共 4 套）。承船厢升降到位或中途遇事故紧急停机后，人员可通过此疏散扶梯疏散到塔柱。疏散扶梯主要由活动梯（钢梯架、滚轮、自动水平踏步）、传动机构（驱动电机、涡轮减速机）、链条、主动链轮系、从动链轮系、链条张紧机构、电控系统等组成，其结构如图 2-19 所示。扶梯长 5.12m，净宽 1.25m，可以手动和电动调节高度，调节高度 0.24 ～ 3.55m，且楼梯踏板和扶手可自动保持水平。

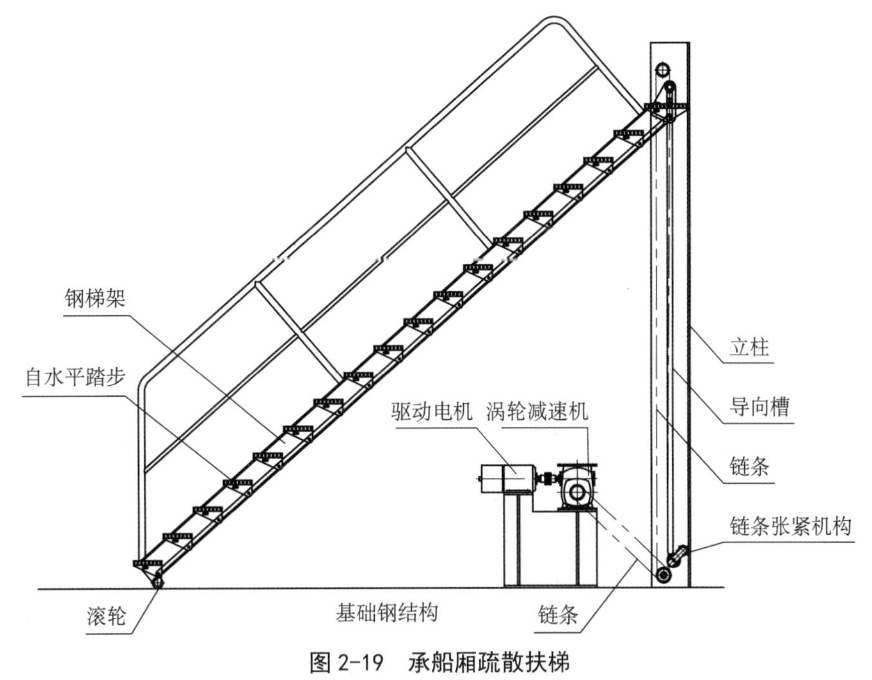

图 2-19　承船厢疏散扶梯

2.3.11.3　承船厢补排水设备

承船厢室段承船厢共有 2 套补排水系统，布置在上游侧左、右塔柱的墙面上，沿墙面高度布置。补排水管中心线距承船厢室纵向中心线 11.7m，距承船厢室横向中心线 9.2m。补排水系统主要由钢管、手动阀门、管夹及支架、钢爬梯等组成。钢管上游与升船机消防水管连接，下游通向承船厢室，通过连接软管与承船厢相应阀门连接，实现承船厢补水、排水功能。

承船厢处于下检修位置时排水：此时承船厢距离 255.00m 高程底板最近，可以直接打开上下游厢头机房内的承船厢门槽排水阀进行承船厢排水，排水时注意观察承船厢水位，承船厢水位满足运行条件后，及时关闭上下游厢头门槽排水阀。此方法多用于承船厢水漏空检修时使用。

承船厢处于上下游对接位时排水：可以通过承船厢与上下闸首工作门对接，利用充泄水系统进行承船厢水深调节，达到承船厢排水效果，或采用承船厢处于行程位置时的方案进行承船厢排水。

承船厢处于行程位置时排水：承船厢处于行程区间内任意位置时，先关闭 382.00m 与消防水管相连的承船厢补排水系统供水阀（总活塞阀），再将 255.00m 高程底板上的活塞阀打开 10% 以上的开度排气，同时用软管将承船厢补排水连接管与承船厢室补排水系统对接，待承船厢室补排水系统排气完成后，打开承船厢室补排水系统中与软管相连的支管闸阀，然后再打开承船厢补排水连接管上的闸阀泄水，泄水时，需控制活塞阀的开度，以限制水流速度，避免冲坏底板混凝土。排水时注意观察承船厢水位，承船厢水位满足运行条件后，及时关闭相关水阀。承船厢排水完成后关闭各阀门，拆除承船厢补排水系统连接软管。

承船厢处于上下游对接位时补水：可以通过承船厢与上下闸首工作门对接，利用充泄水系统进行承船厢水深调节，达到承船厢补水效果，或采用承船厢处于行程位置时的方案进行承船厢补水。

承船厢处于行程位置时补水：即承船厢处于行程区间内任意位置（包括下检修位置）时，先关闭 382.00m 高程与消防水管相连的承船厢补排水系统供水阀（总活塞阀）和 255.00m 高程底板上的活塞阀。观察承船厢补排水管路支管距承船厢甲板的高度，选择直接打开高于承船厢甲板 2m 的承船厢室补排水支管闸阀，或者观察承船厢室承船厢补排水系统管路支管与承船厢补排水连接管口的位置关系，选择距离承船厢补排水连接管最近的承船厢室承船厢补排水系统管路支管与之用合适的软管连接，连接后分别打开支管闸阀和承船厢补排水连接管闸阀，然后再打开 382.00m 高程与消防水管相连接的承船厢补排水系统供水阀（总活塞阀），届时承船厢室补排水系统内的水会直接流入承船厢。补水时注意观察承船厢水位，承船厢水位满足运行条件后，先关闭 382.00m 高程与消防水管相连接的承船厢补排水系统供水阀（总活塞阀），再关闭承船厢室补排水系统支管上的闸阀。采用软管承船厢补水完成后，还应拆除承船厢补排水系统连接软管。

2.4 闸首设备

2.4.1 上闸首活动桥

升船机上闸首活动桥布置在上闸首事故检修闸门后、上闸首坝顶 384.00m 高程，用于连接上闸首航槽两侧的交通。主要由桥体、活动桥锁定装置、活动桥启闭油缸及泵站、活动桥及固定桥埋件、活动道闸装置等组成，结构如图 2–20 所示，主要技术参数见表 2–12。

活动桥采用单臂仰开式，升船机在过船时，活动桥一端通过油缸作用向下转动，另一端绕支铰转动向上开启，以保证通航净空要求，平时活动桥处于关闭状态，桥面高程与坝面齐平，车辆、行人可通过。活动桥面总宽 12m，车辆通行宽度 9m，同时在两边各有 1.5m 宽的人行道，人行道高于桥面 0.25m，人行走道外布置栏杆，在主梁下装有铰支座和连接座，铰支座用于与铰支座埋件连接，用作活动桥转动支点，连接座上有两个孔，一个孔用于与油缸连接，另一个孔用于活动桥开启后穿销锁定。坝顶活动桥液压

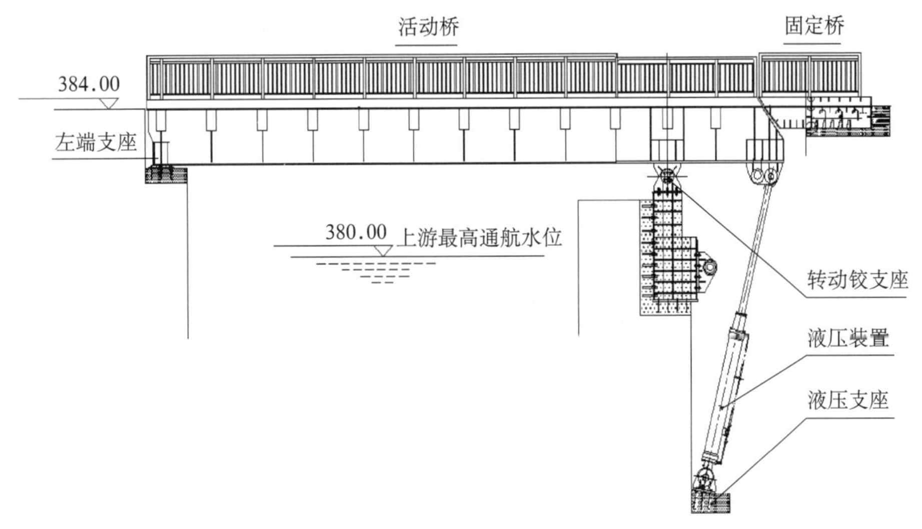

图 2-20　活动桥整体结构（单位：m）

装置包括液压驱动装置及液压锁定装置，液压驱动装置安装在活动桥左侧下部，液压泵站安装在机房内，液压驱动装置总体布置型式为双作用点，缸体两端球面支承，单作用液压缸。液压锁定装置安装在锁定支座侧面，同液压驱动装置共用一套泵站。活动桥开启和关闭由液压驱动装置操作，活动桥全开状态下桥面与水平面夹角约 62°　。

活动桥两侧选用机电一体化道闸，道闸落下伴随红色信号灯亮警示禁止车辆通行，道闸起伴随绿色信号灯亮示意允许车辆通行。活动桥启闭动作前，道闸必须落下。

表 2-12　活动桥主要技术参数

序号	项目	技术参数
1	活动桥净跨	12m，面板总长约 18.9m
2	车辆通行宽度	9m
3	人行道宽度	2×1.5m，人行道高于桥面 0.25m
4	车辆通行荷载	汽 20t（双车通行）；挂 100t（单车通行）
5	人行道荷载	5kN/m
6	支撑座间距	7.2m
7	活动桥重量	约 85t
8	固定桥长度	约 3.5m

2.4.2　闸首检修门

2.4.2.1　上闸首检修门

上闸首检修门布置在升船机上闸首活动桥上游侧航槽内，用于升船机正常和事故检修以及水库水位超过上游最高通航水位时防洪挡水，闸门采用平面定轮型式，由布置在孔口上方混凝土排架上的 2×1600kN 台车启闭，平时存放在上闸首左侧冲沙孔坝段处的门库中，主要技术参数见表 2-13。

表 2-13　升船机上闸首检修门主要技术参数

序号	项目	技术参数
1	孔口尺寸	12.0m×15.36m
2	底槛高程	366.50m
3	设计挡水水头	15.36m
4	止水尺寸	12.2m×15.36m
5	支承跨度	12.8m
6	总水压力	14 392kN
7	支承型式	定轮
8	闸门型式	露顶式平面定轮闸门
9	操作条件	动水闭门，全水头小开度充水提门
10	操作机械	2×1600kN 双吊点台车

2.4.2.2　下闸首检修门

下闸首检修门设于下闸首工作门的下游，用于升船机检修以及下游水位超过最高通航水位时防洪挡水，闸门采用平面叠梁型式，由下闸首门机主钩通过自动抓梁操作，通航期间检修门存放在下闸首顶部的门库内，主要技术参数见表 2-14。

表 2-14　升船机下闸首检修门主要技术参数

序号	项目	技术参数
1	孔口宽度	12.0m
2	底槛高程	262.00m
3	设计水头	29.82m
4	水封宽度	12.2m
5	支承跨度	12.8m
6	总水压力	54243.2kN
7	闸门型式	平面滑动叠梁门
8	操作条件	静水启闭（节间充水）
9	启闭机械	2×800kN 单向台车（液压抓梁）

2.4.3　闸首工作门及通航门

2.4.3.1　闸首工作门

向家坝升船机上下闸首工作门均由门叶结构、支承装置、水封装置、门槽埋件、锁定装置等部分组成。

闸门共分 4 节制造和运输，现场安装时通过螺栓连成整体，主要材料采用 Q235B。面板分别设在上下游临水侧，作为闸门止水面，整体机加工后贴焊厚度 6mm 的 0Cr19Ni10NbN 不锈钢板。主梁的跨中最大挠度不大于 1/2000。闸门采用双吊点，吊点距 19.80m。

闸门主支承跨度 19.80m，支承型式为 ϕ900mm 双曲定轮，轴承采用滚动轴承，带偏心调整装置和密封装置，定轮装置共设置 2 套集中润滑系统。反向支承跨度 19.50m，支承型式为铰式弹性滑块，滑块工作头采用复合材料。侧向支承采用 ϕ350mm 简支式侧轮。

闸门水封布置在门槽水封座上，型式为两道 P 型转铰式水封，水封头部贴聚四氟乙烯。第 1 道为主水封，第 2 道为辅助水封，两道水封之间设置排水管，用于集中排除第 1 道水封处的少量漏水。

闸门门槽埋件由主轨、反轨、端槛、水封座、闸门锁定装置埋件组成。主轨为工字型，材料采用 ZG42CrMo；其他埋件为组合焊接构件，材料采用 Q345B 和 Q235B。底水封座顶部设置活动盖板，用于防止异物进入破坏水封。

闸门锁定装置采用液压穿销型式，在闸门上部两侧各布置两套，每套锁定装置的锁定荷载 4000kN。锁定装置采用液压缸推动 ϕ360mm 锁定销轴插入锁定装置埋件上的锁定孔，实现闸门的锁定。液压缸为中部十字形万向铰支承双作用式，液压缸容量 10kN，工作行程 400mm，运行速度 0.75m/min。锁定装置液压缸与闸首通航门启闭机共用液压泵站。

2.4.3.2　闸首通航门

上下闸首通航门分别布置在上下闸首工作门门体上部的凹槽结构中，与工作门一起作为升船机承船厢室的上下游挡水设施。闸门型式为转铰式平面卧倒门，面板、支承和水封均设置在背水面，以工作门凹槽结构两侧和底部的门槛作为支承面和止水面。当上下游水位变化超出通航门 3.00 ～ 3.50m 的适应能力时，通过提升或下放工作门进行调节。

通航闸门由门叶结构、支承装置、水封装置、门槽埋件、转铰装置、锁定装置等部分组成，主要技术参数见表 2–15。门叶采用三主梁结构，主要材料采用 Q235B，整体制造和运输。主梁的跨中最大挠度不大于 1/600。闸门采用双吊点，吊点距 13.82m。闸门支承跨度 12.66m，支承型式为复合滑块。侧水封、底水封采用双 P 型水封。转铰装置布置在闸门底部，采用带悬臂的简支支承转铰轴，悬臂端与拐臂结构连接，转铰轴与门叶及拐臂采用花键连接，拐臂与启闭机活塞杆吊头铰接。转铰轴轴承采用自润滑圆柱轴承，带密封装置。闸门启闭时，由启闭机通过拐臂带动闸门门叶围绕转铰轴轴线转动90°。每扇通航门设置两套人工穿销锁定装置，用于通航闸门启闭机检修时闸门的锁定。

表 2-15　升船机闸首通航门主要技术参数

序号	项目	技术参数
1	门叶尺寸	12.9m × 5.2m × 0.95m
2	孔口宽度	12.0m
3	闸门高度	4.30m（门槛以上）
4	设计挡水水头	4.57m
5	设计总水压力	1291kN
6	支承跨度	12.66m
7	支承型式	复合滑块
8	面板布置	背水面
9	水封布置	背水面侧、底止水
10	闸门型式	转铰式平面卧倒门
11	操作条件	静水启闭（启闭考虑 0.2m 水头差）
12	操作机械	双吊点液压启闭机
13	锁定方式	人工穿销锁定

2.4.4　闸首对接充泄水系统

上下闸首工作门内各布置 1 套对接充泄水系统，由主充泄水系统和辅助泄水系统两大部分组成，设备包括主水泵电机组、辅助水泵电机组、管道、阀门、临时储水箱、电气控制设备等，主要技术参数见表 2-16。对接充泄水系统具有两个功能：一是用于承船厢对接过程中，向由对接密封装置、承船厢端部和闸首工作闸门及通航闸门围成的间隙区域进行充水和泄水；二是用于承船厢升降过程开始之前调节承船厢的水深。

主充泄水系统在工作门内设置 4 套主水泵电机组，4 套主进出水管道分别通向闸首侧和承船厢侧，承船厢侧的管道进出水口布置在对接密封装置上方，为扩展喇叭口形状，以改善承船厢内的水力学条件，减小出口水流对船只的冲击。管道进出口位置还设置了防止污物进入管道的拦污栅格。每条闸首侧进出水管道上布置电动和手动蝶阀，用于主水泵的运行和检修。主水泵采用凸轮双向可逆泵，以满足承船厢对接过程中充水、泄水双向运行要求。主水泵额定流量 1200m^3/h，4 套同时运行，10min 内可完成承船厢内 ±0.5m 水深的调节。

由于主水泵电机组承船厢侧的进出水口布置在对接密封装置上方，主水泵无法将进出水口以下的底部区域间隙水抽向闸首侧，因此在工作闸门的门体内设置辅助泄水系统，用于将底部区域的间隙水经临时储存水箱抽向闸首侧。辅助泄水系统由凸轮自吸泵、临时储水箱、管道、阀门等组成。临时储水箱共设置 4 个，总有效容量 5.0m³，4 个水箱之间通过管道连通。每个水箱的顶部设置 1 套排气阀，底部设置 1 套手动蝶阀用于水箱放空清洗。每个水箱设置 4 条通向承船厢侧的辅助进水管，上部采用高压软管与对接密封框连接，可随密封框伸缩运动。每条辅助进水管路上布置 1 套电动蝶阀，用于控制底部间隙水流向临时储存水箱。4 个水箱共设置 2 条通向闸首侧的辅助出水管，每条辅助出水管路上布置 1 套辅助水泵电机组，水泵采用凸轮自吸泵，额定流量 20m³/h。每条辅助出水管路上布置 1 套电动碟阀和 1 套手动碟阀，用于辅助水泵的运行及检修。

表 2–16　充泄水系统主要技术参数

序号	项目	技术参数
1	充泄水泵	Vogelsang 凸轮双向可逆泵（VX215-640QD）
2	主充泄水泵额定流量	1200m³/h
3	主充泄水泵扬程	6m
4	主充泄水法兰管道	DN500、PN10
5	辅助泄水泵	Vogelsang 凸轮自吸泵（VX100-128Q）
6	辅助泄水泵额定流量	20m³/h
7	辅助泄水泵扬程	15m
8	辅助进水管	DN80、PN10
9	辅助进水管高压软管	DN80、PN2.0
10	辅助出水管	DN100、PN10
11	临时储水箱有效容量	4 × 1.25m³

2.4.5　闸首对接密封框装置

上下闸首工作门顶节门叶承船厢侧 U 型结构中各设置 1 套对接密封装置，用于上下闸首航槽与承船厢水域的连通。对接密封装置主要由 U 型密封框及其支承导向装置、水封装置、驱动装置、弹簧柱等组成，主要技术参数见表 2–17。

U 型密封框为钢板组合焊接结构，主要材料采用 Q235B，其底面和顶面均装设有复合滑块，密封框通过滑块支承在闸首工作闸门门体上，滑块同时对密封框运行起导向作用。密封框的前端部也装设有复合滑块，滑块除承受压力和起限位作用外，还可以减少与承船厢端面的摩擦力。密封框与闸首工作门之间的密封采用 C 型橡胶水封，与承船厢端面对接的密封采用 L 型橡胶水封。

U 型密封框共布置 10 套驱动装置，其中两侧各布置 3 套，底部布置 4 套。每套驱动装置的液压缸活塞杆经过弹簧柱与密封框腹板连接，液压缸除驱动密封框运行外，还用于向弹簧柱和密封框施加压力。驱动装置的液压缸与闸首通航门启闭机共用液压泵站。

承船厢与闸首实施对接时，驱动装置的液压缸同步驱动密封框，密封框伸出接触承船厢端面后，液压缸继续施加压力，当压力超过弹簧柱的预紧力，弹簧柱被继续压缩，液压缸活塞杆推出至工作行程后，完成对接运行。弹簧柱具有蓄能和保压的作用。承船厢与闸首对接期间，当闸首工作闸门与承船厢端面之间产生纵向相对位移导致间距加大时，压缩的弹簧柱部分释放，并保证在最大间距时U型密封框仍然压紧承船厢端面；当间距减小时，弹簧柱被进一步压缩，吸收承船厢传递至闸首的水平荷载。正常状态，闸首工作闸门背水面与承船厢端面之间的距离为250mm，产生的最大相对位移量按 ±150mm考虑。对接密封装置收回运行时，首先液压缸卸载，弹簧柱释放，再反向同步驱动液压缸，将密封框收回至闸首工作门U型结构中。密封框的推出到位和收回到位利用液压缸上的位置传感器判断。

表2–17　对接密封框主要技术参数

序号	项目	技术参数
1	U型密封框尺寸	6720mm（高）×16 160mm（含滑块宽度）
2	支承及导向	复合滑块
3	密封框水封结构型式	C型水封+L型水封，LD-19
4	驱动装置	中部十字形万向铰支承双作用式液压缸，10套
5	弹簧柱结构型式	100片碟型弹簧对合组合
6	弹簧柱正常工作荷载及行程	166kN、180mm
7	弹簧柱最大工作荷载及行程	249kN、330mm
8	弹簧柱最小工作荷载及行程	77kN、30mm

2.4.6　下闸首及辅助闸首防撞梁

下闸首及辅助闸首防撞梁分别由安装在下闸首及辅助闸首的2×200kN/2×300kN启闭机操作。启闭机由起升机构、保护装置、机架和电气控制装置组成。起升机构包括电动机、减速器、制动器、卷筒装置、钢丝绳、滑轮装置和联轴器等。保护装置包括荷重限制装置、高度指示装置和电气控制部分。主要技术参数见表2–18。

启闭机为双机架布置、双吊点的结构型式，设有2套卷扬机构。卷筒为双层缠绕，滑轮组倍率为4。起升机构由1台电动机带动减速器、开式齿轮变速后，驱动卷筒旋转，通过缠绕在卷筒、动滑轮、平衡滑轮上钢丝绳的收放，带动其防撞梁上升或下降。在启闭机卷筒轴端装有高度指示装置和主令控制器，用于显示和控制防撞梁的位置，高度传感器采用绝对值编码器。荷载限制器采用压电式荷重传感器，装在卷筒装置下，具有超载和欠载保护功能。

表 2–18　下闸首及辅助闸首防撞梁启闭机主要技术参数

<table>
<tr><td>启闭力（kN）</td><td>2×200</td><td rowspan="2">减速器</td><td>型号</td><td>QJS-D500-80</td></tr>
<tr><td>持住力（kN）</td><td>2×300</td><td>传动比</td><td>81.05</td></tr>
<tr><td>起升高度（m）</td><td>36</td><td rowspan="4">电动机</td><td>型号</td><td>YZPF225M-8</td></tr>
<tr><td>起升速度（m/min）</td><td>0.5 ～ 5.0</td><td>工作级别</td><td>JC=40%</td></tr>
<tr><td>吊点距（m）</td><td>18 和 30 各 1 台</td><td>功率（kW）</td><td>2×30</td></tr>
<tr><td>卷筒直径（m）</td><td>0.68</td><td>转速（r/min）</td><td>735</td></tr>
<tr><td>整机工作级别</td><td>A6</td><td rowspan="2">制动器</td><td>工作制动器</td><td>YWZ9-315/E50-MK1K2K3</td></tr>
<tr><td>滑轮组倍率</td><td>4</td><td>安全制动器</td><td>SHI106-ϕ1300×30</td></tr>
<tr><td>钢丝绳</td><td colspan="4">18ZAB6×36SW+IWR-1870ZS GB/T8918-1996</td></tr>
</table>

2.4.7　辅助闸首工作门及启闭机

2.4.7.1　辅助闸首工作门

辅助闸首工作门设于辅助闸首中部位置，用于下游非恒定流条件下升船机的安全、连续运行，闸门采用平面定轮型式，由辅助闸首顶部钢排架上的 2×2500kN 固定卷扬式启闭机操作，主要技术参数见表 2–19。闸门由布置在闸门两侧 296 高程的锁定装置锁定。闸门上设置 6 个手动操作闸阀，用于启闭机事故情况下闸门的平压。闸门静水闭门，启门小开度提门充水，平压后静水启门。启闭机和闸门装置锁定均能够实现现地控制和远方集中控制。

表 2–19　辅助闸首工作门主要技术参数

序号	名称	技术参数
1	孔口型式	露顶
2	孔口宽度	24m
3	闸门高度	17.0m
4	底槛高程	262.00m
5	设计水头	5m

续表

序号	名称	技术参数
6	支承型式	定轮
7	支承跨度	25.0m
8	总水压力	20 732kN
9	闸门型式	平面
10	闸门吊点间距	16.38m
11	操作条件	静水启闭（允许水头差 5.0m）
12	启闭机械	2×2500kN 固定卷扬式启闭机

2.4.7.2 辅助闸首工作门启闭机

辅助闸首工作门启闭机为一台 2×2500kN 固定卷扬式双吊点启闭机，安装在辅助闸首钢排架上启闭机机房内。启闭机由起升机构、保护装置、机架和电气控制装置组成。起升机构包括电动机、减速器、制动器、卷筒装置、钢丝绳、滑轮装置和联轴器等，保护装置包括荷重限制装置、高度指示装置和电气控制部分，主要技术参数见表 2–20。

启闭机设有 2 套起升机构，滑轮组倍率为 6，每套起升机构采用闭式传动方式，由一台电动机经过一台减速器变速后，通过卷筒联轴器直接驱动卷筒旋转，通过缠绕在卷筒、动滑轮、定滑轮、平衡滑轮上钢丝绳的收放，带动闸门上升或下降。每套起升机构减速器高速轴上，设置 1 套液压推杆式制动器。在卷筒的一端安装一套进口盘式制动器作为安全制动器。按总制动力矩计算，工作制动器制动安全系数不小于 1.25，安全制动器制动安全系数不小于单吊点制动力矩的 1.5 倍，安全制动器延时上闸。两套卷扬机构的减速器高速轴采用双轴结构，一端通过带制动轮的联轴器与电动机相连接，另一端通过中间联轴器与另一套卷扬机构相连接，以确保两吊点在运行过程中始终同步。

表 2–20 辅助闸首工作门启闭机主要技术参数

<table>
<tr><td>起升载荷（kN）</td><td>2×2500</td><td rowspan="2">减速器</td><td>型号</td><td>DQJSD1000-112</td></tr>
<tr><td rowspan="2">起升速度（m/min）</td><td rowspan="2">0.5～5</td><td>传动比</td><td>107.6</td></tr>
<tr><td rowspan="3">电动机</td><td>型号</td><td>YZPF400L3-10</td></tr>
<tr><td>卷筒直径（m）</td><td>1.6</td><td>功率（kW）</td><td>2×250</td></tr>
<tr><td>工作级别</td><td>M5</td><td>转速（r/min）</td><td>594</td></tr>
<tr><td>滑轮组倍率</td><td>6</td><td colspan="2">钢丝绳</td><td>42CFRC6×36SW+IWR1770ZS</td></tr>
<tr><td>工作制动器型号</td><td>YWZ9-630/E301-MK1K2K3S1</td><td colspan="2">安全制动器型号</td><td>SHI252-2600×40</td></tr>
</table>

2.5 电气设备

2.5.1 供电系统

2.5.1.1 概述

向家坝升船机采用 2 回 10kV 电源进线，分别引进左岸电站和右岸电站 10kV 母线，进入布置在塔柱 393.0m 高程左侧开闭所内的 10kV 开关柜，组成两段 10kV 母线，然后分别通过布置在塔柱机房右侧高程 393.0m 变电站内的 2 台变压器后进入 0.4kV 开关柜，组成两段 0.4kV 母线，为升船机的用电设备供电。两段 10kV 母线之间和两段 0.4kV 母线之间都设有联络开关断路器，使它们成为互为备用的关系，升船机 10kV 系统图如图 2–21 所示。

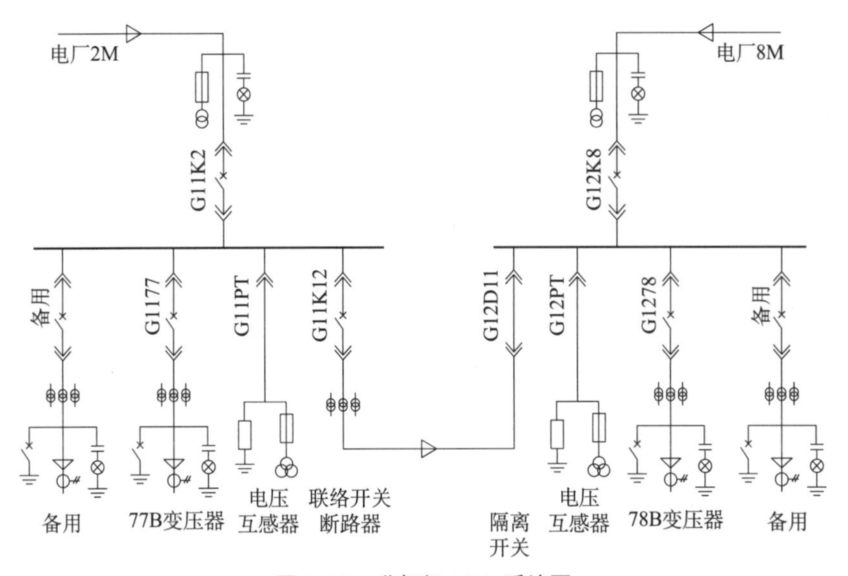

图 2–21　升船机 10kV 系统图

变电站 0.4kV 开关柜，通过安装在上左、上右、下左、下右塔柱墙壁上的 4 条安全滑线给承船厢提供 4 回 0.4kV 电源，电源分别引至承船厢上左、上右、下左、下右 4 个驱动单元的 2 号电气室承船厢 0.4kV 开关柜。其中，上左、上右承船厢 0.4kV 开关柜之间设联络开关断路器，使上左、上右进线电源形成互备；下左、下右承船厢 0.4kV 开关柜之间设联络开关断路器，使下左、下右进线电源形成互备。

升船机设置两套 EPS 电源设备，分别布置在承船厢室段高程 393.0m 右侧的 10kV/0.4kV 变电站内和承船厢上厢头电气设备室内。承船厢室段 EPS 电源设备给集控室、变电站、承船厢室段塔柱及上下闸首、辅助闸首控制室的应急照明供电。上厢头电气设备室内 EPS 电源设备给承船厢的应急照明供电。

在上闸首检修台车、下闸首检修台车及浮堤趸船设有 3 台户外检修动力柜，用于设备检修。

2.5.1.2 变压器

升船机变压器选用干式配电变压器，主要技术参数见表 2–21。

表 2–21 干式配电变压器主要技术参数

序号	项目	技术参数
1	型号	SCB10-2500/10.5/0.4
2	额定容量（kVA）	2500
3	额定电压（kV）	10.5/0.4
4	工作频率（Hz）	50
5	分接范围	±2×2.5%
6	阻抗电压（%）	6%
7	联结组别	Dyn11
8	相数	3
9	绝缘等级	F
10	温升（K）	100
11	雷电冲击水平（高压 HV/ 低压 LV）（kV）	75
12	工频耐压水平（高压 HV/ 低压 LV）（kV）	35/3
13	局部放电量（PC）	5
14	空载损耗（W）	3600
15	负载损耗（W，75℃）	16 550
16	噪声水平（dB）	50
17	调压方式	无载调压
18	冷区方式（AN/AF）	AF
19	保护等级	IP21
20	附件	风机、温度显示控制器、铝合金外罩

2.5.1.3 10kV 开关柜

升船机 10kV 开关柜共有 10 个，置于 10kV 开闭所，选用施耐德电气华电开关（厦门）有限公司生产的 PIX–12 户内交流金属封闭开关设备，主要技术参数见表 2–22。PIX 开关柜为金属铠装式中压开关柜，按照 IEC 和 GB 标准设计生产，尤其适用于电网变电站、配电站、用户变电站中。柜体根据需要可以安装免维护的 HVX 型真空断路器或 CVX 型熔断器 – 接触器组合，采用中置式手车设计，可采用专用转移小车将断路器移出柜外。柜体机构和防误连锁设计精准巧妙，易于操作维护，保证人员安全。

表 2–22 10kV 开关柜主要技术参数

序号	项目	技术参数
1	额定电压（kV）	12
2	运行电压（kV）	10
3	额定频率（Hz）	50
4	中性点接地方式	隔离
5	工频耐压（50Hz/1min）（kV）	42
6	峰值耐压（kV，峰值）	75
7	短时耐受（kA/4s）	25
8	主母线额定电流（A，max）	1250
9	辅助电源	DC220V
10	弹簧储能	DC220V
11	防护等级	IP4X

10kV 开关柜主要器件包括 HVX 真空断路器、ESW 型接地开关、保护控制继电器、弧光保护等。

（1）HVX 真空断路器，主要技术参数见表 2–23。

表 2–23 HVX 真空断路器技术参数

<table>
<tr><th colspan="3">项目</th><th>技术参数</th></tr>
<tr><td colspan="3">额定电压</td><td>12kV</td></tr>
<tr><td rowspan="4">绝缘水平</td><td rowspan="2">额定工频耐受电压（1min）</td><td>对地、相间和断路器断口间</td><td>42kV</td></tr>
<tr><td>隔离断口间</td><td>48kV</td></tr>
<tr><td rowspan="2">额定雷电冲击耐受电压（峰值）</td><td>对地、相间和断路器断口间</td><td>75kV</td></tr>
<tr><td>隔离断口间</td><td>85kV</td></tr>
<tr><td colspan="3">额定电流</td><td>630A/1250V</td></tr>
<tr><td colspan="2" rowspan="2">额定短路开断电流</td><td>交流分量</td><td>25kA</td></tr>
<tr><td>直流分量</td><td>⩾ 35%</td></tr>
<tr><td colspan="3">额定短时耐受电流（4s，有效值）</td><td>25kA</td></tr>
<tr><td colspan="3">额定峰值耐受电流</td><td>63kA</td></tr>
<tr><td colspan="3">额定短路关合电流（峰值）</td><td>63kA</td></tr>
<tr><td colspan="3">开断异相接地短路故障能力</td><td>额定开断短路电流的 86.6%</td></tr>
</table>

续表

项目	技术参数
额定电缆充电开断电流	25A
开断小电感电流能力	开断 2500kVA 空载变压器时，过电压倍数不超过 2.5（p.u.），断路器截流值≤ 5A

（2）ESW 型接地开关：接地开关带有分合闸位置指示器，操动机构采用手动操作，操动机构安装机械连锁机构，与断路器手车进行连锁。接地开关主要技术参数：额定电压为 12kV；额定短时耐受电流（3S，有效值）为 31.5kA；额定峰值耐受电流为 80kA；额定短路关合电流（峰值）为 80kA；机械稳定性操作次数为 2000 次；辅助接点数量为 2 开 2 闭。

（3）保护控制继电器：保护控制继电器型号 MICOM P127，差动保护型号 MIOCM P632，备自投型号 MICOM P143。

（4）弧光保护：型号 VAMP221。

2.5.1.4 0.4kV 开关柜

0.4kV 开关柜（含检修动力柜）包括：393.0m 高程的 10kV/0.4kV 变电站的低压配电柜 26 台、承船厢上 4 套主低压配电柜 12 台、上下闸首检修动力柜及浮堤趸船动力柜 3 台，主要技术参数见表 2–24。

变电站 0.4kV 开关柜和承船厢 0.4kV 开关柜选用广东顺特电气设备有限公司生产的 Blokset 系统 D 型配电柜。上下闸首检修动力柜和浮堤趸船动力柜采用通用型户外配电柜，断路器固定安装。

表 2–24　0.4kV 开关柜主要技术参数

项目			技术参数
电气参数	主回路	额定绝缘电压	承船厢 1kV，其他 690V
		额定运行电压	0.4kV
		额定冲击耐受电压	12kV
		额定频率	50Hz
	主母排	额定电流	5000A（变电站），2500A（承船厢）
		额定峰值耐受电流	176kA
		额定短时耐受电流	80kA
	配电排	额定电流	根据柜内断路器电流确定
		额定峰值耐受电流	176kA
		额定短时耐受电流	80kA
其他参数		防护等级	IP41

0.4kV 开关柜主要设备包括：

（1）变电站 0.4kV 开关柜和承船厢 0.4kV 开关柜的断路器：额定电流大于或等于 800A，采用施耐德 MT 系列 H1b 型框架断路器，分断能力 85kA；额定电流大于或等于 630A，采用施耐德 NSX 系列 S 型塑壳断路器，分断能力 100kA。

（2）低压断路器配置：额定电流大于或等于 400A，断路器配电动操作机构，辅助电源 DC220V，断路器采用电子脱扣器，配有 4 开 4 闭辅助接点。

（3）备自投：备自投选用施耐德 PLC，型号 Zelio logic SR3B261FU（16 输入，10 输出）。

2.5.1.5　交直流屏

为给升船机 10kV 开闭所和 10kV/0.4kV 变电站的控制和保护设备等用电负荷供电，在 10kV/0.4kV 变电站配置一套直流系统设备，系统采用 1 套充电 / 浮充电装置、1 组蓄电池的供电方式，主要技术参数见表 2–25。设备主要由 1 组蓄电池、直流电源主屏、直流电源分屏、充电 / 浮充电装置、微机监控装置、绝缘监测装置、配电装置、放电装置、直流电源分屏以及各种附件等组成。其中 10kV 开闭所设有 1 个直流分电屏和 1 个交流屏，10kV/0.4kV 变电站设有 1 个直流电源屏、1 个交流屏和 1 个电池柜。

表 2–25　直流屏主要技术参数

序号	项目	技术参数
1	交流输入电压	三相 380V ± 15%
2	频率	50Hz ± 5%
3	额定输出电压	DC220V
4	稳压精度	⩽ ± 0.5%
5	稳流精度	⩽ ± 0.5%
6	纹波系数	⩽ ± 0.2%
7	防护等级	IP40
8	满载效率	⩾ 95%
9	通信接口	RS-485、RS-232

2.5.1.6　EPS 应急电源

升船机设置 2 套 EPS 电源设备，1 套（20kW）置于 10kV/0.4kV 变电站内给集控室、变电站、承船厢室塔柱及上下闸首、辅助闸首控制室的应急照明供电，1 套（10kW）置于承船厢上厢头给承船厢应急照明供电，主要技术参数见表 2–26。

EPS 应急电源系统共有两回 0.4kV 交流进线电源供电，正常情况下，EPS 应急电源系统工作在旁路方式，电源不通过逆变装置。当两回交流进线电源都故障时，自动切换装置动作，EPS 应急电源系统的蓄电池组通过逆变器向事故照明设备供电。当任意一回交流进线电源恢复正常时，自动切换装置动作，逆变器自动退出运行，同时整流 / 充电器向电池组充电，电池组充电完成后，整流 / 充电器应自动调整电压向蓄电池浮充电。

EPS 应急电源系统的容量能保证事故照明设备满负荷运行 90min 的用电需求，在保证蓄电池放电 90min 后，当任一单体蓄电池放电至额定最低蓄电池电压时，EPS 应急电源系统能自动停止运行以保护蓄电池（紧急情况除外），并发出报警信号。

EPS 应急电源系统设置维修旁路开关。

表 2–26　EPS 应急电源技术参数

序号	项目	技术参数
1	交流输入	AC380/220V ± 20%，50Hz ± 5%； 相数：三相四线 +PE
2	交流输出	AC380/220V ± 5%；50Hz ± 5% 相数：三相四线 +PE
3	输出额定功率	20kW；10kW
4	波形失真率 THD（正弦波）	≤ 2%
5	过载能力	120% 正常运行；150%，10s
6	逆变效率	市电供电时 ≈100%，应急供电≥ 90%
7	互投装置切换时间	≤ 0.20s
8	备用时间	≥ 90min（可扩容）
9	防护等级	IP40

2.5.1.7　UPS 系统

UPS 系统提供不间断电源，以保证正常电源出现故障的情况下，重要设备和系统的供电。UPS 用于保护短时电压下降并保证如果发生电源故障，所供电的系统部分能继续运行。UPS 由市电输入、滤波器、整流 /PFC、DC/DC 充电器、逆变器、旁路、电池和 UPS 输出等功能模块组成。UPS 电源装置可向监控系统设备提供可靠的 AC 50Hz 220V 电源。其工作状态如下：

（1）市电正常时，整流器启动，DC/DC 充电器给电池组充电。在 UPS 开机前，输出电压为旁路电压。开机后，电子转换开关将负载与逆变输出相连接，市电经过整流 / PFC 电路后输出直流电给逆变电路，经过逆变器电路变换输出纯净的正弦波交流电，通过电子转换开关提供负载。

（2）市电异常时，电池电压经过整流 /PFC 电路后输出直流电给逆变电路，经过逆变电路变换输出纯净的正弦波交流电，通过电子转换开关提供负载。

（3）市电恢复正常后，UPS 自动充电池模式切换回正常模式，市电仍然经过整流 /

PFC 电路后输出直流电给逆变电路，通过电子转换开关提供负载。

升船机共设有 11 套 UPS 电源装置，蓄电池的后备时间均为 30min 到 8h，分别布置在集中控制室、承船厢、上下闸首及辅助闸首内。

（1）调控室 UPS：在集中控制电气设备室设置 1 套额定容量为 20kVA 的 UPS，该 UPS 除为计算机监控系统全部设备提供控制电源外，还为总体流程控制站、变电控制站、安全控制站和图像监控系统、广播系统提供控制电源。

（2）上闸首 UPS：在上闸首现地控制室内设置 1 套额定容量为 16kVA 的 UPS，为上闸首工作大门和通航门控制设备、上闸首充泄水控制设备、对接密封框等控制设备提供控制电源。

（3）活动桥 UPS：在坝顶活动桥现地站内设置 1 套额定容量为 2kVA 的 UPS，为活动桥控制设备提供控制电源。

（4）上闸首排水 UPS：在坝顶检修排水泵房内设置 1 套额定容量为 2kVA 的 UPS，为检修排水控制设备提供控制电源。

（5）承船厢 UPS：在承船厢上左、上右、下左、下右 0.4kV 供电点分别各设置 1 套额定容量为 20kVA 的 UPS，为上下承船厢门和防撞梁、传动设备等控制设备提供电源。上左、下右驱动机构配置的 UPS 电源除负责本驱动单元的供电外，还负责上厢头、下厢头控制负荷的交流电源供电。

（6）下闸首 UPS：在下闸首现地控制室内设置 1 套额定容量为 16kVA 的 UPS，为下闸首工作门和通航门控制设备、下闸首充泄水控制设备、对接密封框、下闸首防撞梁等控制设备提供控制电源。

（7）下闸首排水 UPS：在渗漏排水泵房内设置 1 套额定容量为 2kVA 的 UPS，为渗漏排水控制设备提供控制电源。

（8）辅助闸首 UPS：在辅助闸首机房内设置 1 套额定容量为 5kVA 的 UPS，为辅助闸首防撞梁、辅助闸首工作门控制设备提供电源。

升船机的 UPS 为双变化在线式 UPS，在线式 UPS 的工作原理如图 2-22 所示。

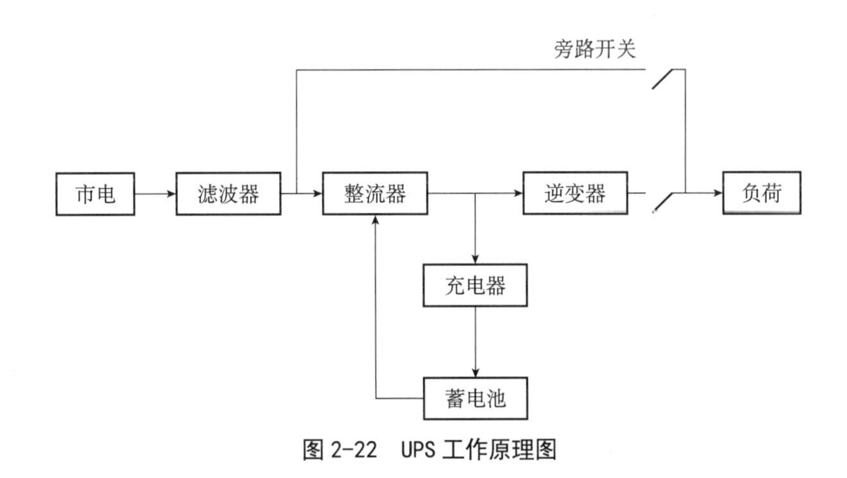

图 2-22　UPS 工作原理图

2.5.2 照明系统

2.5.2.1 上下闸首照明

上游渡槽段、下闸首和辅助闸室户外，采用 1×250W 的单火路灯和 2×250W 双火路灯进行照明。上闸首排水泵房、活动桥泵房、上闸首工作门启闭机室和下闸首排水泵房、辅助闸首工作门启闭机室，采用 2×36W 的双管荧光灯照明。

2.5.2.2 承船厢室段照明

承船厢室段高程 296.00m 层户内平衡重井平台间采用广照型 1×150W 吸顶金卤灯进行照明。在户外走道采用广照型 1×150W 金卤灯照明，按壁式路灯安装。由于高程 296.00m 上游与左岸电站厂房相通，下游与下闸首、辅助闸室相通，是主要的消防通道层，在对外门洞的正上方布置安全出口标志灯，在重要走道布置有疏散标志灯。

高程 306.50m 至高程 374.00m 层户内平衡重井平台间采用 1×20W 的节能壁灯照明。

承船厢室段高程 382.00m 层户内平衡重井平台间采用广照型 1×150W 吸顶金卤灯照明。由于高程 382.00m 上游与坝顶相通，是主要的消防通道层，在对外门洞的正上方布置安全出口标志灯，在重要走廊通道布置疏散标志灯。

承船厢室段高程 387.00m 为电缆层，采用 2×36W 双管荧光壁灯照明。

承船厢室段高程 393.00m 层 10kV 开关站、0.4kV 变电站等电气设备室采用 2×36W 双管荧光吸顶灯照明。

承船厢室段高程 393.00m 层侧面局部照明采用 3×36W 三管荧光灯箱，安装在侧墙柱子上。顶棚采用 1×400W 深照工矿灯进行照明，安装在顶棚钢屋架下弦下，满天星布置。

2.5.2.3 调控室内照明

由于调控室属于重要场所，且墙壁布置有液晶显示屏，照明需考虑图像大屏视角问题，照明方案选择白佳丽品牌 Taurus 智能灯具，配以智能控制器，可实现室内有人无人时对灯光的自动调节，也可依据室外光线的变化对室内照度进行调节。整个设计遵照 GB 50034—2004《建筑照明设计标准》与 GB 50034—92《工业企业照明设计标准》，达到室内照明减少光源的直接和间接反射眩光，协调室内装饰盒光源的显色性，合理分配室内亮度，从而创造一个舒适的视觉环境。

2.5.2.4 承船厢照明

承船厢主纵梁内走道采用 36W 荧光漫射灯照明，驱动机房、液压泵房、同步轴走道、电气室采用 58W 荧光漫射灯照明。荧光漫射灯采用封闭型工业用灯。

承船厢主纵梁上层两侧走道上各布置 7 根 6m 灯，每根灯柱安装 100W 泛光灯和

250W 泛光灯各一盏。此外，走道布置 16 盏象形出口灯，用于指导人员从就近的疏散梯疏散。

驱动平台齿条两侧各设置一根 4m 灯柱，共 8 根，每根灯柱安装 70W 庭院灯一盏。

安全机构短螺杆处各布置泛光灯 1 盏，共 4 盏，用于螺杆照明。

2.5.3　信号检测设备

2.5.3.1　概述

升船机信号检测设备是升船机电气控制系统中控制参数和状态信息的来源，是升船机监控系统不可缺少的重要组成部分。升船机在运行过程中，检测设备必须按预定程序向现地级控制单元发送一系列相关被控参数和状态信息，计算机系统通过对这些数据的采集、分析、比对，实时对各类数据的可信度做出评价，择优对系统进行控制，并能及时发现、处理和预防各种可能出现的故障，从而保证升船机准确、有序、稳定、可靠地运行。

升船机信号检测设备主要包括：位置检测装置、船舶探测装置、水位检测装置、流量检测装置、行程检测装置、小齿轮托架载荷检测装置、扭矩检测装置、安全机构螺纹副间隙动态检测装置等。

2.5.3.2　位置检测装置

（1）限位开关：采用 TURCK 生产 LSM–Q31 系列行程开关，主要用于设备动作到位行程检测，分布于升船机设备上下闸首、辅助闸首、承船厢室等区域。例如：液气弹簧限位开关安装于液气弹簧支座上，发讯板安装于液气弹簧缸体上，用于检测液气弹簧位置变化程度检测。

（2）接近开关：采用 TURCK 生产 NI15–M30 系列接近开关，主要用于设备动作到位行程检测，分布于上下闸首密封框，上下闸首通航门。例如：上下闸首密封框位置检测装置安装于 U 型密封框上，用于检测密封框与承船厢门的相对位置检测，确保承船厢与工作大门准确对接。

（3）对接位置检测装置：采用华之洋生产的伺服浮动标志镜及 TURCK 生产的 BS18–B 反射式红外开关组成。伺服浮动标志镜安装于上下闸首工作门内，反射式红外开关安装于承船厢上下厢头位置，用于控制承船厢与上下闸首对接过程中，承船厢减速、停位及超位保护。

2.5.3.3　船舶探测装置

上下闸首、下闸首防撞梁及辅助闸首防撞梁船舶探测装置采用 IFM 生产的 O1D105

漫反射式红外开关；上下厢头船舶探测装置采用 TURCK 生产的 BS18–E6X/R 对射式红外开关。船舶探测装置用于检测该区域有无船只，是区域内相关设备（如承船厢门、通航门等）是否能动作的判断条件。

2.5.3.4 水位检测装置

（1）上下闸首、辅助闸首水位检测装置：上下闸首、辅助闸首吹气式水位计采用 RITTMEYER 生产的 W2Q 水位计，安装于上下闸首、辅助闸首段水位计井中，用于测量上、下游航道及辅助闸首航道水位。上下闸首、辅助闸首激光式水位计采用 SICK 生产的 DME5000 激光测距仪，安装于上下闸首、辅助闸首段水位计井中，用于测量上、下游航道及辅助闸首航道水位。吹气式水位计与激光式水位计安装于同一水位计井，相互验证，相互备用。上下闸首水位计作为承船厢与上下闸首对接、承船厢门与闸首通航门开启的闭锁条件，是承船厢与闸首对接成功与否的判断条件。

（2）上下闸首间隙水位检测装置、上下闸首临时储水箱水位检测装置：采用 STS 生产 ATM 压力式传感，分别用于检测上下闸首对接过程中 U 型密封框水位与上下闸首临时储水箱水位，确保升船机对接充泄水正常动作。

（3）上下闸首排水系统水位检测装置：采用 STS 生产的 ATM 系列压力式传感器，分别安装于上下闸首排水系统集水井，用于监测集水井水位。

（4）承船厢水深检测装置：承船厢 14 个水深检测装置采用 STS 生产的 ATM 系列压力式传感器，其中 12 个高精度水深检测装置安装于承船厢廊道底部以上 2700mm 外连通管路上，用于测量这一基准面以上承船厢水深，通过四角水深对比作为承船厢水平依据，是承船厢运行的闭锁条件；2 个低精度水深检测装置安装于承船厢廊道底部以上 300mm 处连通管路上，用于测量这一基准面以上承船厢水深，作为承船厢水深参考。

2.5.3.5 流量检测装置

上下闸首排水系统流量检测装置类型有电磁流量计、示流信号器。上闸首检修排水系统电磁流量计采用罗斯蒙特生产的 8732 型号电磁流量计，下闸首渗漏排水系统电磁流量计采用罗斯蒙特生产的 8705 型号电磁流量计，安装于深井泵排水管路上，用于排水时检测深井泵流量。示流信号器采用 TURCK 生产的 FCS 示流信号器，安装于深井泵润滑水管路上，用于检测深井泵运行时润滑水流量。

2.5.3.6 行程检测装置

（1）辅助闸首工作门位置检测装置：采用华之洋生产的 FDK–VI 绝对型轴角编码器，安装于辅助闸首工作门启闭机卷筒尾部，用于辅助闸首工作门开启和关闭过程时检测工作门行程。

（2）下闸首、辅助闸首防撞梁行程检测装置：采用华之洋生产的 FDK–VI 绝对型轴角编码器，安装于下闸首、辅助闸首防撞梁启闭机卷筒尾部，用于下闸首、辅助闸首防撞梁开启和关闭过程时检测防撞梁行程。

（3）承船厢行程检测装置：采用 SCANCON 生产的 SAG–SL 绝对型轴角编码器，安装于 4 个驱动装置齿轮箱中速轴上，将承船厢行程转化为角位移测量，并解算出承船厢实际行程。该传感器测量的承船厢行程参与承船厢实际控制，是承船厢运行、与上下游闸首对接的依据。

（4）承船厢全行程检测装置：承船厢全行程检测装置有两种，一种为 IR 电缆，另一种为绝对位置编码器。IR 电缆采用微码生产的 MC–ECG130 系列行程检测装置，IR 电缆全行程检测装置读数头安装于承船厢安全机构下导向架上，编码尺安装于螺母柱侧面，对承船厢进行非接触相对测量，并解算出承船厢相对塔柱的实际行程。绝对位置编码器采用倍加福生产的 WCS 系列行程检测装置，绝对位置编码器读数头安装在承船厢安全机构下导向架上，编码尺安装在螺母柱侧面，对承船厢行程进行导向式测量，解算出承船厢相对于塔柱的实际行程。全行程检测装置解算出的承船厢行程只作为参考和校验，不参与承船厢运行控制。

（5）承船厢局部行程检测装置：采用 SICK 生产 KH53 系列行程检测装置，局部行程检测装置读数头安装于承船厢 4 个安全机构下导向架上，磁性编码尺安装于螺母柱侧面，完成承船厢对接位区间的行程测量。局部行程装置测量出的承船厢位置作为承船厢对接位的位置参考与校验，不参与承船厢对接控制。

2.5.3.7　小齿轮托架载荷检测

采用赫斯曼生产的轴销传感器，安装于小齿轮支架上，用于检测驱动小齿轮的作用力，该传感器是测量轴受力载荷的精密测量仪器，小齿轮载荷超限作为传动机构保护措施。

2.5.3.8　扭矩检测装置

采用 Kistler 生产的 4510B 型扭矩传感器，安装于矩形闭环同步轴传动系统的四边及中间轴上，用来检测同步轴运行受力情况，同步轴扭矩超限作为传动机构保护措施，扭矩超限时会触发承船厢紧急停机。

2.5.3.9　安全机构螺纹副间隙动态检测装置

采用邦纳生产的 P4E1.3RK06 型视觉传感器，安装于安全锁定机构导向机构上，用于检测锁定螺杆与螺母间隙。

2.5.4 计算机监控系统

2.5.4.1 概述

向家坝升船机计算机监控系统采用上层管理层和级间控制层两层集散分布式结构，实现升船机的集中控制、状态监视和数据采集存储等功能。

上层管理层由数据服务器、操作员站、磁盘阵列、安防服务器、入侵检测系统、日志审计系统、运维审计系统及核心交换机等组成。其中，数据服务器通过 RSLinx Classic Professional 建立 OPC 连接，通过双以太环网直接访问现场的多套冗余 PLC，获取现场数据。操作员站通过以太网连接 I/O 服务器获取现场数据并下发指令。

级间控制层包含现地控制站、流程控制站、安全控制站、信号检测设备等。现地控制站采用本地 PLC 和远程 I/O 的控制方式，实现升船机现地设备运行控制、状态监视和故障保护功能。流程控制站主要负责自动流程及闭锁审查，正常运行时无需操作员进行任何操作。安全控制站由安全控制 PLC 和相应远程 I/O 以及安全网络组成，并配置紧急停机和紧急关门按钮。信号检测设备按预定程序向现地控制单元发送参数及状态信息，供计算机监控系统分析、控制使用，从而保证升船机准确、有序、稳定、可靠地运行。

上层管理层和级间控制层之间采用双 1000M 工业以太环网连接，实现数据交换。管理层和图像监控系统、通航广播系统间采用千兆以太网，通过对运行数据的交换共同实现整个升船机系统的操作、控制功能。控制网和管理网分离的结构将升船机控制与管理进行了适当的隔离，可以提高控制系统性能、确保系统安全、提高管理效能；同时通过计算机系统对控制网和管理网的跨越，实现了控制系统与管理系统的数据融合，实现了升船机系统的分散控制、集中管理。此外，向家坝升船机监控系统还可通过管理以太网实现与上级系统间的数据交互，实现整个厂级的管控一体化。

2.5.4.2 现地控制站

1）活动桥控制站

活动桥控制站由 1 面动力柜、2 面控制柜组成，柜内主要元器件包括：双电源互投装置、相序继电器、避雷器、断路器、星三角启动器、冗余热备 PLC、可视操作面板、24V 直流电源、中间继电器、熔断器、断路器、二极管、接线端子、电压电流指示仪表、指示灯、旋钮操作开关等。活动桥控制站的主要控制功能包括：活动桥的开启与关闭、锁定油缸的锁定与解锁、道闸的打开与关闭等。

2）上下闸首控制站

上下闸首现地站基本一致，此处以上闸首为例。

上闸首控制系统由工作门子站和通航门子站两部分组成。工作门子站有 1 套冗余热备的 CPU 主站，通过控制网总线与通航门子站的远程 IO 构建成上闸首控制系统。

上闸首工作门子站由 1 面动力柜、2 面控制柜组成，其实现的功能为：保持通航门门槛水深在 3.00 ～ 3.50m 的范围，以满足通航的水深要求。当上游水位变化超出通航门的适应能力时，通过本站对工作门进行提升或下放动作，使得门槛水深满足通航要求。对上闸首通航信号灯及边界指示灯进行控制。上闸首通航门子站由 4 面动力柜、4 面控制柜组成，布置在上闸首工作门内。其实现的功能为：控制通航门的启闭动作；控制对接密封装置的伸缩动作；控制间隙水深的充泄动作；对接时对承船厢的水深进行调节。

上闸首工作门子站与上闸首通航门子站的 1 号控制柜柜面各有 1 个带钥匙的旋钮开关，用于集控、现地、检修三种运行操作方式的切换控制。当 2 个柜面的操作方式旋钮均为“集控”档时，本站为“集控方式”，由集控上位机进行发令操作；当 2 个柜面的操作方式旋钮有任意 1 个为“检修”挡时，本站为“检修方式”，由现地柜门的相应旋钮进行操作；当柜面操作方式旋钮无“检修”挡，且至少有 1 个为“现地”挡时，本站为“现地方式”，由现地柜门的相应旋钮进行操作。

3）上下厢头控制站

上下厢头控制站分别由 2 面动力柜、2 面控制柜组成，柜内主要元器件包括：双电源互投装置、相序继电器、避雷器、断路器、星三角启动器、冗余热备 PLC、可视操作面板、比例放大器、24V 直流电源、中间继电器、熔断器、断路器、二极管、接线端子、电压电流指示仪表、指示灯、旋钮操作开关等。上下厢头控制站主要功能包括：承船厢门的开启与关闭、承船厢门锁定装置的锁定与解锁、防撞桁架的提升与下降、防撞钢丝绳的张紧与释放、桁架锁定装置的锁定与解锁、锁闩装置的锁定与解锁以及升降警示灯与边界灯的控制等。

4）传动协调控制站

传动协调控制站负责控制驱动机构液气弹簧、对接锁定机构、纵导向及顶紧机构、横导向机构等液压设备、稀油润滑系统、制动器系统以及布置在承船厢 4 个驱动点的 4 套变频传动装置，实现承船厢升降、制动、对接等功能。在承船厢升降停止时，通过检测上游（下游）及承船厢水位，计算并控制承船厢平缓地减速慢行，以寻找准确的停止位置。控制站主要设备包括：4 台电动机、4 套变频传动装置、4 套回路柜、4 套传动控制柜、4 套 UPS 柜。

驱动机构电气传动系统的 4 台电动机与交流变频调速装置，以一对一的配置方式构成 4 套构造完全相同、带速度反馈、高精度电气传动装置。每套电气传动装置由交流变频调速装置及其相应的电动机、增量型旋转编码器、制动器及软件构成。交流变频控制系统采用西门子 S150 高性能标准传动设备，包括交流变频传动装置柜、主传动电动机，随机支持软件及应用控制软件等设备。

升船机主传动系统是由4台交流变频电机通过机械同步轴钢性连接均衡出力的传动系统。交流变频传动装置柜接受传动控制柜的信号，实现对主电机的调速运行，并对电机的状态进行实时监测，由传动控制柜将各电机状态经PLC传至上位机。4套交流变频传动装置都有各自的位置环、速度环和电流环。4套传动装置中有1套为主站，其余3套为从站。由主站中的位置环实现对主传动的位置控制。另外，主站中的速度环为主速度环，其余3个为从速度环，4套交流变频传动装置之间彼此协调控制，从而实现4台电机同步出力均衡。

传动协调控制站内设置有一套现地控制系统，以布置在1号驱动点的双机热备可编程逻辑控制器（PLC）为核心，由安装在1～4号驱动点的驱动单元传动控制站柜中的远程I/O、可视操作面板、电气传动执行器件、电源装置、控制电器、操作开关按钮及保护报警显示器件等组成，主要用来承担对升船机传动控制设备的数据采集，逻辑控制及故障保护，具备完善的操作、控制、监视及故障保护功能。

5）辅助闸首控制站

辅助闸首控制站由辅助闸首工作门主站、辅助闸首防撞梁子站、下闸首防撞梁子站组成，各站均包含回路柜、控制柜、变频驱动装置、电动机等设备。

辅助闸首工作门启闭机电气传动系统采用西门子标准传动设备，每套交流变频传动装置包含1个进线单元、1个整流回馈单元和1个逆变单元，控制对应的传动电动机，2台传动装置之间彼此协调控制，从而实现2台电动机的出力均衡。辅助闸首防撞梁及下闸首防撞梁启闭机电气传动系统采用西门子标准模块化传动装置，每套交流变频传动装置包含1个功率单元和1个控制单元，控制对应的传动电机，2台传动装置之间彼此协调控制，从而实现2台电机的电气同步。

辅助闸首控制站每个子站采用“电力控制+传动控制”的控制策略，共同保证系统的稳定与协调运行，站点间通过同轴电缆转光纤进行通信，站内电气控制与传动控制通过Profibus- DP进行通信。

辅助闸首控制站以主站内的双机热备冗余可编程逻辑控制器（PLC）为核心，由布置在辅助闸首及下闸首防撞梁控制站柜中的远程I/O子站，以及各个站点的可视化操作面板（HMI）、执行器件、电源装置、控制电器、操作开关按钮及保护报警显示器件等组成，主要用来承担对辅助闸首设备的数据采集、逻辑控制及故障保护，具备完善的操作、控制、监视及故障保护功能。同时采集现场的运行信息，通过升船机监控系统的双环工业以太网，上送给集中控制站并接收后者的命令，使辅助闸首设备平稳地按指令运行。

6）变电站控制站及工作站

变电站控制站由升船机开闭所K1控制柜、变电站K1控制柜、承船厢上厢头K3控制柜、承船厢下厢头K3控制柜组成，以开闭所K1控制柜内的双机热备可编程逻辑控制器（PLC）为核心，与变电站 K1 控制站柜内远程 I/O、承船厢上厢头 K3 控制柜内远程 I/O、承船厢下厢头 K3 控制柜内远程 I/O 组成控制系统，其他元器件包括：可视操作面板、光纤中继器、直流电源、继电器、操作开关按钮、指示灯等，主要实现功能有：现地方式下的备自投模式选择、柜内通风加热等。

在变电站工作站可登录变电站监控系统客户端，该系统通过以太网获取变电站控制站现场数据，并可下发操作指令，实现升船机开闭所 10kV、变电站 0.4kV 以及承船厢上下厢头 0.4kV 设备的状态监视、开关远程分合闸操作、故障报警查询等功能，系统界面如图 2–23 所示。

图 2–23　变电站监控系统界面

2.5.4.3　流程控制站

流程控制站主要负责自动流程及闭锁审查，正常运行时无需操作员进行任何操作。流程控制站一旦发生故障无法正常运行后，可在操作员站手动切除，使用操作员站进行单机构、分步流程的控制使船舶过闸。

流程控制站包含的自动流程有上 / 下行自动运行流程、上 / 下行分步运行流程、初始化流程、停航流程。

2.5.4.4　安全控制站

为保证升船机运行安全，专门设立了 1 套独立于升船机监控系统之外的以安全 PLC 为核心的升船机安全控制系统：安全控制站，其主要作用为保证设备及人员安全，不用于常规逻辑控制。安全控制站包括 1 套安全 PLC 主站、14 套安全 PLC 远程 I/O 站，PLC 布置在调控室机房内，其远程 I/O 布置在各现地控制站机柜内，主站与远程 I/O 站之间采用光纤环网总线通信。各远程 I/O 站包括：调控室远程 I/O 站、上下闸首通航门远程 I/O 站、上下闸首工作门远程 I/O 站、上下厢头远程 I/O 站、承船厢 4 套驱动装置远程 I/O 站、辅助闸首工作门远程 I/O 站、辅助闸首防撞梁远程 I/O 站、下闸首防撞梁远程 I/O 站。

安全站的主控制柜上有允许动作按钮、紧急停机按钮、系统恢复按钮。允许动作按钮一共 5 个，分别为上下闸首、上下厢头和承船厢驱动站的允许动作按钮，按钮为自锁定按钮，按下去即生效，允许该站动作，该按钮的白色指示灯会亮起。再按一下，指示灯会熄灭即失效，不允许该站进行动作。

安全控制站柜面上以及调控室操作台上有紧急停机和紧急关门按钮各 1 个，拍下按钮即对升船机整个系统发布两种相应的命令，通过网络传输的方式发送信号给每个子站，在出现紧急状况时起到保护作用。如果在现地站按下紧急停机和紧急关门按钮，现地站会接收到紧急停机和紧急关门的信号，安全站远程 I/O 也会接收到相应信号，再通过网络传输由主站再向该站发出信号，起到了双重保护的作用。

安全站主要有两类故障，报警类故障和停机类故障。如果是报警类故障，只会产生报警不停机，消除报警源头的故障后，按复位按钮就可以清除当前报警；如果是停机故障，则会发出相应的紧急停机或者停机信号给每个子站控制站，停止其动作，若产生了停机故障，需找到停机的原因并且解决掉，再按恢复按钮，升船机系统即可再进行运行。

2.5.4.5 监控系统界面

监控系统界面共分为五大区域：最上方区域是题头区，题头区显示系统软件名称及各个子站的切换按钮。左屏中间区域的总体图显示区则反映升船机总体运行状况，左右两侧为面板显示区，该区域随不同的运行工况显示相应的流程图，流程面板显示区下方为报警显示区，通过该区域的操作可显示当前报警，如图 2–24 所示。右屏为局部工况图，是主运行图中细节的放大，在运行过程中可以根据不同的运行阶段自动显示相应的工况图，如图 2–25 所示。

在计算机监控系统中，操作菜单位于左屏幕的左侧及右屏下方，通过其上各操作命令完成升船机系统的正常控制流程控制及界面切换、各项查询等功能。监控系统菜单分为主菜单和主控菜单。主菜单包含：用户管理、实时运行、参数设置、闭锁查询、报警查询、退出等。主控菜单包含：紧急关门、紧急停机、主传动急停、主传动快停、主传动停运、停止故障复位、声警解除、集控复位等。升船机监控系统菜单结构及主控菜单如图 2–26 所示。

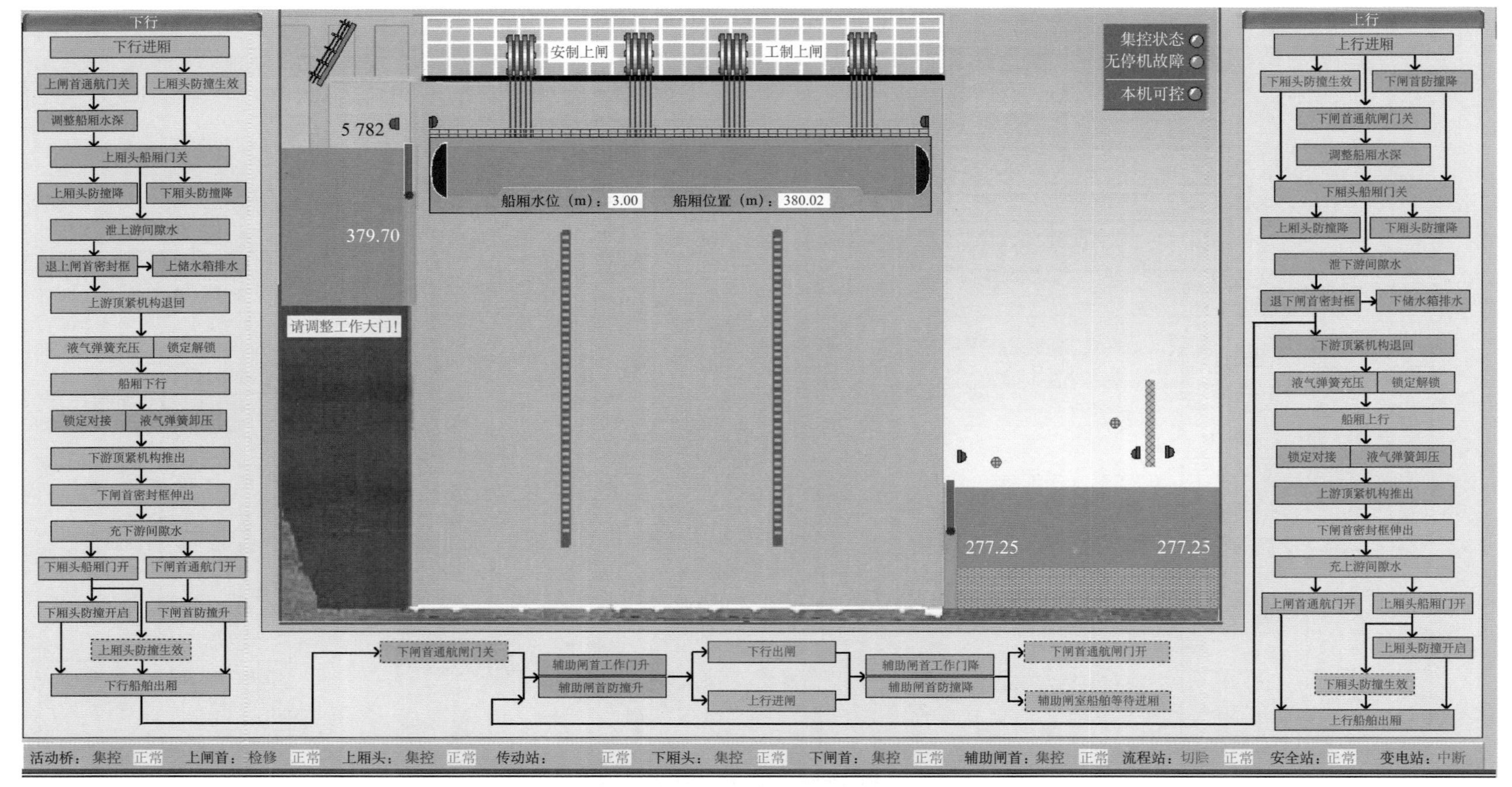

图 2-24　监控系统左屏界面布局

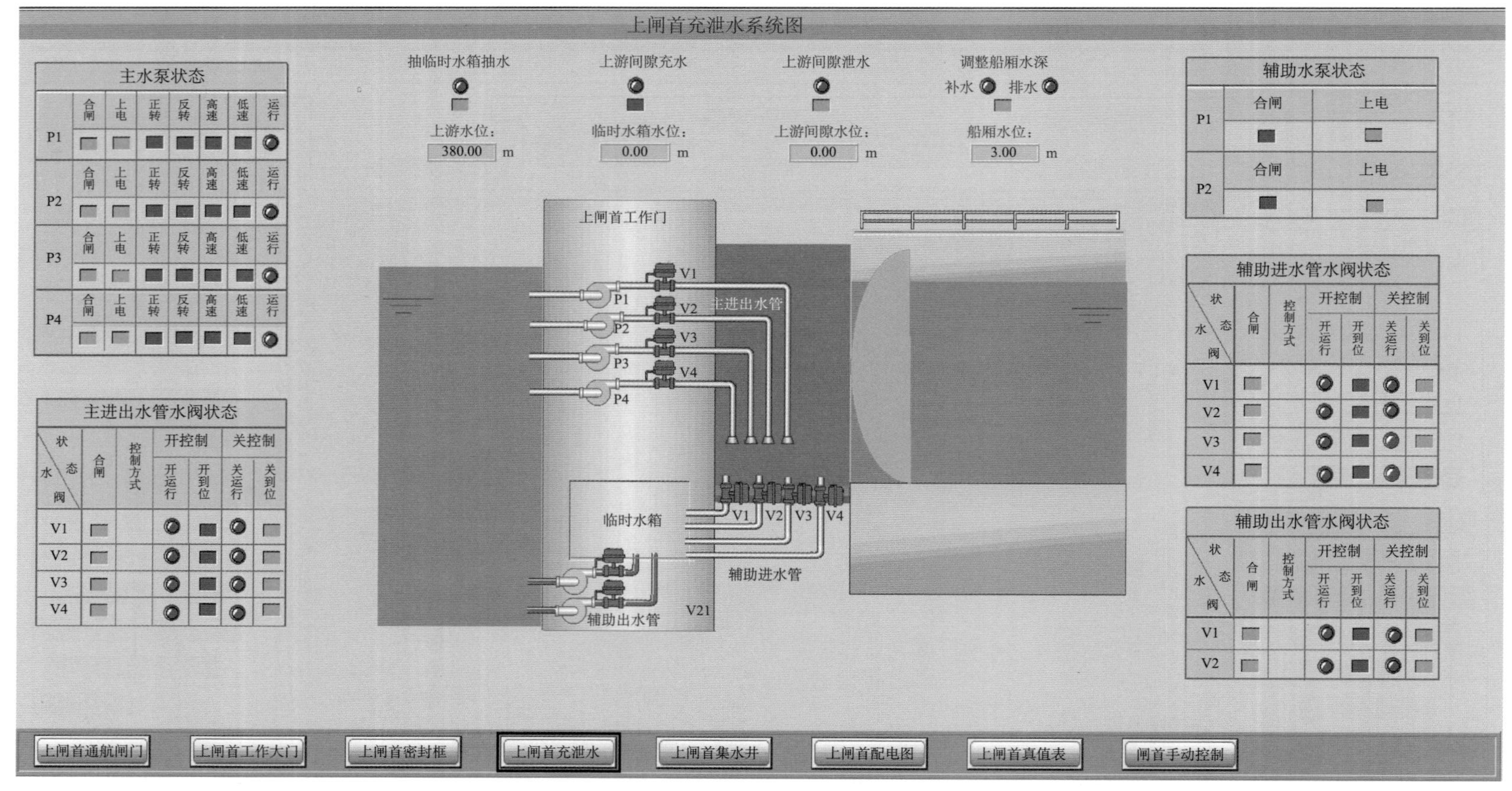

图 2-25　监控系统右屏界面布局

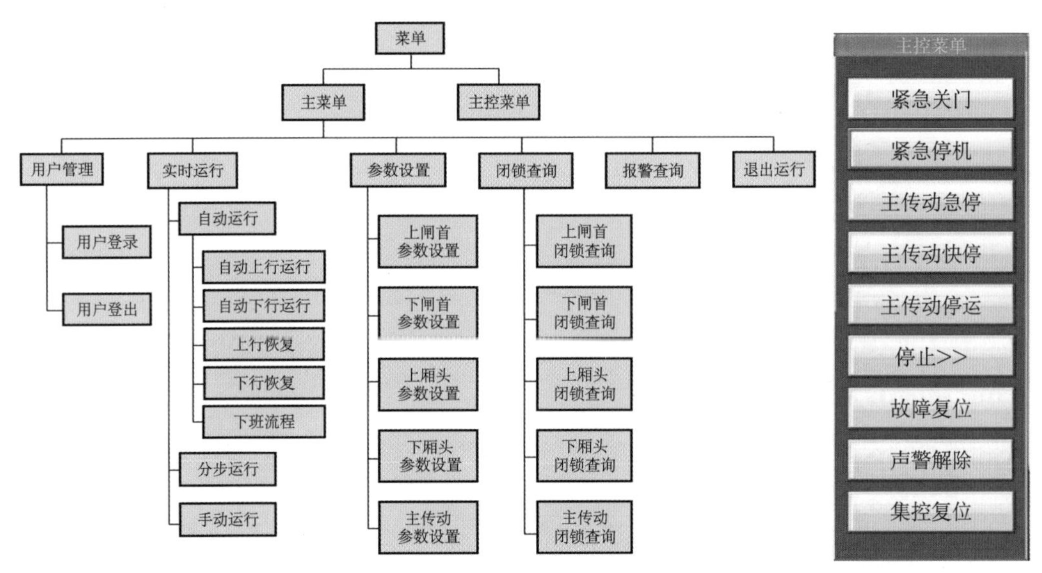

图 2-26　升船机监控系统菜单结构及主控菜单

2.5.5　图像监控系统

向家坝升船机图像监控系统主要由主控中心、液晶拼接显示屏、分控终端、前端设备及传输线路等组成。系统采用视频矩阵控制的结构方式，核心设备是矩阵切换器，其主要完成视频的矩阵切换功能和云台、镜头控制码的编码功能以及接受矩阵键盘和工作站的控制命令。图像监控系统结构如图 2-27 所示。

视频信号由摄像机通过视频传输介质到矩阵切换器，再由矩阵切换器将视频信号切换分配给监视器或录像机进行监视或纪录。控制信号由矩阵切换器控制键盘发出，经矩阵切换器编码后再传给解码器，由解码器控制云台和镜头。采用一台图像监控工作站替矩阵切换器控制键盘发控制信号。

（1）前端设备：现场摄像机通过摄像机镜头利用小孔成像原理，将现场景象成像在摄像机 CCD 感光靶面上，通过一系列的光电转换，形成标准的视频电信号，从摄像机的 VIDEO 端口输出。

（2）传输设备：摄像机图像信号通过同轴电缆传输到光端发射机的视频输入口，在光端发射机内经过数字 FM 调制，将电信号转换成激光信号，通过光纤传输到集中电气设备室的光端接收机上，再经光端接收机将激光信号还原成原来的视频电信号，由此，现场的图像传输到了集控中心大屏幕上。

（3）调控室控制设备：传到控制中心的视频信号经光端接收机视频输出到视频分配器，视频分配器将视频信号一路分配给硬盘录像机录像，另一路分配给矩阵切换器到监视器上显示。云台、镜头控制信号通过视频控制计算机或矩阵切换键盘的控制信号通过

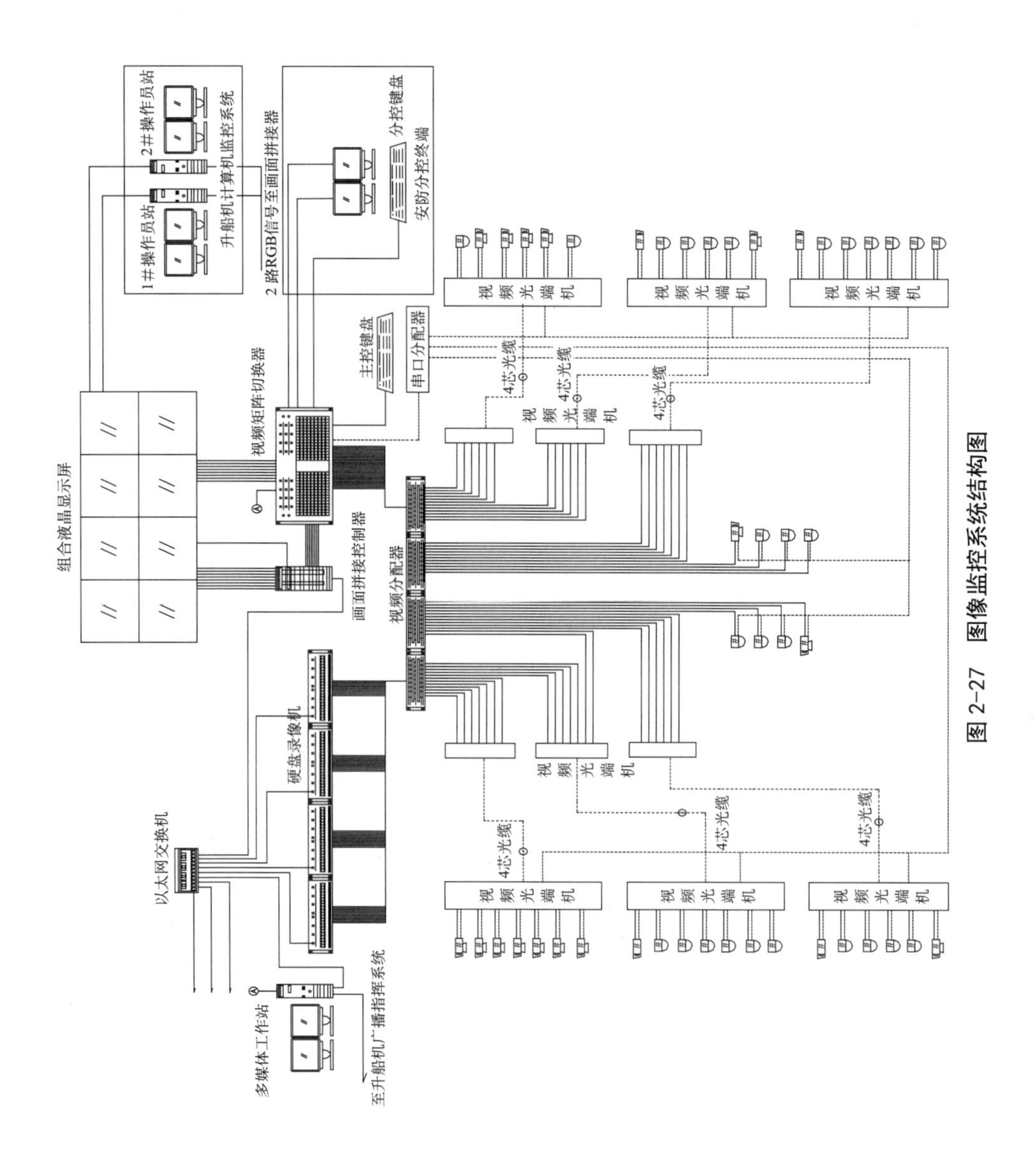

图 2-27　图像监控系统结构图

RS-232 接口传输到矩阵切换器上，通过矩阵切换器编码后再由光端机、光纤传输到解码器上，然后由解码器译码后，再控制云台、镜头。视频监控系统通过上述的控制和显示过程，实现了调控室控制中心对现场摄像机的控制和图像监视。

2.5.6　通信系统

通信系统主要由程控交换系统和光纤通信系统组成，系统结构如图 2-28 所示。

（1）程控交换系统：升船机设置 1 台容量为 256 门的程控交换机和 1 个 64 键的调度台，以满足上闸首、承船厢室段、下闸首及承船厢等部位的生产调度和生产管理的需要，该程控交换机通过 SDH 光纤通信线路与左岸交换机之间建立 2M 中继联系。

（2）光纤通信系统：升船机和电厂左岸分别设置 1 套 SDH 光纤通信设备，2 套 SDH 设备之间敷设 2 根 24 芯的铠装通信光缆，升船机侧 SDH 设备采用 2M 接口与左岸侧 SDH 设备建立联系，从而开通升船机与左岸之间的光纤通信。光缆除通信系统使用外，还将提供升船机的图像监控系统和计算机监控系统等光纤需求。

（3）通信电源及其他：通信设备采用 2 台高频开关通信电源供电，配置 2 组 500AH 免维护蓄电池。系统配线和配纤分别采用 1 台 600 回线的音频配线柜和 1 台光纤 / 数字综合配线柜。

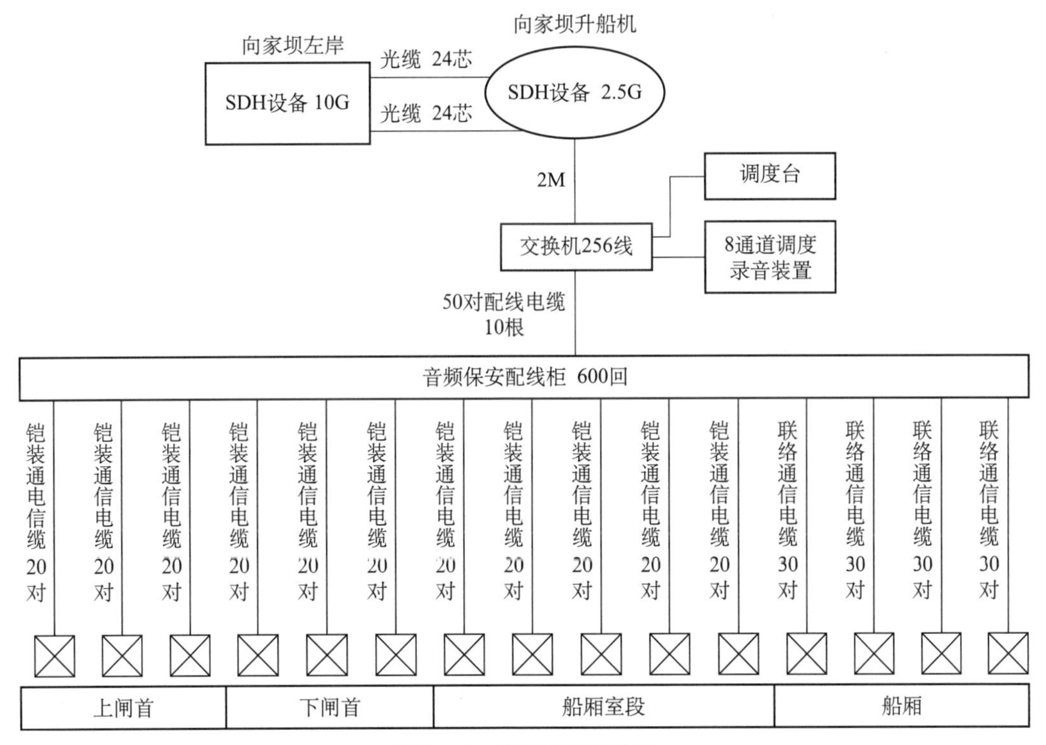

图 2-28　通信系统结构图

2.5.7 通航广播系统

升船机通航广播系统由音源设备（有线话筒、无线话筒、录音机、激光唱机等）、中间设备（调音台、均衡器、分区控制器等）、终端设备（功率放大器、扬声器等）、多媒体工作站等构成。话筒、激光唱机（CD）、声卡等语音信号输入到调音台混音放大后输入到功放进行功率放大，产生100V定压语音信号，再经智能广播分区控制器将100V定压语音信号分配到各个喇叭进行播音。系统可由广播工作站通过路由器对广播设备柜内设备进行控制，可实现手动广播、自动广播、消防广播报警等功能。广播工作站还能对播音的音量大小、音效等进行调节。

升船机通航广播系统采用智能分区控制的结构方式，整个系统的核心是后置智能分区控制器，智能分区控制器主要完成单一功放实现自动分区广播功能，其结构如图2–29所示。

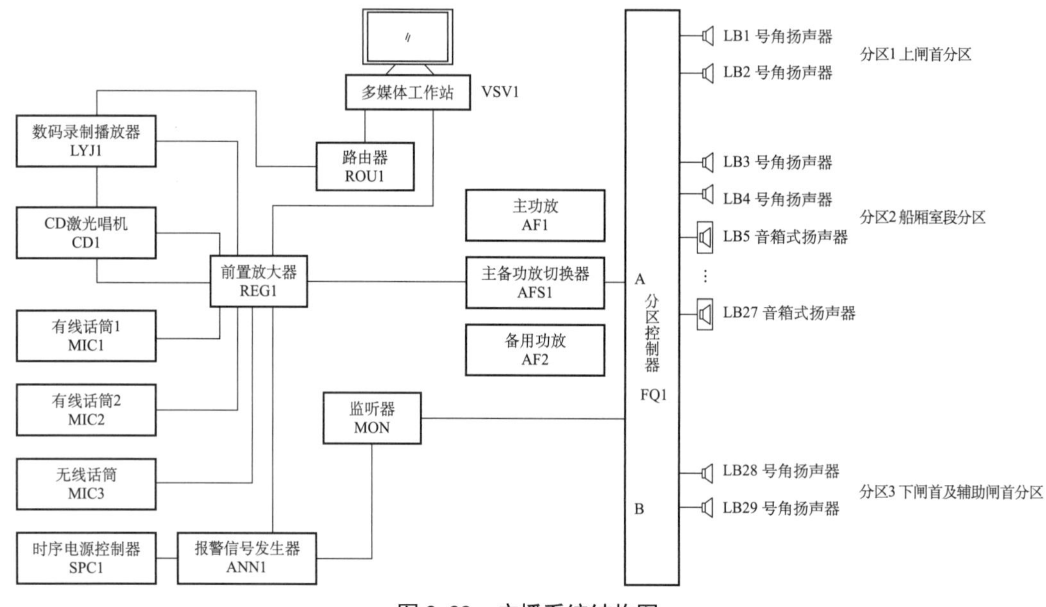

图2-29　广播系统结构图

2.6 辅助系统及设备

2.6.1 升船机网络安全

升船机网络安全主要包含物理安全、防火墙、内外网隔离装置、运维审计系统、安全审计系统、入侵检测系统、内网安全风险安全管理与审计系统、主机加固策略等方面。按照分区要求，升船机计算机监控系统和火灾报警系统划分为生产控制大区Ⅰ区，图像监控系统划分为生产控制大区Ⅱ区，Ⅰ区和Ⅱ区之间部署防火墙进行访问控制。

1）物理安全

物理安全主要涉及的方面包括环境安全（防火、防水、防雷击等）、设备和介质的防盗窃防破坏等方面。对定级为三级系统的机房如：升船机计算机监控系统机房，加装有防静电地板、精密空调、水浸传感器、UPS（不间断电源）、光电报警装置，设置门禁刷卡准入及进出机房的台账记录等。对定级为二级系统的机房如：升船机通航调度系统、通航安全系统、火灾报警系统等，给机房加装防静电地板、精密空调、光电报警装置，设置门禁刷卡准入及进出机房的台账记录等。

2）防火墙

防火墙技术是一种由计算机硬件和软件的组合，使内部网络与外部网络之间建立起一个安全网关，进行访问控制，阻止非法的信息访问和传递。升船机信息系统防火墙主要在不同分区与不同系统之间设置，进行网络隔离，如：计算机监控系统、图像监控系统与火灾报警系统之间，通航安全系统和通航调度系统之间分别设置防火墙。采用的应用网关防火墙，它的逻辑位置在应用层协议上，技术上采用应用协议代理服务实施安全策略，对应用层提供访问控制。

3）内外网隔离装置

内外网隔离装置又名安全网闸，是一种使用带有多种控制功能的固态开关读写介质，连接两个独立主机系统的信息安全设备。升船机信息系统主要采用内外网隔离装置将控制层与管理层进行隔离，确保内网信息系统安全。

4）运维审计系统

运维审计系统又名堡垒机，是一种针对业务环境下的用户运维操作进行控制和审计的合规性管控系统。升船机运维审计系统布置在计算机监控系统和通航安全系统上，用旁路网络可达的方式部署在主干网交换机上，保证运维审计系统与各个管理资产网络连通，在运维审计系统添加相应的资产，并配置资产运维账户名和密码，实现对相应资产运维人员的运维过程监管。

5）安全审计系统

安全审计系统又名日志审计系统。升船机日志审计系统布置在计算机监控系统和通航安全系统上，采用B/S架构，对各项资产进行syslog配置，获取安全设备（如防火墙、IDS、专用隔离设备、防病毒系统等）、调度数据网设备的安全事件信息，对网络安全事件信息进行集中分析过滤、处理、保存，为日志审计提供有力的保障。

6）入侵检测系统

入侵检测系统又名 IDS 系统，可以根据采集被监测系统中关键组件的数据流，对照入侵攻击类型数据库，找出入侵攻击的存在。升船机入侵检测系统主要布置在计算机监控系统和通航安全系统上，实现对计算机监控系统和通航安全系统的入侵风险的分析检测。以监控系统为例：入侵检测系统的探测引擎为 1 个独立的监听端口，入侵检测系统控制中心安装在 1 台安全服务器上。在核心交换机上对入侵检测系统业务口接入的端口做流量镜像，将核心交换机上其他接口的流量镜像接入与入侵检测系统相连接的接口下，由于入侵检测系统旁路部署，不会对网络会话做出相应的阻断，所以入侵检测系统在保证现有系统网络安全的前提下不会对现有生产网络产生影响。

7）内网安全风险安全管理与审计系统

该系统是一套终端安全防护软件，所有策略集中放在升船机安全服务器上，开放了配置用户的界面，管理员从 Web 登录到安全服务器，进行策略配置、报表查询。其用户端位于监控系统 2 台操作员站上，执行策略的检查、从安全服务器上读取规则、向安全服务器发送报表等，当用户不满足策略条件时，向用户提示相关信息，实现对操作员站平台管理、桌面管理、准入管理、桌面运维等功能。

8）主机加固策略

Windows 操作系统需做安全配置以满足符合 GB/T 22239—2008《信息安全技术信息系统安全等级保护基本要求》和 GB/T 20272—2006《信息安全技术操作系统安全技术要求》这两个规范性文件的要求，包含补丁管理、账号密码策略、认证授权、日志审计、网络服务、可移动存储访问策略、IP 协议安全、网络病毒管理、端口服务管理等策略，对生产控制大区和管理信息大区的 Windows 主机进行主机加固，增强主机安全防护等级。

2.6.2 消防系统

2.6.2.1 概述

向家坝水电站升船机消防范围涵盖上下游引航道、上下闸首、承船厢室段，消防对象包括塔柱、顶部机房以及布置在塔柱和顶部机房内的集中控制室、电气设备室、变电站、电缆廊道及竖井、电梯房、承船厢以及布置在承船厢上的驱动室、电气室、液压泵房等。消防灭火介质以水为主，固定式水成膜、七氟丙烷气体、干粉等灭火介质为辅。

升船机区域火灾自动报警及消防联动控制系统工程，具体包括上闸首、下闸首、4 个塔柱、升船机 393.0m 高层报警区域、承船厢等 8 个区域。向家坝升船机的火灾报警控制系统作为 1 个消防监控子系统，接入向家坝水电站枢纽的火灾报警控制系统中，所有实时消防监控信息均通过电站消防专用光纤环网上送电站枢纽消防总监控中心。

2.6.2.2　消防供水

向家坝水电站消防水源有两处：一处是向家坝左岸生活营地内的高程 440.0m 有两个相连通的生活调节水池，总容量 1000m^3，其中 500m^3 容量作为电站的消防用水；另一处是右岸高程 421.00、容量 500m^3 的消防水池。两处水源均与贯穿坝顶的消防干管（DN400）连通，升船机消防水源则取自坝顶消防干管。承船厢消防供水系统的水源为承船厢水（承船厢运行时，厢内水体最小量约 2500m^3）。

在升船机坝段，从高程 382.70m 布置的大坝 DN400 消防干管上引 2 根 DN300 消防管，分别沿升船机上闸首、塔柱左、右两侧高程 381.10m 的消防管沟敷设至升船机承船厢室段上游，再上行至高程 393.00m 顶部机房连通形成环状供水管网，供升船机的消防及生产、生活用水。该环状管网连接到 4 个楼梯间内的 4 根消防立管，每根立管上行至高程 393.00m 的顶部机房后接室内消火栓系统和雨淋喷水灭火系统，左侧的 2 根立管下行至高程 255.00m，右侧的 2 根立管下行至高程 262.00m，每根立管在每层楼梯间与室内消火栓相连，每根立管上设置 4 个减压阀，分为 5 个供水分区，使每个供水分区的消防水压满足规范要求。4 根消防立管到达高程 295.00m 后，再由 2 根水平敷设的 DN150 消防支管在升船机两侧分别向下游侧水平延伸至下闸首和辅助闸首，其中下闸首段每侧支管上设置 2 个室外消火栓（共 4 个），辅助闸室段每侧支管上设置 3 个室外消火栓（共 6 个），2 根 DN150 消防支管在辅助闸首末端连通。从升船机环状消防供水管网塔柱左、右两侧各引 2 根 DN200 供水支管，在 3 个 DN200 供水支管上引出 2 根 DN150 供水支管，在 1 个 DN200 供水支管上再引出 1 根 DN150 供水支管，布置在 393.00m 楼板下，作为雨淋喷水灭火系统供水管。

2.6.2.3　承船厢室段消防

在升船机承船厢室段高程 393.00m 层设有 10kV/0.4kV 变电站、10kV 开闭所、集中控制室、卫生间、电梯机房等房间，在高程 348.50m 设有风机房，在高程 362.50m 设有污水处理室。各房间的消防布置如下：

（1）各房间均配置合适数量的移动式灭火器。

（2）各房间装修材料采用非燃烧材料，进出各房间的电缆孔洞用无机耐火材料封堵。

（3）各结构部件的耐火极限应符合规范一级至二级耐火等级的规定。

（4）变电站、开闭所、调控室、电梯机房等房间门窗均为乙级防火门窗。

（5）调控室内设置有七氟丙烷预制灭火装置。

在升船机 4 个塔柱各设有 1 个电缆竖井，另在升船机左、右两侧塔柱高程 387.00m 和高程 393.00m 设有电缆通道。电缆竖井及电缆通道的主要消防布置有：

（1）设置烟感、温感元件的自动报警系统。

（2）在电缆通道的出入口处均配置推车式、手提式干粉灭火器和防毒面具等。

升船机塔柱消防系统设备布置如下：

（1）在承船厢室段每层防烟楼梯间或消防电梯与防烟楼梯合用前室均设置1个室内消火栓箱（箱内配有25m水带和19mm喷枪水嘴），共计152个室内消火栓箱。

（2）在承船厢室段高程393.00m顶部机房左、右两侧每隔30m左右设置1个室内消火栓箱，共8个。

（3）高程393.00m楼板下布置雨淋喷水灭火系统。

2.6.2.4 承船厢消防

承船厢消防系统包括带灭火箱组合式消防柜、固定式水成膜泡沫灭火装置，保护对象为承船厢内的船只。带灭火器箱组合式消防柜内设有室内消火栓及手提式灭火器。固定式水成膜泡沫灭火装置用于局部液类流淌火灾，选用3%水成膜泡沫液，射程大于或等于6m，额定流量为0.5L/s，额定压力为0.5MPa，泡沫喷射时间大于或等于30min。带灭火箱组合式消防柜和固定式水成膜泡沫灭火装置布置在承船厢两侧走道旁，每侧4组，共8组。当承船厢内的船只发生火灾时，由消防柜内设置的现场按钮或控制室远方操作启动承船厢的消防水泵，供带灭火箱组合式消防柜和固定式水成膜泡沫灭火装置灭火。

在承船厢的驱动机构室、水泵房、电气设备室等16个房间内各设置1个灭火器箱，箱内存放两具手提贮压式干粉灭火器。电气设备室设置七氟丙烷无管网灭火系统，采用全淹没灭火方式，即在规定时间内，向防护区喷射一定浓度的七氟丙烷灭火剂，并使其均匀地充满整个保护区。灭火系统的控制方式为自动、手动两种控制方式：

（1）自动控制方式：当某电气设备室发生火灾时，现场感温探测器、感烟探测器将火灾信号送至消防报警联动主机，消防报警联动主机进行火警认证后，按预先设定好的程序发出相对应的电信号，对灭火装置进行自动控制并接受反馈信号完成灭火功能。

（2）手动控制方式：当某电气设备室发生火灾时，通过现场目判别，确认火灾后通过该电气设备室手动操作盘对灭火装置进行手动控制，完成灭火功能并向消防报警联动主机报警。

2.6.2.5 上下游引航道及上下闸首消防

上下游引航道、上下闸首通道上设有室外消火栓，可以辅助消防车或消防艇对升船机上下闸首、上下游引航道附近失火的船只进行灭火。消防系统设备布置如下：

（1）在辅助闸室高程281.50m左右两侧室外地面各设3套室外消火栓，共6套。

（2）在上闸首渡槽段高程381.00m左右两侧室外地面各设5套室外消火栓，共10套。

（3）在下闸首高程296.00m左右两侧室外地面各设2套室外消火栓，共4套。

（4）在上闸首、下闸首、辅助闸首的各功能房间内设置手提贮压式干粉灭火器。

2.6.2.6　防烟系统

升船机 4 个塔柱的疏散楼梯间分别设置了防烟系统。防烟风机布置在塔柱内 348.50m 高程，风量为 39000m^3/h，通过竖向垂直风管与楼梯间不同高程的正压送风口（自垂式百叶风口）相连接。当升船机任何一个部位发生火灾时，由消防报警系统给出信号，防烟正压送风机启动，自垂式百叶风口自动开启，室外新风通过防烟竖向风管、正压送风口送入疏散楼梯间，形成一定的正压，防止外面烟气侵入，便于人员逃生。

塔柱顶部部分电气设备间，如：变电站、开关站等部位均设事故排风机，火灾时排风机停机，事故后则作为排烟风机使用。

2.6.2.7　火灾报警及联动控制系统

升船机火灾报警控制系统由 1 套消防监控计算机、1 套集中报警控制设备、1 套区域报警控制设备组成，消防监控计算机和集中报警控制设备柜布置在顶部机房消防控制室内，区域报警控制设备柜布置在承船厢上的电气室。上下闸首、辅助闸首和塔柱的探测及控制设备接入集控器，承船厢上的探测及控制设备接入区控器。控制器对各自范围内的探测及报警设备进行监视，对消防设备进行控制，报警及控制总线采用两线制。2 台控制器之间采用通信方式联网，光纤或电缆连接，集控器可以监控区控器，区控器能脱开集控器独立运行。

升船机火灾报警控制系统以 I/O 接口与升船机计算机监控系统连接，将总报警和总故障信息传送给升船机计算机监控系统；以 I/O 接口和通信接口与升船机区域的图像监控系统连接，联动图像监控系统设备，实现对火灾报警现场的自动跟踪与录像，人员在调控室可操作图像监控设备，对升船机消防监控范围内的区域及设备进行远方巡视；以 I/O 接口与升船机通航指挥广播系统连接，实现消防紧急广播。

升船机消防系统联动控制的设备有：

（1）通风设备：塔柱内的 4 台正压送风机的联动控制采用多线方式，由集控器上的多线手动控制盘输出无源接点信号给风机控制设备。普通风机的联动控制采用总线方式，总线输入输出模块的信号给风机控制设备，在集控器的总线手动控制盘上可远方控制普通风机的启停。

（2）无管网柜式气体灭火设备：升船机调控室、承船厢 10 个电气室安装有无管网柜式气体灭火设备。在上述防护区内设置点式感温、感烟探测器、火灾声光报警器，在防护区的每个门外上方设置放气指示灯，门旁设置紧急启 / 停按钮、气体灭火控制盘。当防护区内感温、感烟两种探测器同时报警，火灾自动报警控制系统将立即联动停断该区内的空调，同时，该区内的火灾声光报警器鸣响，提醒人员迅速撤离，延时 0 ～ 30s（可调）后，自动启动气体灭火装置灭火，同时放气指示灯亮，指示灭火系统正在灭火。当运行人员发现有火情，可按下紧急启 / 停按钮，灭火装置将立即进行灭火；或在气体未释放之前延时阶段内发现属于误报，也可按下紧急启/停按钮，灭火装置将中断灭火。承船厢电气室的气体灭火设备可在承船厢区控器上远方控制。

（3）消防水泵及消火栓：承船厢消防水泵的联动控制采用多线方式，在承船厢区控器上配置多线手动控制盘，每个承船厢消火栓均配置启泵按钮，多线手动控制盘输出无源接点信号和启泵按钮的信号给消防水泵控制设备。

（4）水喷雾灭火设备：雨淋阀的联动控制采用总线方式，当电缆层内同时有两种类型火灾探测器报警或火灾手动报警按钮按下，可自动联动开启雨淋阀或在集控器上手动开启相应雨淋阀，喷头即开始喷水灭火，通过总线监视输入模块，对雨淋阀的压力信号进行检测，以确定雨淋阀是否在喷水。若未喷水，则可在现地手动将雨琳阀的快开阀打开，实现雨淋阀的现地手动开启。灭火完毕，可在集控器上手动将雨淋阀复位，或在现地手动将雨淋阀的快开阀关闭，停止喷水。

（5）电梯设备：消防电梯的联动控制采用总线方式，发生火灾时，可在集控器上手动操作将电梯停于基站，且电梯上的按钮被锁定，电梯自动开门，并反馈信号给集控器。

2.6.3 起重设备

2.6.3.1 上闸首台车式启闭机

上闸首台车式启闭机（简称台车）装设在上闸首航槽上游侧 404.50m 高程混凝土排架上，用于启闭和吊运上闸首事故检修门。台车由起升机构、行走机构、机房及检修吊、轨道及埋件、夹轨器、防风锚定装置等组成，起升机构主要技术参数见表 2–27。

表 2–27　上闸首台车起升机构主要技术参数

<table>
<tr><td>起升载荷（kN）</td><td>2×1600</td><td rowspan="2">减速器</td><td>型号</td><td>DQJRSD710-200</td></tr>
<tr><td>起升速度（m/min）</td><td>0.5～5（额定 2.5）</td><td>传动比</td><td>191.05</td></tr>
<tr><td>起升高度
坝面上/总高（m）</td><td>17.5/20</td><td rowspan="3">电动机</td><td>型号</td><td>YZPF315S3-8</td></tr>
<tr><td>卷筒直径（m）</td><td>1.12</td><td>功率（kW）</td><td>2×82.5</td></tr>
<tr><td>工作级别</td><td>M3</td><td>转速（r/min）</td><td>735</td></tr>
<tr><td>滑轮组倍率</td><td>6</td><td colspan="2">钢丝绳</td><td>34 ZAB6×36WS+IWR-1870ZS</td></tr>
<tr><td>工作制动器型号</td><td>YWZ9-500/E121-MK1K2K3</td><td colspan="2">安全制动器型号</td><td>SHI252-φ1900×40</td></tr>
</table>

2.6.3.2 下闸首门式启闭机

下闸首门式启闭机（简称门机）为 2×800kN 单向门机，装设在下闸首 296.00m 高程平台上，用于启闭和吊运下闸首检修门，起升机构主要技术参数见表 2–28。在门机的门架上游侧布置 400kN 电动葫芦，下游侧布置 100kN 电动葫芦，可沿左右方向走行。门机配备有一套液压自动挂钩梁。

表 2–28　下闸首门机起升机构主要技术参数

起升载荷（kN）	2 × 800	减速器	型号	QJRS-D710-200
起升速度（m/min）	0.5 ～ 5（额定 2.5）		传动比	206.07
起升高度 轨上 / 总高（m）	10/50	电动机	型号	YZPF280S1-8
卷筒直径（m）	1.3		功率（kW）	2 × 45
工作级别	M4		转速（r/min）	737
滑轮组倍率	6	钢丝绳		24ZAB6 × 19W+IWR1870ZS
工作制动器型号	YWZ9-315/E80-MK1K2K3	安全制动器型号		SHI202-2000 × 40

2.6.4　闸首排水设备

上闸首检修排水系统用于检修期间上闸首事故检修门与上闸首工作门之间渡槽段排水，系统由检修集水井、2 台深井排水泵、3 套水位信号器（1 套投入式和 2 套液位信号器）、排水管网及其控制系统组成。上闸首检修排水泵房位于上闸事故检修门右侧，泵房地面高程 378.50m，深井泵出口管路依次设置压力表、排气阀、电磁流量计、重锤式液控蝶阀、手动阀、鸭嘴阀等。

上闸首集水井与上闸首渡槽通过廊道直接连通，在通航期间集水井始终被水充满，因此上闸首排水泵不能通过水位自动控制启停，仅有手动和切除方式，水位信号器仅供报警及监测水位使用，不参与水泵启动。全手动运行模式下如需启泵，需要手动依次投润滑水、开启出口蝶阀、手动启停泵。手动方式下水位达到启泵水位或降至停泵水位时，水泵均不能自动开启或停止，需要手动现地启停，因此水泵在手动方式下运行时，要时刻关注水位，防止水位过高或者水泵空抽。

下闸首渗漏排水系统由渗漏集水井、3 台深井排水泵、3 套水位信号器（1 套投入式和 2 套液位信号器）、排水管网及其控制系统组成。下闸首渗漏排水泵房位于下闸首工作门右侧泵房地面高程 289.00m，深井泵出口管路依次设置压力表、排气阀、电磁流量计、重锤式液控蝶阀、手动阀、鸭嘴阀等。

下闸首渗漏排水泵有手动和自动两种运行方式。在自动运行方式下，当下闸首集水井水位升至 239.00m 高程，自动启动一台泵；水位达到 239.50m 时，自动启动第二台泵；水位达到 240.00m 时，启动第三台泵；当水位降至 238.00m 时，所有水泵停止运行。系统自动累计每台水泵的启动次数与运行时间，作为判断启动先后顺序的依据。自动启动顺序：润滑水启动，延时重锤式液控碟阀打开，集水井水泵启动。下闸首渗漏排水泵在手动方式下，操作方式与上闸首检修排水泵相同。

上下闸首排水系统深井泵采用0.4kV电机，深井泵动力柜电源均分别取自升船机393m高程10kV/0.4kV变电站，每台深井泵单独设置1个动力柜，通过软启动器进行启、停控制。

2.7 通航配套设施

2.7.1 通航管理系统

通航管理系统包括通航安全管理系统和通航调度管理系统。

通航安全管理系统通过建立枢纽水域通信及通航监控网络，使枢纽河段内船舶间以及船岸间能通过无线甚高频通信联系，发布枢纽水位调度信息及过闸计划，使向家坝枢纽通航指挥中心和通航调度部门直观了解枢纽河段的通航情况，掌握船舶动态信息、方便应急处置、救援抢险以及事故调查取证等，为枢纽航道的通航调度提供技术支持和安全保障。该系统包括枢纽河段范围内的VHF通信系统、VTS雷达系统、AIS船舶自动识别系统、CCTV航道视频监视系统、综合监管系统、服务器及存储设备以及前端设备等多个子系统及设施。VHF通信系统软件界面如图2–30所示。

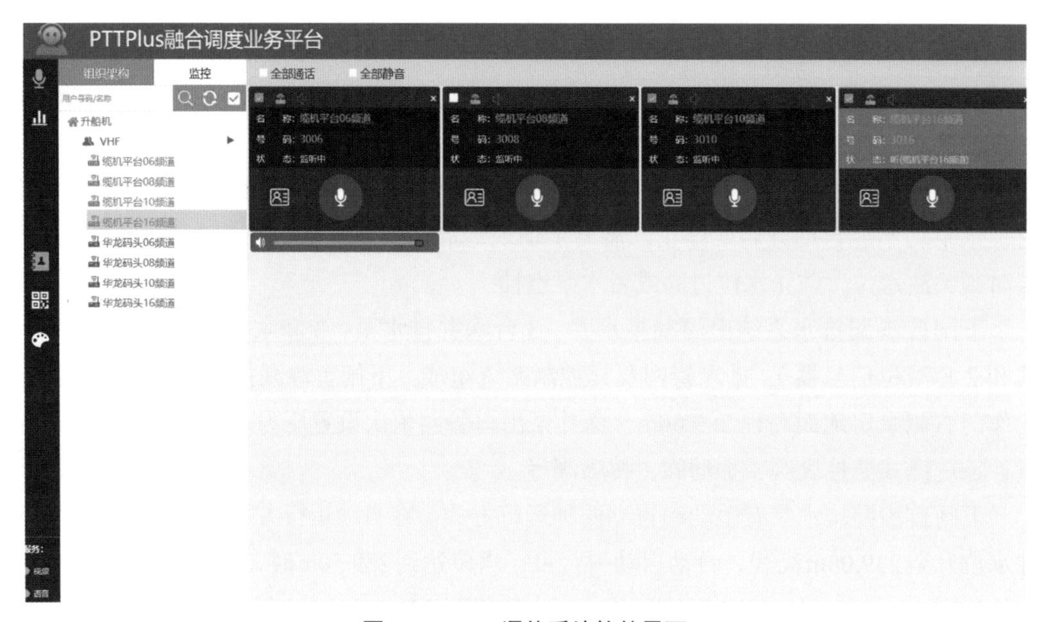

图2-30 VHF通信系统软件界面

通航调度管理系统用于向家坝水电站满足升船机通行条件的船舶的通航调度管理。通过通航调度管理系统软件平台可实现船舶过坝申报、智能化调度方案生成、调度计划信息通知船方、调度计划管理、调度管理、违章管理、水位和气象管理、信息发布、统计分析、船舶数据库基础信息管理、日志管理、权限管理和运行管理等功能，是通航业务开展的重要支撑系统。通航调度管理系统软件界面，如图 2–31 所示。

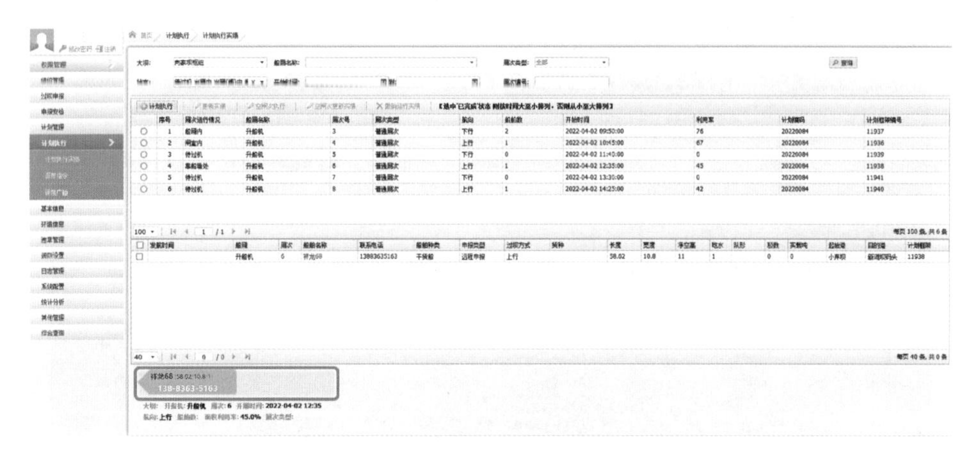

图 2–31　通航调度管理系统软件界面

2.7.2　待闸靠泊设施

向家坝升船机上游待闸锚地位于新滩坝翻坝码头上游侧，距坝约 2.5km，距上游引航道临时停靠区（80m 待机趸船）约 2km。采用顺岸布置 10 个靠船墩，从下游到上游的顺序分别编号①、②、③、…、⑩，并在靠船墩上游侧设置 3 列共 9 个、下游侧设置 1 列共 3 个地牛，当 10 个靠船墩不能满足待闸船舶停靠需要时，可在地牛处停靠船舶，如图 2–32 所示。

图 2–32　向家坝升船机上游待闸锚地停靠点

在升船机上游引航道内，设置 80m 钢质趸船停靠点，供下行船舶待机靠泊使用，如图 2-33 所示。

在升船机下游引航道内，设置有靠船墩停靠点（设置有 12 个靠船墩，从上游到下游的顺序分别编号①、②、③、…），供上行船舶待机靠泊使用，如图 2-34 所示。向家坝下游重大件码头也可兼作船舶临时停靠、等候安检使用。

图 2-33　向家坝升船机上游 80m 趸船待机停靠点

图 2-34　向家坝升船机下游靠船墩停靠点

2.7.3　枢纽航道助航设施

向家坝枢纽河段助航设施的建设范围为上游新滩坝锚地（下游距大坝约 3km）至下游横江河口（下游距大坝约 4km），共计 7km 河段。在此范围内助航设施的设计通航技术等级为Ⅲ级，航标配布类别为一类配备，并满足夜航要求。

本河段范围内设置了助航标志共 41 座（块），其中配布侧面标 31 座、示位标 2 座、界限标 4 座、鸣笛标 4 座；设置了交通安全标志牌 22 块，其中配布禁航区警戒标志牌 3 块、限制船舶尺度禁令标志牌 3 块、锚地提示标志牌 2 块、距坝航道里程牌 14 块；设置了桥涵标 2 处，含桥涵标志牌（灯）4 块、桥柱灯 8 处；设置靠船墩编号牌及夜间灯光标识 22 套，各类助航设施共计 97 座（块）；另外设置了航行水尺 2 座。

2.7.4　建筑物通航信号灯光设置

面向下游，升船机建筑设置船舶上行过闸红绿信号灯共 4 组，分别布置在升船机辅助闸首门顶横梁左侧、下闸首门顶横梁左侧、承船厢上厢头左侧和上闸首活动工作桥左侧；在升船机下闸首下游进口的左、右两侧闸墙内边沿的相关位置，分别布置 1 套边界灯组；在辅助闸首下游进口的左、右两侧闸墙内边沿的相关位置，分别布置 1 套边界灯组。

面向上游，设置船舶下行过闸红绿信号灯共 4 组，分别设置在上闸首事故检修门排架柱右侧、升船机渡槽段末端右侧、承船厢下厢头右侧和辅助闸首门顶横梁右侧；在升船机渡槽段进口的左、右两侧闸墙内边沿的相关位置，分别布置 1 套边界灯组。

在承船厢上、下厢头的左、右两侧干舷的专用灯柱上，各布置 1 盏承船厢升降警示灯。

为满足升船机夜间试通航灯光要求，分别在下游引航道主导航墙增加 LED 照明灯 17 盏，在辅助闸室左岸侧增加高杆路灯 6 盏，在下闸首交通桥区域面向水面增加投光灯 4 盏，在渡槽口面向上游增加投光灯 1 盏，并在活动桥本体上增加示廓灯带 1 条。

第3章 升船机通航管理

3.1 概述

向家坝升船机地处金沙江下游通航河段，属川滇两省界河，作为航道的一部分，通航管理涉及四川、云南两省各级航务主管部门，未在长江航务管理局管辖范围内，存在多头管理现象，且地方利益诉求多样，协调难度大。为厘清涉及各方管理分工及职责，加强枢纽河段通航安全管理，三峡集团流域管理中心多次协调交通运输部及两省航务主管部门，按照《交通运输部办公厅关于明确向家坝枢纽河段通航行政管理有关事宜的函》（交办水函〔2017〕1105号）有关要求，向家坝枢纽通航、升船机运行有关行政管理事项，由四川省交通运输厅牵头负责，并书面征求云南省交通运输厅意见，重大问题报交通运输部，长江航务管理局对向家坝枢纽河段管理有关问题进行协调、指导。为保障向家坝升船机投入试通航安全平稳运行，三峡集团流域管理中心协调川滇省市航务海事部门，探索建立了“企地联合共管”，即宜宾、昭通航务部门与三峡集团三方共管的工作机制，构建了枢纽河段统一指挥平台向家坝通航指挥中心，由三方共同派员进驻值守，向家坝枢纽河段联合管理实现集中办公，实现了枢纽河段航运统一调度、过闸船舶联合安检、枢纽水域安全联合管理。

向家坝升船机的运行管理单位由三峡集团流域枢纽运行管理中心向家坝与溪洛渡枢纽运行管理分中心（以下简称向溪分中心）和长江电力股份有限公司向家坝水力发电厂（以下简称向家坝电厂）共同组成。运行管理单位主要负责向家坝枢纽河段内的日常安全管理、通航秩序维护、助导航设施维护和清障清淤等，保持升船机及配套设施处于良好技术状态并正常运行使用。

向溪分中心职责包括：牵头负责涉及通航管理的对外统一联系和协调；负责向家坝枢纽河段通航管理相关制度、方案的研究及拟定；负责船员通过升船机的驾引技能培训；负责枢纽河段相关水情信息的发布；负责编制升船机运行方案，按照规定报送主管部门审查同意后公布，并按时报送升船机月度、年度通航统计报表和年度总结报告等；按照职责做好枢纽河段突发事件的应急处置工作，并配备相应的应急设施设备；负责办理与升船机相关的航道、航行通（警）告申请等。

向家坝电厂职责包括：负责向家坝枢纽河段相关通航管理制度、方案的执行落实；负责向家坝升船机的过船计划编制、通航调度、过船指挥；负责升船机及配套设备设施的运行操作、维护保养及管理；负责向家坝枢纽河段锚地（停泊区）管理及专设助导航设施的日常维护工作；负责过闸船舶安全检查工作；按照职责做好升船机突发事件的应急处置工作，并配备相应的应急设施设备；负责向家坝升船机上下游引航道、口门区及连接段等水下地形日常观测、疏浚工作。

3.2 金沙江下游航运情况

3.2.1 向家坝水电站建成前的航运情况

金沙江新市镇以上河道处于高山深谷，两岸山峦重叠，河谷弯窄，岸壁陡峭，岸边基岩突咀甚多，溪沟发育，滩多水急，流态紊乱，现基本处于不通航状态。新市镇以下河道穿越四川盆地边缘低山丘陵地带，两岸地形趋于平坦，台地发育，河道较开阔，水流相对平缓，为常年通航河段，成库前按Ⅴ级航道维护。向家坝水电站位于该通航河段内。

新市镇至宜宾段航道全长为 105km，该段航道在水富以上穿行于深山峡谷之中，河床主要是岩石组成，河谷形态呈 U 形；水富之下河段流经丘陵地区，河床为卵石覆盖层，相对较平缓。根据河流自然状况、航行条件和城镇的分布情况，新市镇至宜宾航道习惯上以水富为界分为上下两段。

水富至宜宾段航道长 30km，落差 8.09m，该航段碍航的主要因素是航道尺寸不够，其次是流速急。碍航期一般为枯水期。在枯水 95% 的水位保证率时，航道尺寸为 1.8m × 40m × 340m（航深 × 航宽 × 弯曲半径）。目前可常年通航“2 × 300t+300hp”（额定载货量 + 主机功率）的船队，其中有半年时间可通行“2 × 350t+480hp”的船队（设计水位 3m 以上），相当于通航保证率 45.5%，如果按Ⅳ级航道标准，枯水碍航期一般情况下在 5 个月左右，实际上按Ⅴ级航道进行维护，通航保证率为 82%。该段计滩险 9 道，平均 3.4km 一道滩险，滩险间最长平水段 11km，最短平水段 0.4km，滩险全部为丙级滩。滩险按成因分为沉积和基岩两种类型；按碍航水位分为 8 个枯水滩和 1 个洪水滩。

① 1hp=0.746kW。

水富至新市镇航道长 75km，落差 34.9m，属于Ⅴ级航道，通航保证率为 56.5%。碍航的主要因素是流态紊乱、湍急、坡陡，其次是航深不够，停航期主要在洪水期间。洪枯水碍航时间约 5 个月左右。以前 150t 船舶（吃水深不超过 1.5m）可通航 292 天左右，最大通航船队为“2×300t+380hp”。一般情况下，洪水期停航 1 个月左右。该段有滩险 28 道，平均每 2.76km 一道滩。主要洪水停航和碍航滩险集中在屏山以上结发口至新开滩 12.3km 半峡谷河段内，计有 12 道滩险，平均 1km 一道，其中最关键的是湾湾滩；主要枯水碍航滩险集中在屏山以下庙坝至卷子碛 14.3km 河段，其中最关键的是卷子碛。

2012 年永善县黄龙滩，如图 3–1 所示。

图 3–1　2012 年永善县黄龙滩（现已淹没）

屏山至绥江航段是新市镇以下航道条件最差的一段，绞滩站、控制河段、停航河段均集中于此。主要原因有两个：一是河道岸线在平面与立面形态上均弯转凹凸、突变较大；二是纵面水深差值很大，如在油茶坪至新开滩 6km 河道中即有 5 个深沱浅段交错，水深差值达 20 ～ 40m，使之过水断面相差悬殊。此两特殊的河槽地形条件，加之洪水期流量大、动能足，水流左右上下碰撞冲击，产生泡漩和高速水流，断绝航路。

向家坝水电站建成以前，金沙江仅新市镇以下能常年通航，其中新市至水富为Ⅴ级航道，水富至宜宾为Ⅳ级航道。二十世纪六七十年代，金沙江流域公路、铁路运输不发达，腹地与外界的物资、人员交流主要依靠水运，金沙江水运完成年货运量在 100 万 t 左右，客运量在 50 万～ 60 万人次，金沙江是四川和云南两省资源外运的重要通道。改革开放后，随着沿江公路的建设和资源开发政策的变化，汽车运输日益发展，金沙江下游水运量出现下降趋势，1993—2003 年水上客运量维持在 25 万～ 36 万人次，货运量维持在 20 万～ 40 万 t。2004 年以后，随着长江中下游地区重化工业快速发展，城市建设日益加快，金沙江流域矿产资源外运和建材物资运输需求明显增加，金沙江向家坝断面货运量稳步增长。2008 年货运量达到 248 万 t，同比增长 5.1%，其中下行货物 234 万 t，占总量的 94%。2004 年以来，金沙江矿建材料、煤炭、磷矿等散货运输需求明显上升，带动了水运量的快速增加，2004—2008 年金沙江下游货运量年均增长速度高达 15.7%。

向家坝水电站建成前停泊在水富的船舶如图 3-2 所示。

(a) 20世纪80年代水富停泊的船舶

(b) 20世纪90年代水富停泊的船舶

图 3-2　向家坝水电站建成前停泊在水富的船舶

向家坝断面水运量以非金属矿石、矿建材料、煤炭等三大货物的下行运输为主，且所占比重逐年增加，从 2004 年的 75% 增长到 2008 年的 92%。2008 年非金属矿石、矿建材料和煤炭分别占金沙江下游总运量的 50%、17%、25%。

金沙江非金属矿石运量运输以磷矿外运为主，其中马边和雷波两县的磷矿外运量占非金属矿石总运量的 75% 左右。近年来马边磷矿年产量维持在 100 万～ 120 万 t，每年外运规模在 80 万～ 100 万 t，其中通过新市镇下水的规模占外运比重的 2/3。与此同时，雷波磷矿产量快速增长，2005 年为 2 万 t，2007 为 51 万 t，2008 年达到 123 万 t，以外销为主，部分通过铁路运至西昌（由于至西昌的 S307 路况不好且距离较远，因而规模较小），其余大部分通过新市镇下水。此外，绥江、屏山等地每年有 20 万～ 30 万 t 的青石通过金沙江运往下游宜宾等地区。

金沙江矿建材料运输主要以河沙为主，在金沙江采集后就近上岸，主要供应沿江地区建筑所需。向家坝坝址以上有 2 个采砂点，坝址以下有 5 个采砂点，大部分河沙在金沙江沿江相邻地区短途调运，部分河沙通过金沙江向家坝断面，以下行为主。

金沙江煤炭运输主要从绥江港出发，运往下游的水富、宜宾、泸州乃至长江中下游地区。绥江县无大的耗能企业，全县煤炭产量的 70%以上都通过金沙江外运，2006—2008 年绥江县煤炭外销量分别为 45 万 t、60 万 t 和 75 万 t，占全县煤炭产量的 69%、73% 和 79%。此外，金沙江水运还承担了部分水泥、化肥农药、化工原料等货种的运输任务。

金沙江通航河段两岸有宜宾市、水富、屏山、绥江 4 个县市，2002 年过坝客运量为 13.78 万人次。从历史实际客运量发展变化情况看，1992 年以前由于两岸公路交通不便，水路成为沿江居民的主要交通方式，向家坝年过坝客运量维持在 55 万～ 63 万人次，但随着沿江公路的逐步建成和近年来相继改建完成，金沙江水运客运量呈阶梯式下降趋势，1993—1997 年下降到 25 万～ 35 万人次左右，之后从 1998 年的约 21 万人次直线下降到 2001 年最低仅 6 万人次左右，水路客运逐步萎缩。向家坝截流前，金沙江水运承担了部分向家坝水电站库区移民搬迁和出行任务，2007 年金沙江新市至宜宾段航道共完成客运量 13.3 万人次，其中四川省 11.0 万人次、云南省 2.3 万人次，主要有新市镇—宜宾、屏山福延—宜宾两条航线。向家坝库区形成后，屏山县移民搬迁工作结束，随着溪洛渡专用公路、宜宾—新市镇快速通道的建设，金沙江下游水上客运将进一步萎缩，但库区旅游客运将逐步增加。

3.2.2　向家坝水电站建成后的航运情况

向家坝水电站位于水富—新市镇航段的下端，距水富港 2.5km，水库形成后，常年回水区至溪洛渡坝下，将淹没库区约 157km 河段需要整治的 84 处碍航滩险，库区将成为行船安全的深水航区，航运条件得以根本改善。同时与溪洛渡水库联合调度运行，可改善下游枯水季节的航运条件。此外，向家坝作为溪洛渡的下游衔接梯级，有充足的库容进行反调节，满足溪洛渡水电站调峰和下游航运的要求，不受航运基荷制约，使溪洛渡水电站的容量在电力系统中得到充分利用并发挥其巨大、灵活的调峰作用。

由于向家坝水电站建成后在库区内形成深水航道，向家坝至新市镇河段由现在的枯水期水面宽度 150 ～ 300m 增至 600 ～ 1000m，水深增加 70m 以上，流速降为 0.1m/s 以下，流态趋缓，航道条件得到极大的改善。

新市镇至溪洛渡河段由现在的水面宽度 50 ～ 140m 增至 100 ～ 500m，流速由现在枯水期最大流速 4.2m/s 降至 2m/s，水深增加 10 ～ 70m，现有险滩大部分将被淹没，结合一定的整治工程，本河段将完全能满足通航要求。

金沙江航道现状如前所述，宜宾至水富为Ⅳ级航道，而水富以上仅为Ⅴ级航道，且一年内有三个月需减载。而在库区形成以后，新市镇以下将由Ⅴ级航道变为深水航道，渠化延长新市镇以上航道约 80km，使向家坝至溪洛渡 156km 河段航运条件得以根本改善。原来通航条件很差的或不能通航的大小支流通航里程均可向上延伸，对于沿岸山区城镇的开发和物资运输将有重要的意义。

升船机通航后，促进了船型、船队向标准化、大型化方向发展，有利于提高船舶的营运效益，并且使能源消耗大幅度降低，形成金沙江水运的良性循环，引导鼓励符合“向家坝升船机船型适应性技术要求”的标准化船舶安全有序过坝。截至 2021 年底，录入过闸船舶数据库的标准船舶已达到 13 艘，这些船舶均具有主机功率高、防污染设施完善、低速操纵性好、过坝载货量大等优点。

金沙江航道天然情况下年内洪枯水位的最大变幅可达 24.95m，给港口、航道建设都带来一定困难。枯季水浅，港区水域狭窄，对于港口装卸作业带来一定困难，延长货物滞港时间，对于航运发展极为不利。向家坝建成后，库区港口和航道条件均有较大改善，年内水位最大变幅减小为 10m，水深增加，水域扩大，流速减缓。为港口、航道建设创造了有利条件，并可减少滩险整治费、上行船舶拖绞费、海损事故费等费用。

向家坝水电站建成后，水运货运量处于高速发展态势，主要是向家坝成库以后水运市场腹地拓展和新形势下运输市场格局的变化。2018 年向家坝翻坝运输完成量 468.1 万 t，与 2009 年翻坝量 57.5 万 t 相比，年均递增 26.2%；与 2007 年过坝量 177 万 t（不含沙石）相比，年均递增 9.2%。从货物流向来看，下行货物占比高达 99%，其余少量为上行货物；从货物种类来看，磷矿占比 88%，煤炭占比 12%，磷矿占比高原因是库区马边县、雷波县等地磷矿产资源丰富。磷矿转运量总体呈每年递增的趋势，煤炭转运量总体呈每年递减的趋势；近几年由于长江下游全面禁止采砂活动，砂石转运量呈现迅猛增长的趋势。

2018 年 5 月 26 日，向家坝升船机进入试通航阶段，2018 年通过升船机的货运量为 17.26 万 t，2019 年 89.64 万 t，2020 年为 130.03 万 t，2021 年为 147.94 万 t，逐渐达到升船机饱和运力。上游翻坝码头统计的翻坝转运货运量 2019 年为 430.79 万 t，2020 年为 420.77 万 t，2021 年为 529.52 万 t。预计金沙江上游货运量还将稳步增长。向家坝水电站建成后金沙江航运情况如图 3-3 所示。

（a）现在昭通水运的3000t级主流船舶

（b）2018年驶入水富港7000t级船舶

（c）2013年向家坝库区湾湾滩

（d）2018年水富港码头作业

图 3-3　向家坝水电站建成后金沙江航运情况

3.2.3　库区资源及货运需求

向家坝库区内的主要资源有木材、磷矿石、煤炭和石灰石 4 种。

1）木材

马边县、雷波县、屏山县的林业资源比较丰富，三县木材总蓄积量约 4000 万 m^3。

目前由于国家发布了长江中上游地区木材禁伐令，腹地内各县每年仅有部分间伐材产出，主要供本地使用，但仍有零星木材运出。而在金沙江上游的木材输出已经完全停止。

2）*磷矿*

磷矿是库区内的主要矿产资源，主要分布在马边县、雷波县，两县磷矿探明储量为 35.45 亿 t，其中，马边县磷矿探明储量为 24.76 亿 t，是四川省第二大磷矿基地，我国四大磷矿之一，分为六股水、老河坝、大院子、分银沟 4 个矿区。马边县磷矿品位较高，平均品位 21% ～ 24%，最高达 38%。由于大院子、分银沟两个矿区位于国家级马边大风顶自然保护区无法进行开采，六股水矿区的磷矿品位较低且开采难度较大，老河坝磷矿矿层厚度最大，品位较高，矿区储量、矿石质量及开发条件优于其他三个矿区。现磷矿年开采能力为 550 万 t，磷矿产量 389 万 t，占全国产量的 4.4%。雷波县磷矿探明储量为 10.69 亿 t，以溜筒河为界将雷波县磷矿大致分为两个大区块，溜筒河以北主要是高硅低品位磷矿，溜筒河以南主要分布高镁高品位磷矿，磷矿产量 307 万 t。

从全国的磷矿石消费来看，90% 的磷矿石是作为磷肥的原料使用，而受全国耕地面积变化较小的限制，未来磷矿石的需求将比较稳定，估计不会出现大幅度的增长。马边县磷矿在全国磷矿资源中所处的地位及其位置也没有明显因素将导致其需求将大量增加。且随着开采时间加长，其开采难度将逐渐加大，开采成本上升。

3）*煤炭*

煤炭在昭通地区、宜宾地区均有大量储量。在向家坝坝址以上地区的煤炭储量主要集中在昭通市的绥江县，储量约 1.06 亿 t，以无烟煤为主，储量为 0.7 亿 t，烟煤储量为 0.35 亿 t，另有少量褐煤储量。绥江煤属于富灰高硫煤，由于灰分较高、含硫量大且热值较低，不宜作为化工原料和发电用煤，目前主要作为民用燃料使用。在向家坝以下的宜宾地区兴文、珙县和筠连是川南大煤田的主要组成部分，煤炭保有储量约 53 亿 t，主要满足宜宾地区及下游地区的煤炭需求；在昭通地区的威信、彝良、盐津、镇雄等地，煤炭保有储量约 165 亿 t，是云南的重要煤炭基地。

目前煤炭主要由绥江港启运，流向下游的水富和泸州沿途各地，少部分运到新市镇。

4）*石灰石*

屏山县的石灰石主要产自龙桥乡附近，石灰石和白云岩厚约 20 ～ 40m，总储量约 1 亿 t。

向家坝建成后，淹没了屏山大部分 380m 以下的石灰石矿，以及过去的水泥厂。屏山县搬迁后，建成了总投资 7.5 亿元、日产 4500t 熟料水泥的生产线。其石灰石将主要满足本地水泥厂的需要，不再外运。

3.3 向家坝升船机运行管理概况

3.3.1 运行管理依据

根据《交通运输部办公厅关于明确向家坝枢纽河段通航行政管理有关事宜的函》（交办水函〔2017〕1105 号）相关精神，2017 年 8 月 24 日，中国长江三峡集团公司在宜昌三峡工程建设管理中心召开流域枢纽通航管理相关问题讨论会，会议明确长江电力（向家坝电厂）负责向家坝升船机设备设施运行维护、检修和过闸船舶调度；向家坝枢纽河段专设航标的日常运行维护和检修工作；围绕升船机安全、高效运行开展的设备设施相关完善整改工作；过闸船舶安检工作；向家坝升船机上下游引航道、口门区及连接段和锚泊区域等水下地形日常观测、疏浚工作等。

由四川省交通运输厅和云南省交通运输厅共同发布的《金沙江向家坝枢纽河段通航管理办法》中也明确规定了向家坝电厂的职责。2018 年 8 月 8 日，向家坝电厂与流域枢纽管理中心向溪分中心在向家坝建管中心 1406 会议室专题讨论职责分工细化并形成会议纪要。同时，配合航运主管部门编制发布《金沙江向家坝升船机调度规程》《向家坝升船机试通航运行方案》等文件，作为升船机运行管理的依据。

3.3.2 运行管理组织机构

根据《关于调整公司所属各电厂组织机构设置的通知》（长江电力人〔2017〕194 号），长江电力于 2017 年 3 月 29 日成立向家坝电厂升船机运行筹备组。2017 年 8 月 19 日，向家坝电厂升船机部正式成立，定员 35 人。其中部办 6 人，设部门主任 1 人，副主任 1 人，主任师 2 人，主管 2 人。升船机部管理业务主要分为两大块，分别是通航调控、设备维护，下设调控分部和维护分部。调控分部定员 16 人，设分部主任 1 人，分部副主任 1 人，技术主管 2 人，员工 12 人。维护分部定员 13 人，设分部主任 1 人，分部副主任 1 人，技术主管 1 人，员工 10 人。

3.3.3 升船机运行值守模式

升船机调控分部主要负责过坝船舶通航调度、升船机设备运行操作等调控业务以及船舶安全检查、升船机通航配套设施管理等内容，现阶段采取现场“白班 + 中班”倒班模式，每班 3 人，1 人负责升船机设备运行操作，1 人负责船舶安检及调度管理，1 人负责设备设施巡检、两票办理及现场故障快速处置。设现场值班负责人 1 名，负责组织现场安全生产。

维护分部主要负责主要负责设备设施维护、试验、设备巡检、消缺，设备设施大修理、技术改造项目管理等设备维护业务。采取常白班上班模式。每日安排 2 人负责现场设备巡检和故障处理，保障升船机安全稳定运行。

当升船机设备正常运行时，由调控分部执行船舶过坝全流程管理，包括船舶安检调度及设备操作。

当升船机设备发生故障时，由调控分部按照现有流程对现场设备故障进行先期快速处理，若无法通过监控系统复归故障信号、设备现地操作等方式消除设备故障，则通知维护分部现场人员处理。若该故障彻底消除时间较长影响升船机正常通航，可采取临时措施暂时消除故障优先保障过闸船舶通行，待升船机当日通航结束后再行处理或每周例行停航检修时处理。

3.3.4　探索“运维合一”管理模式

“运维一体”即打破传统的运行操作、设备维护的专业壁垒，在升船机正常通航过程中将维护与运行有机结合；同时组建运维一体值班小组，统筹负责生产现场的运行和维护工作。

深入开展运维一体化工作，可以优化、简化现场作业流程，实现人员精简、作业高效的目标。

升船机部运维一体化管理模式研究工作计划按阶段，分步骤稳步实施，逐步推进。主要分近期目标、中期目标和远期目标三个阶段。

（1）近期目标：在现有调控业务和维护业务的基础上，将现场一般故障处理、通航配套设施管理等专业程度不高、安全风险较小、经过短期培训可以实现的维护工作纳入调控业务范围管理（即调控分部先行试点运维一体化值班方式）。

（2）中期目标：在实现近期目标的基础上，升船机部成立运维一体值班小组，小组由调控人员和维护人员共同组成，进一步拓展运维一体值班小组的工作范围，通过 1 ～ 2 年的专业融合，将专业性较强的现场较大故障处理、设备维护保养等日常工作纳入运维一体化范围；与此同时，停航期调控人员参与到设备设施大修、技术改造项目管理等工作中，充分锻炼调控人员的各项工作能力，为运维一体化的实现打下基础。

（3）远期目标：在实施前两个阶段运维一体化工作的基础上，在 1 ～ 2 年时间内，调控分部与维护分部实现高度的专业融合，运维人员掌握调控、维护两个专业的专业技能，可以胜任多种角色，实现升船机运行管理运维一体化。

目前升船机部已实现近期目标，同时向中期目标靠近，调控分部人员在每年的停航检修期内独立自主负责设备设施的大修及年度维护工作，通过多轮停航检修期的锻炼不断提高调控分部员工技能水平，逐步实现中期目标。

3.3.5 升船机应急管理和运行保障

3.3.5.1 应急组织机构

为保证过闸船舶发生各种事故和险情等紧急情况时能得到及时的救助和妥善的处置，以减小紧急情况造成的影响和损失，向家坝升船机在试通航运行期间成立应急处置组织机构，如图 3-4 所示。

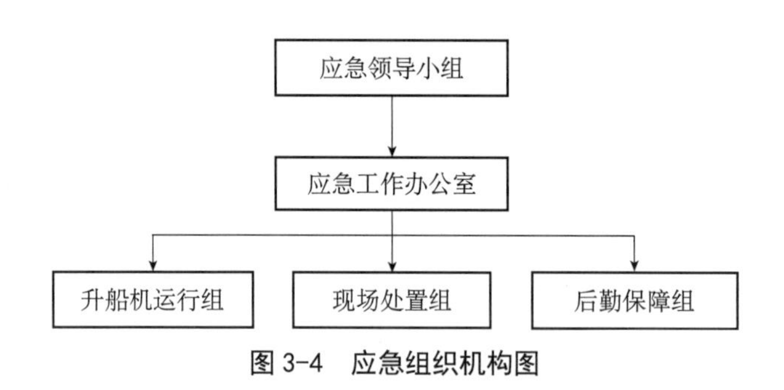

图 3-4　应急组织机构图

1）应急领导小组主要职责

（1）接受上级应急管理机构领导，与属地人民政府应急主管部门协调对接，落实应急管理责任。

（2）研究决策和部署应急管理工作重大问题。

（3）负责应急预案及现场处置方案的审批、发布。

（4）建立应急资金投入保障机制，负责相关应急设备和物资的审批。

（5）加强应急体系建设，完善应急管理规章制度。

（6）负责审定应急工作总结报告和向上级主管部门汇报应急管理信息。

（7）全面负责统筹协调和组织指挥升船机试通航运行期间水上安全应急处置工作，根据情况变化及时调整相应的工作部署，针对事故险情启动相应应急预案。

2）应急工作办公室（通航指挥中心）主要职责

（1）负责组织升船机试通航相关应急预案和现场处置方案的编制、修订及评审工作。

（2）负责组织制定应急演练计划，组织开展专项应急预案和现场处置方案的演练。

（3）负责各部门应急值守和应急管理工作的组织协调。

（4）负责组织开展应急设备及物资保障工作。

（5）负责组织开展应急培训工作，定期开展应急管理能力、应急知识和应急技能培训。

（6）负责接受险情信息，并及时向领导小组进行汇报。

（7）按照上级主管部门的要求填报相关应急报表和汇报相关应急管理信息。

（8）组织协调其他应急日常管理工作，向上级主管部门汇报相关工作。

3）升船机运行组主要职责

（1）通过现场调度，管控升船机运行，配合对过闸中出现险情的船舶、船员进行救助。

（2）负责过闸期间升船机运行故障紧急处置工作。

（3）择机启动《向家坝电站升船机火灾事故应急预案》及《向家坝升船机过闸船舶撞击事故应急预案》等预案。

4）现场处置组主要职责

（1）在应急领导小组指挥下组织开展先期应急行动，服从地方航务海事机构统一调度和指挥。

（2）结合现场实际情况，对突发事件进行综合分析、快速评估，组织开展初期现场处置、应急救援工作；航务海事机构达到现场后，参与确定现场处置具体技术方案，配合开展相关应急救助工作。

（3）全力防止事件的进一步扩大和次生、衍生事故的发生。

（4）根据分工，完成突发事件应急救援评估和总结，并向上级提交应急处置总结报告。

5）后勤保障组主要职责

（1）负责救助船舶、救护车、消防等对外的联系、放行工作。

（2）负责应急期间应急救援人员及交通工具的坝区通行协调，保障其顺利进行救援。

（3）负责应急保障人员的后勤工作。

3.3.5.2　应急响应程序

升船机试通航运行期间紧急情况分为船员突发落水、船员突发疾病、船舶突发故障和船舶突发油污泄漏四类，其应急处置响应流程如图 3–5 所示。

当升船机运行期间过闸船舶出现船员突发落水、船员突发疾病、船舶突发故障以及船舶突发油污泄漏险情时，船舶操作人员应立即采取相应的措施，同时报告应急工作办公室［向家坝枢纽通航指挥中心，电话或者 VHF（甚高频）6 频道］。应急工作办公室安排现场处置组负责组织指挥现场施救，并及时向应急领导小组汇报现场处置情况，通报地方海事主管机构。

3.3.5.3　应急预案及现场处置方案

针对向家坝升船机设计、运行条件和工况要求等，向家坝电厂已编制完成了《向家坝升船机火灾事故应急预案》《向家坝升船机过闸船舶撞击事故应急预案》《向家坝升船机运行事故应急预案》《向家坝升船机紧急停电事故应急预案》4 部升船机应急预案及

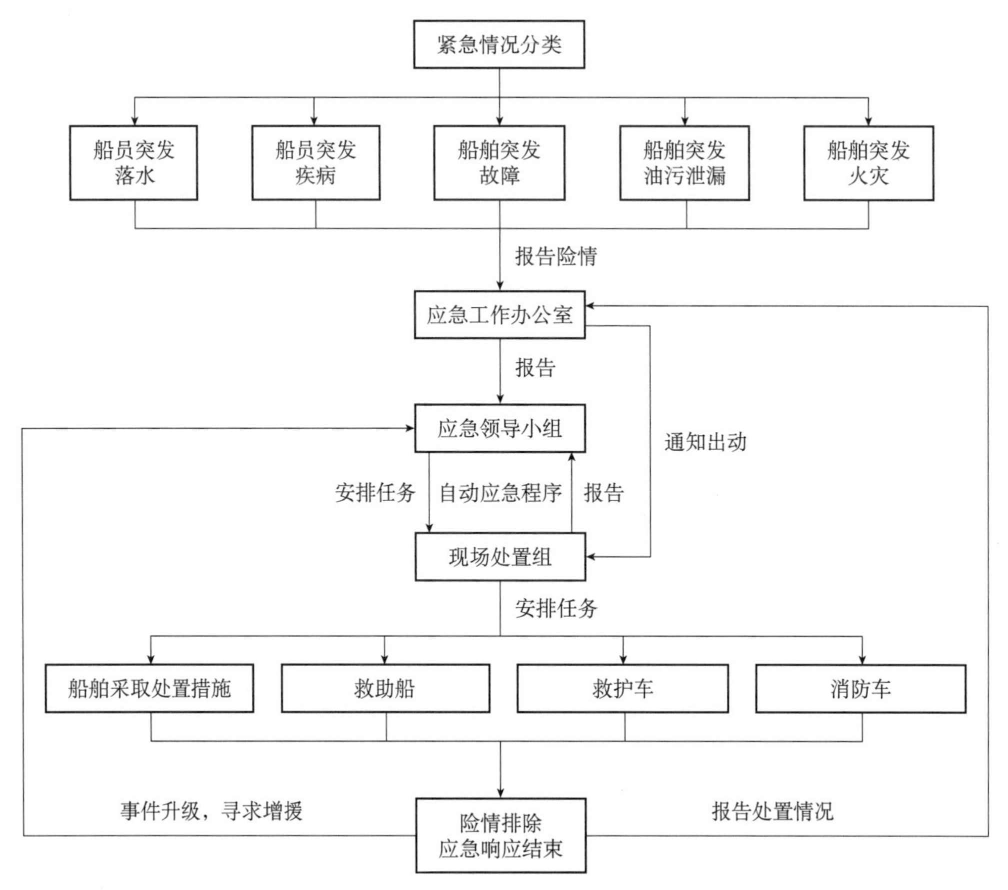

图 3-5　应急处置响应流程图

《向家坝电厂升船机区域油泄漏事故现场处置方案》，向溪管理分中心根据升船机试通航运行期间存在的主要水上安全风险也重点编制了重要应急处置方案。

同时，为确保应急响应、应急处置工作能顺利开展，升船机运行管理单位根据应急预案、现场处置方案和相关应急管理要求进行了充分的应急物资准备。例如针对水面漏油事故现场处置的相关要求，配置了转盘式收油机、浮动油囊、油围栏、吸油毡等防油污染应急物资；针对防汛救援应急管理的要求，在升船机承船厢室段 393 高程机房大厅设置了防汛应急救援仓库，配备了挡水沙袋、潜水泵、救生衣、折叠担架等 30 余项防汛救援物资。

1）船员突发落水现场处置方案

应急工作办公室值班人员（向家坝枢纽通航指挥中心），接到人员落水报告后，应问清落水船员人数、方位及已采取的自救措施，并立即通知现场处置组长，同时报告应急工作办公室。应急工作办公室负责通报主管航务海事机构，并跟踪后续的协调处置工作，并及时向应急领导小组汇报现场处置情况。

现场处置组接到报警后，通知值守船艇在最短的时间内抵达事故现场。现场值班领导在做出救援指令后，视事件情况联系向家坝升船机调控室，暂停所在区域的船舶过闸。

就近协调机动快艇实施救援，视情况联系120急救中心并协调急救车停靠点。地方航务海事机构人员到达现场后，现场处置组服从统一调度和指挥。

2）船员突发疾病现场处置方案

应急工作办公室值班人员（向家坝枢纽通航指挥中心），接到人员突发疾病需要救助后，应问清人员现状（船舶位置、疾病类别、严重程度、能否独自行走）及已采取的自救措施，并立即通知现场处置组，开展必要救助工作。相关情况同步报应急领导小组知晓。

现场处置组接到报警后，通知值守船艇尽快抵达求助船舶。运送病人，视事件情况联系向家坝升船机调控室，暂停所在区域的船舶过闸。并视情况，联系120急救中心并协调急救车停靠点。坝上水域可选右岸翻坝码头停靠，坝下水域选择引航道末端现有交通爬梯。

3）船舶突发故障现场处置方案

应急工作办公室值班人员（向家坝枢纽通航指挥中心），通过视频监控或瞭望观察发现夜间试运行船舶突发故障或接到船舶报警，应详细询问事件的重要信息和发展动态及已采取的自救措施，并立即通知现场处置组，同时报告应急工作办公室主任。报告后，应密切关注现场实时发展动态，发现重大异常情况，应再次报告。报告方式包括电话、甚高频等。应急工作办公室负责通报主管航务海事机构，并跟踪后续的协调处置工作。并及时向应急领导小组汇报现场处置情况。

现场处置组接到报警后，通知值守船艇尽快抵达事故现场，跟踪了解事故动态。视事件情况联系向家坝升船机调控室，暂停所在区域的船舶过闸。

地方航务海事机构人员到达现场后，现场处置组服从统一调度和指挥。

信息即时报告内容主要包括事件发生的时间、地点，简要经过和先期处置救援情况，已经造成的人员伤亡和财产损失，以及事件可能的发展态势等。

4）船舶突发油污泄漏现场处置方案

应急工作办公室值班人员（向家坝枢纽通航指挥中心），通过视频监控或瞭望观察发现夜间试运行船舶突发油污泄漏或接到船舶报警，应详细询问事件的重要信息和发展动态及已采取的措施，并立即通知现场处置组，同时报告应急工作办公室主任。报告后，应密切关注现场实时发展动态，发现重大异常情况，应再次报告。报告方式包括电话、甚高频等。应急工作办公室负责通报主管航务海事机构，并跟踪后续的协调处置工作。并及时向应急领导小组汇报现场处置情况。

现场处置组接到报警后，通知值守船艇尽快抵达事故现场，跟踪了解事故动态。视事件情况联系向家坝升船机调控室，暂停所在区域的船舶过闸，并参与先期处置。

地方航务海事机构人员到达现场后，现场处置组服从统一调度和指挥。

5）船舶突发火灾现场处置方案

应急工作办公室值班人员（向家坝枢纽通航指挥中心），通过视频监控或瞭望观察发现夜间试运行船舶突发火灾或接到船舶报警，应详细询问事件的重要信息和发展动态及已采取的自救措施，并立即通知现场处置组，同时报告应急工作办公室主任。报告后，应密切关注现场实时发展动态，发现重大异常情况，应再次报告。报告方式包括电话、甚高频等。应急工作办公室负责通报主管航务海事机构，并跟踪后续的协调处置工作。并及时向应急领导小组汇报现场处置情况。

现场处置组接到报警后，通知值守船艇尽快抵达事故现场，跟踪了解事故动态。视事件情况联系向家坝升船机调控室，暂停所在区域的船舶过闸；在最短的时间内抵达事故现场，并及时报告坝区专职消防队。

3.3.5.4 其他保障措施

1）向家坝枢纽河段应急值守

为保障向家坝枢纽河段安全、畅通的通航环境，避免船舶因大流量、自身故障等失去控制撞击大坝及升船机设备设施等，汛期流域管理中心向溪分中心在上、下游枢纽河段均安排有大马力拖轮 1 艘（船舶主机功率在 1000kW 以上）和千吨级船舶进行 24h 应急值守，配合主管部门等对失控船舶开展应急救助等工作。

2）船员过升船机驾引技能培训

针对升船机总体布置、设备设施技术条件、安全规定、过闸安全操作要求等，流域管理中心向溪分中心编制了相关培训教材。在船舶过闸前，联合当地航务海事机构组织对过闸船员开展相关培训和现场学习等工作。

3）升船机调度运行

（1）承船厢上升或下降过程中，发生意外情况，承船厢内人员需要紧急撤离时，应当按照语音广播提示和现场人员指引通过两侧疏散楼梯、塔柱疏散通道有序撤离。

（2）水库水位超过最高通航水位时，上闸首事故检修门应当放下挡水；下游水位超过最高通航水位时，下闸首检修门应当放下挡水。

（3）船舶过升船机期间，应当密切关注电站出库流量及变化情况，避免下游引航道内及口门区水流流态剧烈变化，使船舶能安全进出下游引航道。

（4）船舶过升船机期间，预计下游引航道内的水位变幅在 5min 内达到或者超过 0.2m 时，应当即刻投运辅助闸室的工作闸门，以保障升船机承船厢与下闸首工作闸门进行安全对接。

3.3.6 信息公开与社会监督

信息公开的主要内容：水情信息（包括向家坝出库流量及上、下游水位）、气象信息、升船机过闸船舶驾引技能培训及考核情况、升船机日过闸计划安排、升船机遇超标准洪水及突发故障检修等停航安排。

信息公开方式："向家坝通航管理"微信群、升船机上下游安检站公示牌、升船机通航调度系统手机 App 智能终端等，以及宜宾、昭通两市航务（海事）机构发布的航行通告。

社会监督方式：过闸船舶船员如有疑问或投诉，可拨打声讯电话致电咨询，或直接向宜宾、昭通两市航务（海事）机构反映。

3.4 电站运行对升船机通航的影响

3.4.1 电站调峰对通航的影响

向家坝水利枢纽工程具有防洪、发电、通航和灌溉等功能，其中发电为日常主要任务。水电站因机组启停迅速的特点，承担着电力系统中调峰调频作用，因此负荷变化比较频繁。下游航道水位随着出库流量的变化而变化，几种负荷、流量和下游引航道水位的关系见表 3–1。

表 3–1　负荷与下游引航道水位对应关系

序号	负荷（MW）	流量（m^3/s）	下游引航道水位（m）
1	2334	2186	267.21
2	2830	2644	267.74
3	3929	3793	269.07
4	4689	4555	269.93
5	5327	5589	271.49

从表 3–1 可以看出，下游引航道水位和出库流量呈正相关，而且出库流量每增加 850m^3/s，下游水位大致上涨 1m。

2020 年某日 10:15—11:00，向家坝水电站负荷由 2990MW 降至 2420MW，负荷调整前下游水位 267.8m 左右，负荷调整期间升船机下游引航道水位变化如图 3–6 所示。

从图 3–6 中可以看出，在负荷调整期间及负荷调整完成后 1h，升船机下游引航道水位由 267.8m 左右降至 267.2m 左右。此次负荷降低 570MW，下游水位降低 0.6m 左右，且水位变化存在 1h 左右的延迟效应。

设计规定当下游引航道水位变幅 20min 内达到或超过 0.5m 时辅助闸首工作门应

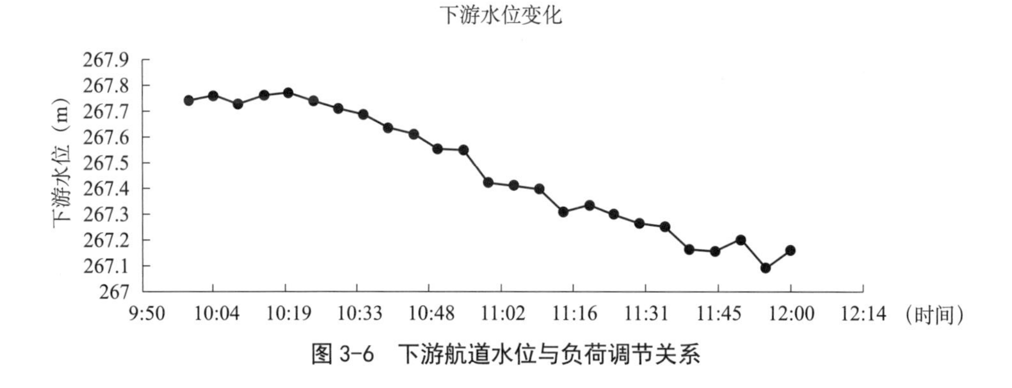

图 3-6　下游航道水位与负荷调节关系

投入运行。但根据升船机实际运行经验，承船厢水深在标准水深 3m 基础上正负变化 0.4m 升船机安全机构动作，因此承船厢与航道水位对接过程中下游引航道水位变化超过 0.4m 时需要投入辅助闸首工作门。

3.4.2　电站泄洪对通航的影响

在电站发电流量不变，泄洪流量稳定后下游引航道水位基本稳定，但泄洪产生的波浪下行绕过主导航墙后传入下游引航道，在下游引航道内会形成非恒定流。泄洪流量与下游引航道水位波幅见表 3-2。

表 3-2　泄洪流量与下游航道水位波幅关系

序号	电站出力（MW）	发电流量（m^3\s）	泄洪流量（m^3\s）	5min 波幅（m）	20min 波幅（m）
1	2330	2210	0	0.05	0.07
2	3925	3785	0	0.05	0.06
3	4685	4550	0	0.1	0.13
4	5315	5295	0	0.1	0.12
5	5320	5320	0	0.1	0.13
6	5310	5290	400	0.27	0.3
7	5820	5780	800	0.24	0.28
8	5320	5320	1500	0.2	0.23
9	5300	5320	2200	0.3	0.37
10	5300	5320	2800	0.4	0.43
11	5290	5410	3220	0.4	0.5
12	4360	4520	3830	0.5	0.59
13	4360	4520	4250	0.5	0.6
14	5820	5820	5730	0.5	0.6

从表 3-2 中可以看出，泄洪流量对下游航道水位波幅影响较大。400m³/s 的泄洪流量可让下游航道波幅突增到 0.3m 左右，且泄洪流量越大，波幅越大，但泄洪流量超过 3200m³/s 后，其对波幅的影响变小，超过 3800m³/s 后泄洪流量增加几乎不会引起下游航道的波幅的变大。目前观察到的下游航道 5min 波幅最大在 0.5m 左右，20min 波幅最大在 0.6m 左右。

根据升船机实际运行经验，承船厢与航道水位对接过程中下游引航道水位波幅变化超过 0.4m 时需要投入辅助闸首工作门。

3.4.3　切机补水对通航的影响

当电网发生系统故障时，安控装置根据系统运行方式选用对应策略切除向家坝水电站机组。切机后总出库流量减少，下游水位短时间内迅速降低，减少的出库流量必须立即通过开启泄洪设施进行补水，否则会造成下游水位陡降，威胁航运安全。

向家坝水电站机组发生故障跳闸或是因电网故障切除向家坝电站切机机组，都会由于发电流量短时间内急剧减少造成下游水位降低幅度过大，影响下游船舶航运安全。2013 年某日，因复奉直流双极低端跳闸，致使向家坝水电站安稳装置动作切除右岸电站 6 ～ 8 号机组，全厂甩负荷 2250MW。图 3-7 为此次切机时向家坝水电站下游水位变化。

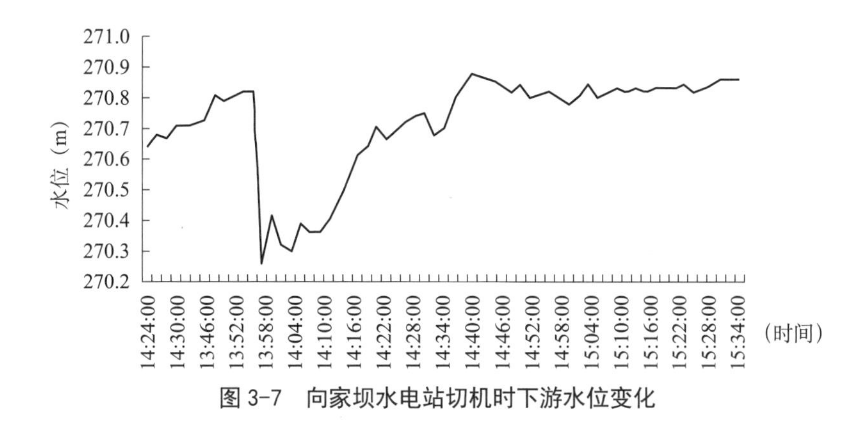

图 3-7　向家坝水电站切机时下游水位变化

从图 3-7 中可知，电站发生切机后出库流量立即变小，下游水位随之发生变化，2min 内由原来的 270.8m 减小到 270.2m，随后通过开启泄洪设施补水后下游水位逐渐恢复。由于电网系统故障不确定导致切机台数的不确定性，在接到切机通知时如果承船厢处于下游对接期间，应立即解除下游对接并投用辅助闸首工作门。

3.5 船舶过闸管理

3.5.1 船舶过闸技术要求

3.5.1.1 设计通航技术条件对船舶的要求

为保障升船机运行安全和过闸船舶航行安全，通过升船机的船舶应当符合升船机通航技术要求，升船机的设计通航技术条件对船舶的要求见表3–3。此外，拟过闸船舶还应具备船舶适航、船员适任、货物适装等条件，船舶及其公司核定的经营范围应当涵盖过向家坝枢纽的航道水域。

表3–3　设计通航技术条件对船舶的要求

<table>
<tr><th>序号</th><th colspan="2">项目</th><th>技术要求</th></tr>
<tr><td>1</td><td colspan="2">设计通航净空高</td><td>10.0m</td></tr>
<tr><td>2</td><td colspan="2">设计最大吃水深度</td><td>2.0m</td></tr>
<tr><td>3</td><td colspan="2">承船厢内船舶最大集泊长度</td><td>112.0m</td></tr>
<tr><td>4</td><td colspan="2">承船厢内船舶最大集泊宽度</td><td>11.0m</td></tr>
<tr><td>5</td><td colspan="2">船舶进出承船厢允许航速</td><td>≤ 0.5m/s</td></tr>
<tr><td>6</td><td rowspan="2">设计代表船型及尺度</td><td>船队：2 × 500t 级一顶二驳船队</td><td>111.0m × 10.8m × 1.6m（长 × 宽 × 吃水深度）</td></tr>
<tr><td>7</td><td>单船：1000t 级机动货船</td><td>85.0m × 10.8m × 2.0m（长 × 宽 × 吃水深度）</td></tr>
</table>

3.5.1.2 船舶最大允许吃水深度

向家坝升船机的承船厢标准水深为3.0m，而设计过闸船舶最大吃水深度为2.0m，因此实际过闸船舶的最大允许吃水有一定的挖潜空间。随着金沙江下游通航需求的不断提高，社会对提高升船机吃水标准提出了强烈期望。

升船机限制提高船舶吃水的主要因素是承船厢在上下游对接状态下时水深的波动，当承船厢水深因波动显著减小时，船舶如果吃水过深则存在触底风险，可能引发承船厢水漏空、船舶搁浅、承船厢设备严重损坏的事故。承船厢的波动一方面是在对接状态时，承船厢水深与上、下游水域连通，会随上、下游水位波动，特别是下游水位常因泄洪、电站出力变化等出现较大波动；另一方面是船舶航行时对承船厢水体会造成阻塞效应，导致承船厢水位出现波动，这种波动一般随船舶实际排水量、航速的增大而增大。经过研究论证和反复实船试验，目前向家坝升船机已探索性地将船舶最大吃水暂时提高到2.2m，并逐步开展更大吃水的实船试验。为进一步提升升船机通航能力进行挖潜研究。

由于升船机实际过闸船舶的新旧程度差别较大，部分老旧船舶因常出现“中垂”或“中拱”等船体变形情况，这些船体变形常导致船舶实际最大吃水明显高于吃水线读数。因此为确保升船机运行安全，对于首次通过升船机的船舶，其最大允许吃水深度按吃水线读仍先按 2.0m 控制。对于希望将最大吃水提升到 2.2m 的船舶，应在装载至 2.0m 吃水过闸时，向升船机调控室申请核定吃水线。调控室通过船舶吃水检测系统测量船舶的实际吃水深度，如实际吃水深度与吃水线读数一致的，将吃水深度控制标准提高至 2.2m；对于实际水深与吃水线读数有明显差距的，则需船舶对水下部件检修整改或重新勘定吃水线。

3.5.1.3　船舶水面以上最大高度

向家坝升船机上闸首事故检修闸门台车混凝土支架底部横梁的下表面高程为 390m，此处为升船机上游航道上距离水面最近的部位。当向家坝上游处于最高通航水位 380m 时，上游水面到上述部位的净空高度为 10m，为升船机整个航道的最小净空高，升船机以此作为设计通航净空高。因此当船舶水面以上高度小于 10m 时，在升船机的设计通航水位范围内，船舶均可以正常通过升船机。但在实际过闸船舶中，存在大量水面以上高度大于 10m 的船舶，若简单地以设计通航净空高来限制船舶，很多船舶将不能通过升船机。

在确保升船机设备设施和过闸船舶安全的前提下，向家坝升船机根据实际上游水位变化动态确定通航净空高，以满足大量水面以上高度超过 10m 的船舶的过闸需求，确保充分发挥升船机的社会经济效益。因此实际过闸船舶水面以上高度应满足

$$H \leqslant 390\text{m} - H_{\text{up}} - \Delta H \tag{3-1}$$

式中：H 为船舶水面以上最大高度，m；H_{up} 为上游实时水位，m；ΔH 为考虑到安检测量误差和水位波动所留的安全余量，m。

3.5.1.4　泄洪工况对船舶的要求

向家坝升船机设计可在一定的泄洪流量下通航，向家坝水电站目前 8 台机组的满发流量约为 $6400\text{m}^3/\text{s}$ 时，一般当电站下泄流量大于该流量时，意味着电站处于泄洪工况。电站泄洪工况下加大下泄流量会对船舶动力有更高要求，另外，泄洪一般会引起较大的波浪，要求船舶有较好的抗风浪能力，特别是向家坝电站泄洪时会在升船机下游引航道末端的口门区引起较为强烈的横向波浪，对船舶的风浪稳定性和操作机动性提出了较高要求。为了验证在泄洪工况下的实际通航能力，向家坝升船机在不同泄洪流量下开展了多次实船试验，根据试验结果，目前暂对电站泄洪期间过闸船舶及通航流量做如下要求：

（1）1000t 级标准船型（型宽 10.8m）的船舶，暂以电站出库 8500m³/s（枢纽泄洪不超过 2200m³/s）为最大通航流量；

（2）核定参考载货量 500 载重吨级以上但非 10.8m 标准船型的其他船舶，暂以电站出库 7500m³/s（枢纽泄洪不超过 1000m³/s）为最大通航流量；

上述要求已通过宜宾、昭通两市地方海事局联合发布的航行通告（宜市海通字〔2019〕27 号）向社会公布。其他任何型式船队、单机单舵、核定参考载货量 500 载重吨以下及关键性设备存在明显缺陷的船舶，如遇电站泄洪不得通过升船机。

3.5.2 船舶注册登记

3.5.2.1 船舶资料建档

船舶首次通过升船机前应当提前到升船机上下游安检站办理过升船机船舶资料建档、登记手续。船舶首次申请过升船机的应当在安检站接受复核。向家坝电厂应当配合航务（海事）机构建立过升船机船舶的基础资料数据库。

船舶资料建档时应当提交船舶检验证书、船舶登记证书、船舶营运证、船员适任证书证件、船舶最低安全配员证书、船舶自动识别系统 AIS 标识码证书等相关证书的原件及复印件。

船舶资料登记的基本信息项目包括：船名、船籍港、船舶所有人、船舶经营人、联系方式（经营人、船舶）、船舶检验证书编号、船舶国籍证书登记号、船舶类型、主机功率、总吨、净吨、满载排水量、空载排水量、参考载货量、最低配员、客船乘客定额、集装箱箱位（集装箱船及多用途船）、单船最大尺度（总长、最大船宽、最大船高、满载吃水）及过升船机需要的其他相关信息。

升船机调控室负责审核船舶提交的注册登记资料，安检站配合对资料进行查验。船舶注册登记资料审核通过后，调控室在向家坝升船机调度管理系统内，对船舶进行建档注册。如船舶基本信息发生变更，船舶所有人或者经营人员应当持本条规定的相关证书办理资料登记更新后方可申报通过升船机。

3.5.2.2 升船机通航 App

为方便船舶远程申报通过升船机，向家坝升船机调度管理系统开发了面向船方的“金沙江通航”手机 App。对已注册登记的船舶，其所有人或者经营人员可通过互联网在手机上下载安装“金沙江通航”App，通过该 App 可申请将该手机号与船舶进行绑定。为避免无关手机绑定后恶意申报，船方在提出手机号与船舶绑定申请后，应主动联系安检站进行核实。安检站核实确为本船所有人或者经营人员手机号后，由调控室在调度管理系统上将申请电话与对应船舶进行绑定，之后船方便可使用该手机号在“金沙江通航”App 上进行过闸远程申报。每艘船舶限绑定 2 个手机号，船方若需变更手机号码，应先向安检站申请解除绑定当前手机号，随后可重新申请绑定其他手机号。

3.5.3 船舶过闸申报

3.5.3.1 申报方式及要求

（1）远程申报：绑定有手机号码的船舶，可通过该手机上安装的“金沙江通航”App 进行申报；未绑定手机号码的船舶，也可通过其他通信方式向安检站远程申报，但需提供有所有人或者经营人签字的纸质申报表扫描件，以便安检站作为申报证据留存。

（2）现场申报：不具备远程申报条件的船舶，所有人或者经营人应当自行前往安检站填写纸质申报表进行现场申报；其中下行船舶在升船机上游安检站申报，上行船舶在升船机下游安检站申报。

船舶上述申报方式，每日 18 时前申报次日及 3 天以内的船舶过升船机计划。过闸船舶申报上行过闸计划时，船舶初始位置应在向家坝升船机下游或完成下行过闸计划后（船舶离开辅助闸室）；申报下行计划时，船舶初始位置应在向家坝升船机上游或完成上行过闸计划后（船舶进入库区）。

3.5.3.2 申报内容及规定

船舶过升船机应当如实申报以下内容：船名、船舶类型、货种、实际载量（货船、货运量、客船、旅客人数、集装箱船、货运量、集装箱标箱数、商品车运输船、货运量、车辆数）、队形组成、本航次船舶最大尺度（总长、总宽、船舶水面以上最大高度、最大吃水）、核定干舷高度、实际排水量、本航次船舶配员情况、过升船机航向、始发港、目的港、过升船机时间、联系方式及通航调度管理所需的其他信息。

船舶申报过升船机应当遵守下列规定：

（1）载运易燃易爆货物的船舶不得申报过升船机计划；

（2）申请过升船机的船舶申报后，应当接受安全检查；

（3）船舶如需修改申报信息，应当先取消其原有申报后，再重新进行申报；

（4）自申报计划后，应当保持 AIS 系统船载终端、VHF 甚高频等开机并处于正常工作状态。

3.5.4 调度计划的编制、发布与查询

向家坝电厂在航务（海事）管理机构监督和指导下，具体承担升船机调度计划的编制、发布和执行工作，建立升船机通航调度统计制度，全面、及时、准确地记录船舶过

升船机运行统计数据，及时编制有关统计报表并报送有关管理部门。

升船机调控室每日根据船舶的过闸申报及到锚情况，编制次日的调度计划，并通过“金沙江通航”App向船方发布。编制调度作业计划遵循“安全第一、先到先过、重点优先”的原则，过闸船舶的优先级按以下顺序排序：

（1）特殊任务（警卫任务、军事运输、应急救援、行政执法等）船舶。

（2）客船、整船载运鲜活货船和重点急运物资船舶［是指经沿江有关省级航务（海事）管理机构审查认可的船舶］。

（3）集装箱船、商品车运输船。

（4）向家坝升船机适应性船型船舶、诚信船。

（5）其他过升船机船舶。

对于处于同一优先级的船舶，按如下规则排序：

（1）对于下行船舶，向家坝上游因设置锚地，向家坝升船机将上游塘坊湾到坝前禁航区的水域设置为上游到锚区，在每日18:00调控室根据船舶AIS信号是否处于到锚区内，对船舶进行到锚确认，对于确认到锚的船舶，根据上一次过闸先后次序进行排序。

（2）对于上行船舶，向家坝因下游暂无锚地进行到锚确认，以上一次过闸先后次序进行排序。

船舶过升船机调度作业计划每日20时前通过升船机网页、手机App等方式发布。已列入船舶过升船机调度作业计划的船舶应当处于待令状态。调度作业计划可通过向家坝升船机网页、“金沙江通航”手机App和升船机调控室调度电话查询，也可前往上、下游安检站现场查询。

3.5.5 船舶安全检查

3.5.5.1 上、下游安检站

船舶通过升船机前应当按照规定接受安全检查，安检合格后方可通过升船机。向家坝升船机在大坝上、下游均设有安检站，安检站根据调控室前一日发布调度计划依次对待过闸船舶进行安检。上游安检站设置在上游库区右岸侧翻坝码头办公楼，待过闸船舶停靠在上游锚地，安检人员通过交通艇登船进行安检；下游安检站暂时设置在水富重大件码头，待过闸船舶由安检站调度至码头后，安检人员通过登船梯上船安检。

3.5.5.2 安全检查内容

过闸船的安全检查由向家坝电厂和宜宾、昭通两市海事部门联合进行。海事部门主要对船舶及船员的证书证照、运营手续等进行检查，并对船舶违法行为进行处罚。向家坝电厂主要根据《向家坝枢纽河段通航管理办法》的要求对船舶开展安全检查，以确保船舶在技术上和安全上满足过闸要求，主要检查内容如下：

（1）过闸船舶是否自查并按照要求填写《向家坝枢纽过闸船舶安全自查记录表》；

（2）船员、乘客及货物登记表是否符合要求；

（3）过闸船舶主尺度、吃水和舷伸物、水下附属装置是否符合过闸安全要求；

（4）过闸船舶载运的货物种类和数量是否符合有关规定；

（5）过闸船舶是否夹带危险货物或禁止过升船机货物；

（6）过闸船舶的申报信息是否符合相关过闸申报要求；

（7）船舶驾引人员是否参加过升船机驾引培训；

（8）其他可能影响通航安全和危及升船机运行安全的情形。

安检时对于船舶长度、宽度及水面以上高度的检查，主要使用皮尺、激光测距仪等设备进行人工测量复核。向家坝升船机在上闸首渡槽进口处安装了用于船舶限高的红外对射报警器，并对下游辅助闸首防撞梁开发了限高功能，可分别对下行和上行船舶进行高度限制。另外还研发了一套双目识别图像测高装置，安装在上游浮动式导航堤上，可对船舶水面以上高度进行复核。

对于船舶吃水的检查，主要分别检查船艏、船中、船艉各处左、右舷的吃水线刻度的读数，使用工具一般为带杆的反光镜。对于吃水刻度不清晰的船舶，一般使用船舶的型深减去测量实际干舷高度来估计其吃水深度。型深为船舶中部船舷到船底的最大距离，船艏和船艉的船舷到船底的距离一般小于此值，因此使用这一估算方法测得的船舶中部吃水一般较为准确，而船艏和船艉的吃水一般较真实吃水更大，能够保障估算的安全性。另外，向家坝升船机安装了船舶吃水及航速检测系统，该系统在下游辅闸闸首内和上游浮动式导航堤上分别安装有一套船舶吃水检测设备，并在承船厢内安装有富裕水深监视设备，可对船舶的实际吃水进行检查复核。

对船舶靠泊设备的检查主要包括缆绳和橡胶靠把。过闸船舶应配备柔性缆绳，不得使用钢丝绳或铁链等在承船厢内靠泊系缆，以免损坏通航建筑物内靠泊设施。船舶的船舷外围应悬挂足够数量的橡胶靠把，以避免与通航设施发生直接碰撞。靠把应使用插编的钢丝绳环在系缆桩等处可靠悬挂，以避免船舶因与航槽擦挂导致靠把掉落，影响升船机安全运行。在向家坝升船机试用航前期，常有船舶不规范悬挂靠把，导致靠把在闸首对接区域、承船厢内以及辅闸工作门门槽等处发生掉落，引起过上闸首通航门关门卡阻、辅闸闸首因落门不到位影响检修排水等不良后果。后经走访船方调查，向船方明确了对靠把悬挂可靠性的要求，并在安检时加强检查，靠把掉落事件明显减少。此外，船舶过闸时，应使用挡水板遮挡船舷上的发动机冷却水排水孔等出水的孔洞，以免在承船厢内将水喷到升船机设备上引发故障，挡水板同样应牢固绑扎，避免因剐蹭发生脱落。

对船舶的舷伸物的检查主要包括船舶锚泊设备和悬挂于船艉的生活交通艇。船舶过闸时应处于完全起锚的状态，闸刀掣链器应将锚链牢固锁定，锚钩无滑落入水风险。生活交通艇应悬挂牢固，无坠落风险。在船艏配有用于抵岸靠泊用的插杠的船舶，插杠应完全提起，插杠应配有防止坠落的横向插销或系有2根以上防坠落钢丝绳。向家坝升船机下闸首工作门曾被未完全提起的船舶插杠碰撞并导致漏水，后续加强了对船舶上的这类附属设备的检查。

对于船舶装载货种，《向家坝枢纽河段通航管理办法》明确禁止易燃易爆物通过升船机，对此安检船配备了易燃易爆物检查仪器，可对疑似易燃易爆进行检测。此外，根据海事部门的环保要求，对于金沙江上运输的沙石料、硫磺等散货，要求必须进行遮盖，防止因大风导致散料货污染水体和大气，因此对于升船机的过闸船舶，也将此作为安检项目。

安检时还会检查船舶是否按要求配备了无线电通信设备，以确保船舶与升船机调控室和联合指挥中心的通信正常可靠。过闸船舶应配备船舶自动识别系统（AIS）的船载设备，其相关信息应当准确并及时更新，同时应当配备2台甚高频（VHF）通信设备。另外，对于拟夜间过闸的船舶，还需检查其夜航照明灯器、信号灯器是否完好。

3.5.5.3 安检结果判定

对船舶上述的检查及复核情况，由安检员同时在纸质安检作业表和调度系统配套的安检专用手机App进行记录。安检完成后，由安检员和船方共同对纸质安检作业表内容进行签字确认，然后由调控室审核安检作业表，并依据安检相关要求对船舶做出安检合格与否的判定，最后在调度系统内进行操作。

判定为安检合格的船舶允许通过升船机，由调控室根据当前升船机运行状态进行调度；判定为安检不合格的船舶，可在当日18点前进行整改后重新要求安检，如当日18点前无法完成整改，则由调控室取消其过闸计划，其后续整改完成后可重新申报过闸。

3.6 船舶过闸调度

3.6.1 船舶通信联络

船舶应当按照规定配备无线电通信设备，并按照以下专用VHF（甚高频）通信频道进行联络：

（1）VHF6频道（156.300MHz）为枢纽下游河段船舶专用频道，船舶与通航指挥中心联系专用频道；

（2）VHF8频道（156.400MHz）为上游库区机动船舶间航行避让通信专用频道；

（3）VHF10频道（156.500MHz）为升船机调控室调度联系专用频道；

（4）其他联系方式按照相关规定执行。

下行船舶航行至邵女坪水域（上行船舶航行至三块石水域）时，应当通过 VHF10 频道或者电话向上（下）游安检站报告；船舶抵达上游待闸锚地或者下游重大件码头并靠泊完毕后，应当报告安检站；过闸船舶在上游待闸趸船、承船厢、辅助闸室、下游引航道靠船墩靠泊并系缆完毕后，应通过 VHF10 频道向升船机调控室报告；船舶过闸期间应有专人值守，并注意收听相关通知。

升船机调控室负责上游待机锚地至重大件码头之间水域的船舶调度，下游重大件码头以下水域的船舶调度由向家坝通航指挥中心负责。

3.6.2　船舶过闸调度

3.6.2.1　过闸调度内容

（1）上游安检站通过 VHF 将下行船舶由停靠方位调度指泊至安检点，下游通航指挥中心通过 VHF 将上行船舶由停靠方位调度指泊至安检点。

（2）过闸船舶安检通过后，安检站人员应告知调控室调度员，调度员根据当日气象、水情、航道和通航建筑物通航边界条件，下达允许待机指令，调度过闸船舶安全行驶至待机停靠点靠泊系缆，等待过闸。

（3）调度员根据升船机运行工况，下达允许进厢指令，过闸船舶按照调度指令、信号灯、通航广播及航标指示，以规定航速驶入承船厢，停泊、系缆、关闭发动机，驾引船长通过 VHF 向调度员报告。

（4）承船厢上行或下行，抵达对接位对接完成后，调度员下达允许出厢指令，过闸船舶启动发动机、解缆、驶出承船厢，完成过闸。

（5）辅助闸室投运工况下，过闸船舶按调度员指令进出闸室，靠泊系缆。

3.6.2.2　过闸调度相关要求

（1）调度员应要求过闸船舶进出承船厢速度不得超过 0.5m/s。

（2）每日首航船舶或连续单向运行船舶，调度员可根据升船机对接情况直接指令过闸船舶进入承船厢，或行驶至下游辅助闸室南墙、上游 91.3m 浮式导航堤待机靠泊。

（3）如遇电站泄洪或机组调峰影响时段内承船厢下行时，需投入辅助闸室，调度员可提前将上行过闸船舶调度至辅助闸室北墙靠泊系缆，待下行过闸船舶行驶出厢，在辅助闸室南墙系缆停稳后，进行辅助闸室内会船调度，交错两船总长之和按不超过 128m 控制（其中单船总长按不超过 75m 控制）。

（4）如遇同向两艘船舶总长之和小于 110m 时，调度员可合理安排“两船一厢”指挥，减少升船机运行厢次。

3.6.3 过机船舶及船员规定

（1）通过升船机的船舶应当按照规定接受向家坝水电厂的安全检查，安检合格后方能过升船机；并按照向家坝水电厂的调度指令与通行信号等有序进出升船机及引航道。

（2）按照指定的系泊位置停靠，不得使用升船机承船厢内系船柱挂缆制动，系缆完毕后关闭主机发动机，并派专人现场监护系缆安全。

（3）严格控制火源，防止发生火灾。

（4）严禁排放废油、废水及抛弃其他污染物和垃圾；当丢失锚链、螺旋桨、钢缆、硬靠把、轮胎等物品时，应当及时报告。

（5）严禁上下人员或者装卸货物等。

（6）载运易燃易爆货物的船舶不得申报过升船机计划。

（7）船舶如需修改申报信息，应当先取消其原有申报后再重新申报；自申报计划后，应当保持甚高频等开机并处于正常工作状态。

（8）船舶过升船机应遵守航务海事机构和升船机运行管理单位等颁布的诚信管理有关要求，所有船舶过升船机不得谎报、瞒报申报项目内容，不得随意申报、取消。

（9）船舶应当按照升船机语音广播系统和交通信号灯指示进出承船厢，严禁抢进抢出；船舶进入引航道速度不得超过 1.0m/s，出引航道速度不得超过 1.2m/s；进（出）升船机上下闸首及在承船厢内行驶的航速不得超过 0.5m/s。

（10）船舶进入枢纽河段前，应对船舶舵、锚、主辅机、航行信号、通信、助航、消防、救生、应急设备以及装载与系缆设施等进行检查，确保船舶适航、船员适任。

（11）船舶过升船机船员规定：

① 过升船机船长应接受流域管理中心向溪分中心组织的驾引技能培训，并通过相应考核后方能过升船机，通过考核的船长若 3 个月内没有过机记录的，需驾引船长引航过机。

② 船舶解缆人员只有在接到允许船舶驶出承船厢指令后才可以对船舶解缆，严禁提前解缆。

③ 听从指挥，备好软靠把，采取措施防止主、辅机冷却水排到承船厢甲板，不得钩捣承船厢相关设施。

④ 进入枢纽河段，船舶驾驶舱外所有人员必须穿救生衣。

⑤ 汛期过机船舶需经引航方可过机。

3.6.4 夜间通航调度

为保障金沙江向家坝水电站升船机正式通航验收工作顺利开展，充分挖掘升船机通航能力，疏解翻坝转运压力，并促进金沙江航运效益充分发挥，向家坝升船机于 2020

年 11 月 30 日正式开通夜间试运行。夜间试运行期间，升船机运行时间为每日 08:00—22:00，日运行时间约 14h，运行厢次约 14 厢次。

3.6.4.1　夜间试运行条件规定

（1）通航范围：金沙江向家坝升船机夜间试运行的范围暂定为上游待机锚地至升船机下游引航道。

（2）船舶要求：安装自动识别系统（AIS）船载设备，并保障其信息准确更新及时；船舶航行灯（探照灯、舷灯）等声光信号完好且处于正常使用状态，通信设备齐全有效。

（3）通航能见度：夜间通航能见度需满足能清晰看见同侧相邻两岸浮标或相邻的岸标与浮标。

（4）夜间试运行终止条件：如遇电站泄洪设施投运、切机补水等引起的枢纽泄洪及其他航道主管部门认为航行条件不满足的情况，将立即终止夜间试运行。

3.6.4.2　夜间试运行调度方案

夜间试通航一般以双向运行为主，对 4 ～ 6 艘夜间过闸船舶进行上下行交替调度，其具体方法为：

当日 18 时前由调度员确认是否按照夜航标准进行安检，上下游安检站完成夜间试运行上行所有船舶安检工作。调控室将全部安检合格的上行船舶调度至下游引航道①～⑥靠船墩顺岸停靠等待过闸，将一艘安检合格的下行船舶调度至 80m 待闸趸船。待上行船舶进入上游与 80m 待闸趸船处停靠的下行过闸船舶完成动静会船后，下行船舶方可驶入升船机。

待上行船舶在上游锚地安全停泊后，第二艘安检合格的下行船舶方从上游锚地驶至 80m 待闸趸船靠泊等待过闸；下行船舶驶离升船机辅助闸室后，应沿下游引航道主导航墙航行，与下游引航道内上行等待过闸船舶进行动静会船后，停靠至引航道末端 ⑪⑫ 靠船墩，后续下行船舶依次顺岸由外至内停泊过夜，待次日天亮后，按照向家坝通航指挥中心调度指令驶出停泊区。当下游引航道存在多艘船舶靠泊上行过闸时，前面一艘船舶驶离后，随后船舶需依次往前挪动，停靠前一个靠船墩，以保证后续下行船舶顺利靠泊。双向运行过闸靠泊规划如图 3–8 所示。

3.6.4.3　夜间过闸船舶及船员规定

（1）船舶夜间运行前，应对船舶舵、锚、主辅机、航行信号、灯光、通信、助航、消防、救生、应急设备以及装载与系缆设施等进行自查，以确保船舶适航、船员适任。

（2）夜间试运行期间如遇电站切机补水，下游引航道内船舶应全员待命，备好并及时调整软靠把、缆绳等。

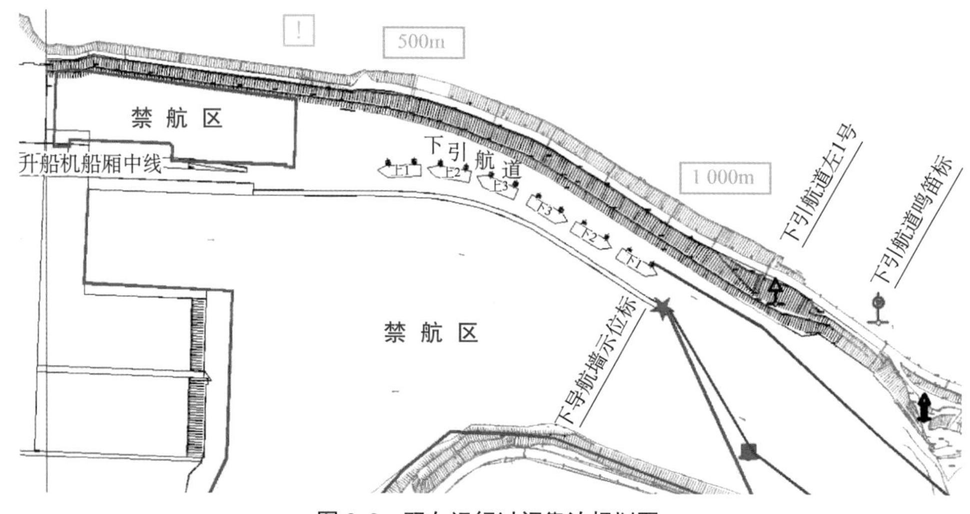

图 3-8　双向运行过闸靠泊规划图

（3）夜间试运行过闸船舶对船员的规定：

① 夜间试运行系泊或者锚泊期间，按照规定留足配员，船长或者履行船长职责的人员、轮机长或者履行轮机长职责的人员、大副或者履行大副职责的人员、大管轮或者履行大管轮职责的人员不得同时休息。

② 夜间船员应加强值守，密切关注锚地、待机停靠点及周边环境动态，发现存在危及船舶安全等情况时，应当及时采取防范措施并向航务（海事）管理机构和运行管理单位报告。

③ 夜间停泊期间，所有人员严禁下船或在舱外随意走动。

3.7 通航效益分析

3.7.1 通航厢次分析

历年通航厢次数统计见表 3–4。

表 3–4　历年通航厢次数统计

年份	总厢次	日均厢次数	载船占比	无承船厢次	无船占比
2018	591	5.63	77.8%	131	22.2%
2019	2425	8.88	86.7%	323	13.3%
2020	3057	10.65	92.9%	217	7.1%
2021	3687	11.67	88.9%	407	11.1%

注：统计数据截至 2021 年底。

历年运行厢次数统计如图 3-9 所示。

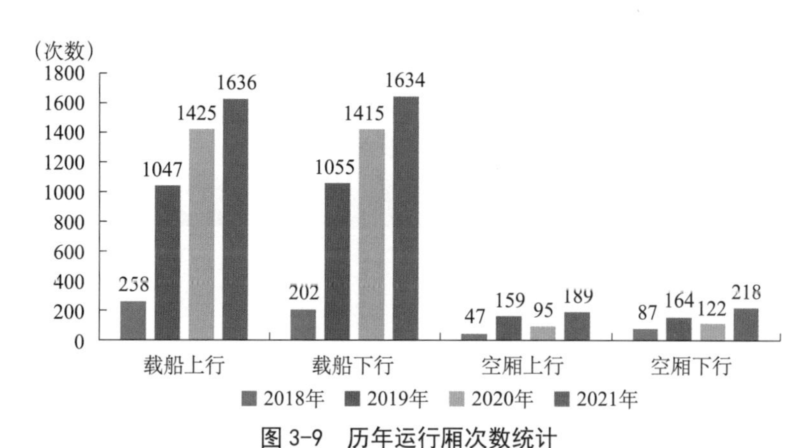

图 3-9　历年运行厢次数统计

3.7.2　通航船舶分析

历年过闸船舶艘次统计见表 3-5，历年过闸船舶艘次统计如图 3-10 所示。

表 3-5　历年过闸船舶艘次统计

年份	总艘次	上行艘次	上行占比	下行艘次	下行占比
2018	491	273	55.6%	218	44.4%
2019	2557	1281	50.1%	1276	49.9%
2020	3218	1613	50.12%	1605	49.88%
2021	3482	1743	50.06%	1739	49.94%

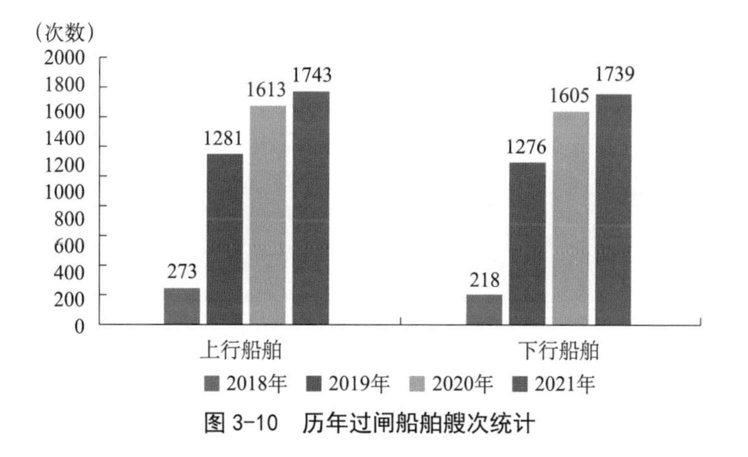

图 3-10　历年过闸船舶艘次统计

船舶类型方面，截至 2021 年 12 月 31 日，在向家坝升船机调度系统已注册船舶共计 249 艘，绝大部分有过闸记录，具体船舶种类统计数据见表 3–6，其中货船按参考载货量分类统计如图 3–11 所示。

表 3–6　过闸船舶统计表

年份	干货船	自卸砂船	散货船	其他船舶（如采砂船、救助船等）
2019	63	50	8	32
2020	85	57	18	48
2021	102	65	23	59

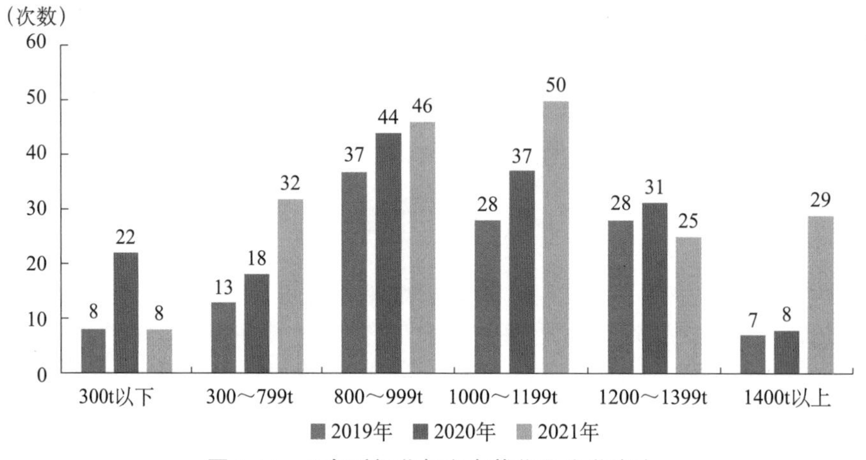

图 3–11　历年过闸货船参考载货量分类统计

3.7.3　货运量及货种分析

3.7.3.1　货运量统计

历年过闸货运量统计见表 3–7。

表 3–7　历年过闸货运量统计表

年份	总载重吨总和（万 t）	实际载重吨总和（t）		厢次数总和（次）		船舶装载系数	一次过闸平均吨位（t）	运量不均衡系数
		上行	下行	上行	下行			
2018	41.90	73 818	98 818.2	305	286	0.412	352	2.35
2019	166.07	175 644	720 729	1206	1219	0.540	369.6	1.67
2020	215.89	240 950	1 059 348	1520	1537	0.602	425.35	1.58
2021	259.28	220 307	1 259 142	1825	1862	0.570	401.26	1.24

3.7.3.2　货种统计

货种方面，自 2018 年以来，试通航期间上行货种以硫磺为主，占 85%，其他货种包括水泥、钢材等货种；下行货种以磷酸一铵、磷渣、砂石、煤等货物为主。历年主要过闸货物种类统计如图 3-12 所示。

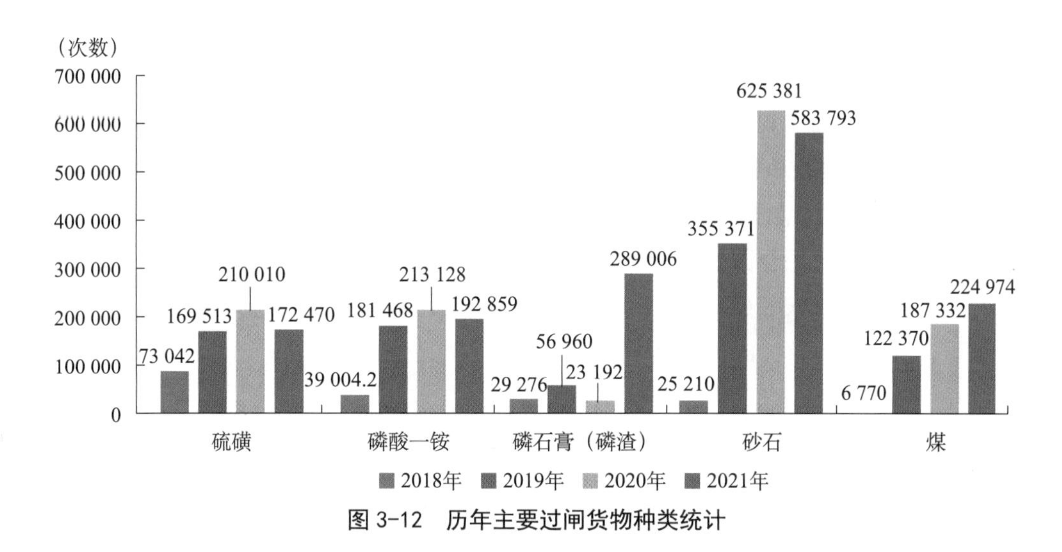

图 3-12　历年主要过闸货物种类统计

3.7.4　通航效率分析

3.7.4.1　升船机通航率

向家坝升船机自 2018 年 5 月 26 日试通航以来，截至 2021 年 12 月 31 日，共 1316 天，其中通航 981 天，停航 335 天。升船机通航率统计见表 3-8。

表 3-8　升船机通航率统计

年份	运行天数(d)	停航天数(d)	通航率	停航原因
2018	105	115	28.77%	泄洪超通航流量标准
2019	273	92	74.79%	泄洪超通航流量标准、故障抢修、试验配合等
2020	287	79	78.41%	泄洪超通航流量标准、新冠疫情、专项修理等
2021	316	49	86.57%	泄洪超通航流量标准、专项修理等

3.7.4.2　船舶过闸效率

船舶过闸效率体现为单艘船舶过闸所用时间，表 3-9 统计了 2019—2021 年的船舶过闸用时情况。计时开始点为本艘船舶下令允许进厢时间点，计时结束点为下一艘船舶下令允许进厢的时间点。

表 3–9　船舶过闸用时统计

年份	上行用时（min）		下行用时（min）	
	最快	平均	最快	平均
2019	36	49	35	67
2020	35	48	38	56
2021	32	46	37	55

从表 3–9 统计的历年船舶过闸用时来看，除了 2020 年后下行用时有大幅度减少外，其余用时均变化不大。原因在于 2020 年开始，船舶在下游进出厢从靠船墩处会船改成了辅助闸室内会船。以往靠船墩处会船，若恰好辅助闸首因电站调峰等原因投运，则船舶需等待辅助闸首工作门提升到位，才能驶出辅助闸室会船。改为在辅助闸室内会船后，上行船舶可先驶入辅助闸室，待下行船舶出厢后上行船舶直接会船进厢，省去了等待辅助闸首工作门提落的时间，明显减少了下行船舶过闸用时。

第4章 设备操作与维护

4.1 概述

升船机系统设备操作分为升船机主体设备操作和附属设备操作。其中升船机主体设备操作主要通过升船机集中监控系统进行操作发令，集控系统可以通过自动化流程发令远控运行，也可以分步式和单机构远控发令运行，其通过网络将各设备的流程化动作命令下发给各现地站，按照各逻辑运行条件与闭锁要求依次运行或单独运行。当出现网络故障中断，不能远程发令时，各现地设备仍然可以通过现地操作模式和检修操作模式进行现地设备的单独动作。升船机附属设备的操作主要包括上下游及机房顶的桥门机操作，由人工进行现场实施操作相应的起重设备，进行相应的设备检修维护工作。

升船机设备的维护根据升船机系统按不同专业设备种类、不同设备运行类型与频次、不同维保方式等方面进行分门别类的划分，结合向家坝电厂的电站运维管理经验实际，将升船机整体设备划分为通航建筑物、金结设备、机械设备、液压设备、电气设备及附属设备六大类，参照相应的技术标准及运行实际经验，进行针对性的维护保养工作。

4.2 升船机设备操作规定

4.2.1 通航初始化

4.2.1.1 操作目的

将升船机的各设备工作状态调整至通航期间所处的状态一致，使承船厢具备进行上下游对接，船舶具备通过上下游航道的条件。

4.2.1.2 操作范围

活动桥、上闸首工作门、下闸首工作门和承船厢。

4.2.1.3 操作方式

1）升活动桥

将连接上闸首航槽两侧坝顶公路的活动桥升到全开位，以满足船舶下行进厢和上行出厢的净空高要求。升活动桥前须在确保桥面无人员和车辆通过的前提下将道闸关闭，待活动桥全开到位后应确保其成功锁定。

2）启动承船厢稀油站

让稀油站为小齿轮主减速箱和同步轴锥齿轮箱C提供合适温度与流量的润滑油，以满足承船厢运行需求。润滑油升温采用电加热器加热，升温过程历时较长，故稀油站启动采用设定时刻后自动加热方式。根据试通航期间的经验，向家坝升船机的稀油站在夏季承船厢运行前1h启动，冬季承船厢运行前2h启动较为合理。在承船厢运行前应确保4个稀油站状态均为“准备好”。

3）降上下闸首工作门至通航位

让通航门的门槛水深保持在3～3.5m的范围内，满足承船厢对接和船舶进出承船厢的安全需求。降上下闸首工作门前需通过上下游当前水位确定各自的目标锁定位。降到目标锁定位后应确保工作门锁定到位。

4）承船厢运行至上下游水位附近

让承船厢与闸首工作门之间有充足的运行距离，保证承船厢通过浮动标志镜装置准确停位。根据试通航期间的经验，将承船厢运行至高于下游航道水位或低于上游航道水位10m左右的位置较为合理，上下游的选择根据当日第一厢次船舶航向确定。

4.2.2 自动运行流程

4.2.2.1 操作条件

升船机已完成通航初始化操作，具备对接条件；各现地站处于“集控”方式且无三类及以上故障，是升船机正常通航时的操作方式。

4.2.2.2 操作范围

承船厢、上闸首工作门和下闸首工作门。

4.2.2.3　操作方式

将一个过闸流程中升船机的机构动作流程分解成了两步，每一步发一个流程命令即可，每个流程内的机构动作命令由流程站按照运行流程的步序下发，流程如图 4–1 所示。

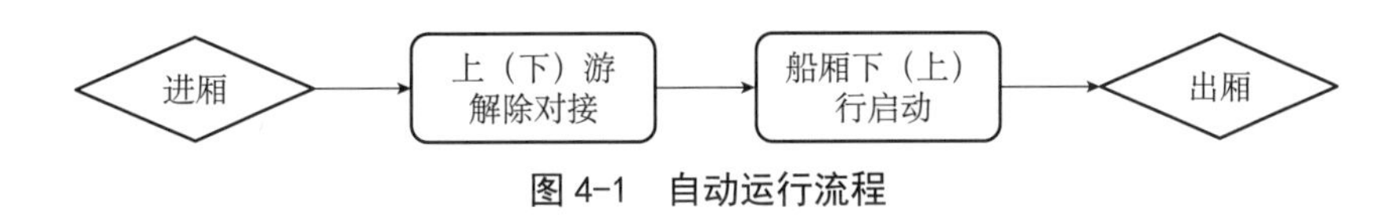

图 4–1　自动运行流程

图中菱形框为船舶的动作，方框为升船机机构的动作，其中“承船厢下（上）行启动”是从承船厢离开上（下）游对接位开始，到运行至下（上）游对接位并完成对接结束。

4.2.3　分步运行流程

操作条件、操作范围均与自动运行流程相同，主要用于升船机调试阶段。分步运行流程是将一个自动运行流程中的两步机构动作流程，再分解成更小的流程，如图 4–2 所示。

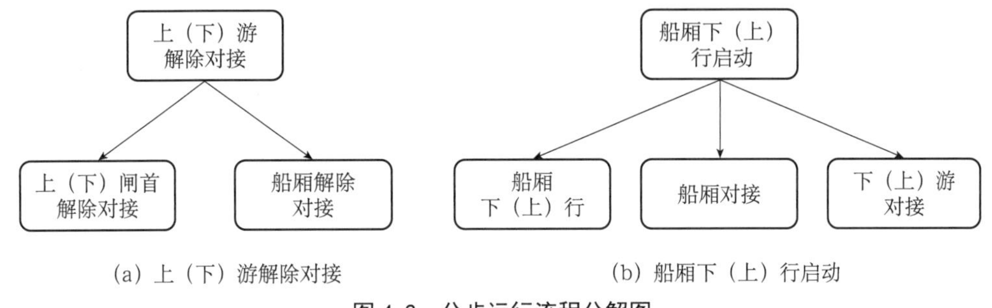

图 4–2　分步运行流程分解图

从图 4–2 可知，分步流程将升船机的机构动作流程分为 5 步。机构动作的流程命令也为 5 个，每个流程内的机构动作命令同样由流程站按照运行流程的步序下发。

4.2.4　手动运行方式

当升船机设备有 3 类及以上故障或者有现地控制站不在集控方式时，自动运行流程和分步运行流程不可用，只能采取手动运行方式操作。该操作方式主要用于自动运行或分步运行故障后向正常状态运行的恢复。

手动运行方式是将分步运行流程中的 4 个机构动作流程再进一步分解，如图 4–3 ～图 4–6 所示。

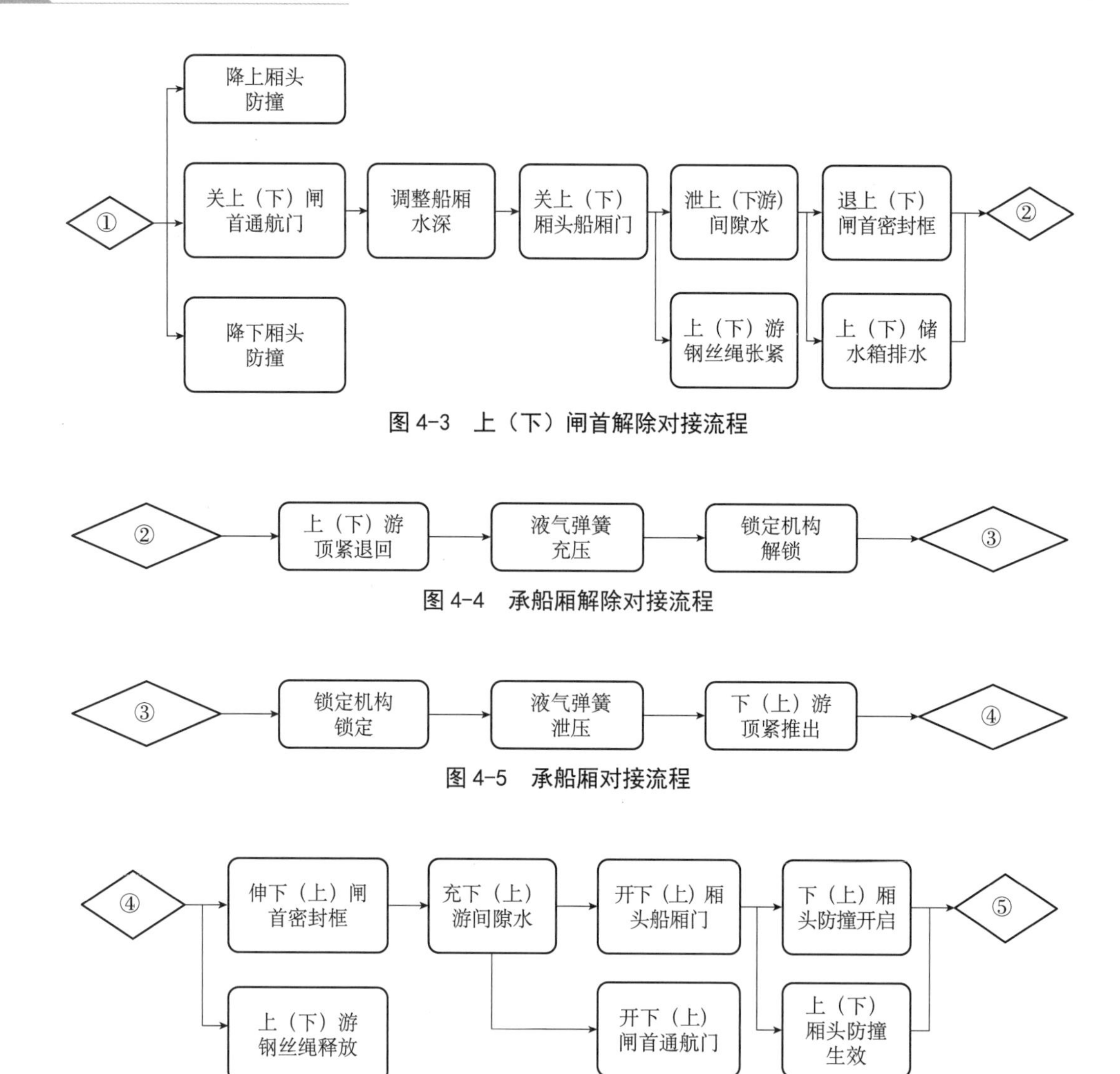

图 4-3　上（下）闸首解除对接流程

图 4-4　承船厢解除对接流程

图 4-5　承船厢对接流程

图 4-6　下（上）游对接流程

手动运行方式是由操作员站直接下发机构动作命令到各个现地控制站，需要接收命令的现地控制站处于集控方式。此方式下机构动作仍受闭锁条件限制，但不受运行流程的步序限制。通航期间因上下游水位变化而对闸首工作门进行的升降操作，不在自动运行流程包含的范围内，需要采用手动运行方式操作。

4.2.5　其他操作规定

4.2.5.1　辅助闸首工作门操作

1）操作目的

在下游水位变化过大时降下辅助闸首工作门，保障下游对接期间承船厢水位的稳定。

2）操作方式

通常采取手动运行方式升降辅助工作门和辅助闸首防撞梁。辅助闸首全开、全关位高程与下游水位无关；辅助闸首防撞梁降到位高程与下游水位有关，由程序自行读取下游水位后确定停位高程。

3）注意事项

升辅助闸首工作门前须检查工作门前后水位差，超过 0.4m 时应先点击“充水平压投入”按钮后再发令升门，开启小开度进行充水；待前后水位小于 0.4m 后点击“取消充水平压”，再发令升门全开。

辅助闸首防撞梁降到位后，应关注下游水位，若水位波动较大，须及时提升防撞梁一定高度，防止梁体被水淹没。

4.2.5.2　承船厢运行速度与目标高程调整

1）操作目的

当需短距离移动承船厢，或无法预知承船厢准确的运行目标高程，需要根据现场指令手动发令停下承船厢时，可以对承船厢速度进行降速调整。

在自动 / 分步 / 手动方式发令承船厢运行的界面，均会显示承船厢运行目标高程，监控系统会自动读取上（下）游水位作为默认目标高程，此时承船厢依靠浮动标志镜进行停位。如因工作需要，将承船厢停靠在上下游水位区间内的任意其他位置，则可以手动设置目标位置。

2）操作方式

在操作员站主传动参数设置界面中选择或填写新的运行速度值，再点击参数下传，使新的运行速度值下传到承船厢驱动控制站。填写范围不能超过正常运行速度 0.2m/s，范围为 0.01 ～ 0.2m/s。

在发令承船厢运行确认对话框内，可以手动输入目标位，目标位置应在 380 ～ 265.8m 范围内，即上游最高通航水位与下游最低通航水位之间。

3）注意事项

手动设置上、下行承船厢目标位置值若与实际水位值偏差在 0.5m 范围之内（含 0.5m），最终的停机位为浮动标志镜的 B3 信号停机位；若与实际水位值偏差大于 0.5m，最终以设定的水位值为停机位。

当手动设定目标位置超过了浮动标志镜的 B3 正常停车位或 B4 紧急停车位，需要提前在承船厢驱动控制站进行上游或下游的正常对位和紧急停车位信号的切除。在承船厢驱动控制站触摸屏的“传动”界面上，点击“对位切除”按钮即可进行切除操作。

4.2.5.3 停机、紧急关门与紧急停机

1）操作目的

操作员站发令后机构未正常动作，或正在执行的动作会引起安全隐患，应选择停机操作；当机构正在执行的动作有危及人身、设备安全时，应选择紧急停机。当承船厢与上游 / 下游闸首处于对接状态，水域连通时，承船厢水深超出 3.0m ± 0.2m 或间隙密封大量漏水时，应立即按下“紧急关门”按钮关闭通航门和承船厢门。

2）操作方式

操作员站监控画面上可直接发令。操作员根据紧急程度选择停机、紧急停机或紧急关门操作。主传动除正常停机与紧急停机外，还可以选择快速停机，以减少对驱动系统机械设备的冲击。

另外，操作台、安全站配置了紧急关门、紧急停机按钮。按下相关按钮后，机构同样动作。

3）注意事项

紧急关门时唯一判断的闭锁条件为闸首与厢头探测无船，紧急停机与紧急关门按钮同时按下时，紧急关门的优先级别高于紧急停机。

4.2.5.4 安全机构动作后处置

1）操作目的

当对接期间承船厢水深变化产生的不平衡力超出锁定机构的锁定能力时，承船厢的竖向位移使安全机构螺纹副的间隙消失。需要进行相关操作恢复承船厢姿态。

2）操作方式

首先，需要将承船厢水深调整至正常的 3.0m 左右，使承船厢受到的不平衡力消除。水深调整到位后，解除承船厢与闸首之间的对接并发令退回顶紧机构。

按以下顺序发令：液气弹簧充压→锁定机构解锁→锁定机构锁定→液气弹簧泄压。循环操作数次，同时观察安全机构螺纹副的间隙，通过如此操作通常可让安全机构螺纹副间隙恢复至正常值的一半，即 30mm 左右。

随后，确认承船厢处于解锁状态后，发令让承船厢以正常速度的 1/10 慢速运行。承船厢上下运行过程中，静摩擦力消除，惯阻力也大大减少，小齿轮托架即可在液气弹簧的预张力的作用下自动恢复姿态，安全机构的螺纹副间隙也就能恢复至正常值了。

3）注意事项

操作前后检查承船厢液压站设备管路及对接密封框装置水封是否出现异常，如有异常先停机进行处理。

4.2.6　停航流程

4.2.6.1　操作目的

将升船机的各设备工作状态调整至停航状态，使闸首工作门进入有充分安全余量的挡水状态。

4.2.6.2　操作范围

活动桥、上闸首工作门、下闸首工作门和承船厢。

4.2.6.3　操作方式

1）降活动桥

将连接上闸首航槽两侧坝顶公路的活动桥降到全关位，以恢复坝顶路面交通。发令降活动桥前须确保桥下无船舶通过，待活动桥全关到位后应确保道闸成功打开。

2）停承船厢稀油站

承船厢不再运行后，就可手动停止承船厢稀油站运行，停止为小齿轮主减速箱和同步轴锥齿轮箱 C 供油。同时设置好下次自动启动时间，以便下一次通航时可以快速准备到位，同时确保承船厢处于已解除对接状态，即驱动机构液气弹簧充压状态，锁定机构解锁状态。

3）升上下闸首工作门至停航位

确保承船厢与闸首工作门解除对接后，提升上下闸首工作门到停航位。停航位与通航位之间高度差需要考虑到上下游水位的最大日变幅。金沙江向家坝水电站水库运用与电站运行调度规程（试行）中的对下游水位最大日变幅不超过 4.5m，故停航位与通航位的高度差定为 5m（10 个锁定位）。

如下游水位或流量超过通航范围，下闸首工作门提到 1 号锁定位后还需落下下闸首检修闸门，同时打开下闸首工作闸门与检修闸门之间的放空阀，以保障升船机设备设施安全。

4.3　升船机设备日常维护

4.3.1　设备运行的特点及维护保养的意义

升船机系统设备的运行特点不同于电站发电机组设备或起重设备，其运行方式具有较鲜明的特点，主要表现在以下几个方面：

（1）升船机整体为间歇式运行，设备的运行非长期式的，各设备的运行随通航流程相应动作，启停较为频繁，瞬时冲击工况较多。

（2）升船机不同设备的运行频次和运行强度有较大的差别。主要表现在各设备每日动作次数的多少不同、各设备承载负荷的大小不同以及各设备运转速度的快慢不同等。

（3）升船机运行时受外界环境因素和人为因素影响较大。升船机有大量的机电设备及传感器设备裸露在外，受温度、湿度、粉尘等环境因素影响较大。在船舶进出厢过程中，由于船舶驾控人员的水平和谨慎程度不一，极易与承船厢、闸门等设备发生碰擦，造成设备故障，其受人为因素影响较大。

向家坝升船机设计运行指标为日运行 22h，年运行 330d，设备停航下的检修工作时限非常短。而由于升船机的超高提升高度与运行控制精度要求，为了适应相应的运行安全需要，升船机配置了数量庞大的机械、金结、电气、液压等设备，这些设备在升船机的整个运行流程中联动众多。再者升船机设备，特别是机械金结设备的检修维护，高处作业较多，施工难度极大。

正是基于以上原因，对向家坝升船机的设备维护管理提出了很高的要求，需要保证升船机维护保养得当，在役运行状态良好。

4.3.2 设备维保的分类

依据升船机设备类型的专业属性及维护保养的方式，结合各设备的运行特点，将升船机系统设备划分为通航建筑物、金结设备、机械设备、液压设备、电气设备及附属设备六大类。各大类设备构成如下：

（1）通航建筑物：包括上游引航道、渡槽段、上闸首段、承船厢室段塔柱及顶部机房、下闸首段、辅助闸室及辅助闸首段、下游引航道等区域的土建结构。

（2）金结设备：包括承船厢厢体、承船厢门、厢头防撞机构、对接锁定机构、横导向机构、纵导向机构、闸首工作门、闸首通航门、闸首对接密封及充泄水机构、活动桥、下闸首防撞梁及固定式卷扬机、辅助闸首防撞梁及固卷、辅助闸首工作门及固卷。

（3）机械设备：包括承船厢主驱动机构（包括主减速器、万向联轴器、小齿轮、位移适应机构等）、制动器系统、同步轴系统、安全机构、平衡重系统（包括钢丝绳及组件、滑轮组、平衡重及平衡链等）、小齿轮润滑系统、同步轴润滑系统、定滑轮组润滑系统。

（4）液压设备：包括活动桥液压系统、上 / 下闸首工作门液压系统、上 / 下闸首工作门锁定装置通航门及对接密封液压系统、承船厢液压系统 4 套、承船厢上 / 下厢头液压系统、主驱动制动器液压系统 4 套，总计 15 套。各系统设备包括液压油箱、阀组、管路、油缸及液压控制元件。

（5）电气设备：包括集中监控系统、10 套现地电气控制站（流程站、安全站、变电站、活动桥站、上闸首站、传动协调站、上厢头站、下厢头站、下闸首站、辅助闸首站）、主传动系统、信号检测系统、10kV 设备、400V 设备、直流系统、交流系统、EPS 系统、图像广播监控系统、照明及通航信号灯设备。

（6）附属设备：包括水消防及气体消防设备、火灾报警控制系统、上 / 下闸首排水设备及控制系统、通风系统、电梯、上闸首台车及检修闸门、下闸首门机及检修闸门、顶部机房桥机、污水处理设备。

各大类设备相应的维护保养方式见表 4–1。

表 4–1　向家坝升船机设备维护保养方式

内容	设备动作类型	工作强度	日常维护保养方式	定期维护保养方式
通航建筑物	—	低	定期巡视检查	监测、测量
金结设备	除上下闸首设备外，其他设备承船厢运行时均动作，每日动作频繁，均为高强度受力设备及部件	高	日常巡视检查	润滑、检查、紧固、测量
机械设备	承船厢上下运行时动作，每日动作频繁，多为受力和高速旋转设备	高	日常巡视检查	润滑、检查、紧固、测量
液压设备	承船厢对接或调整闸门位置时动作，每日动作频繁，多为长期带载设备	中	日常巡视检查	与年度检修工作结合实施
电气设备	升船机整体电气设备均处于通电投运状态	中	日常巡视检查	与年度检修工作结合实施
附属设备	设备动作频率低，不参与升船机运行控制流程，一般用于设备检修或为升船机配套安全设备	低	定期巡视检查 设备专业委托	与年度检修工作结合实施

4.3.3　通航建筑物维护保养

升船机通航建筑物的维护保养主要针对土建结构进行定期的巡视检查、清洁维护，并依据监测情况对结构进行分析处理。详细维护保养见表 4–2。

表 4–2　升船机通航建筑物维护保养

维护保养类型	频率	主要内容
定期巡检	每周	① 检查塔柱、闸首、渡槽段、引航道等土建结构有无异常； ② 检查上下游的漂浮物情况并及时清理
定期保养	6 个月	① 测量各土建结构的沉降、位移及倾斜量； ② 对发现的大缺陷进行分析，进行后续的处理

4.3.4 金结设备维护保养

升船机金结设备维护保养主要针对金属结构的运行状态进行检查、止水装置检查，并对相关润滑点进行定期润滑维护保养及防腐等工作。详细维护保养见表 4–3。

表 4–3 升船机金结设备维护保养

维护保养类型	频率	主要内容
日常巡检	运行期每日	各设备表面有无异常，运行声音是否正常、有无异常振动； 主要结构件密封、闸门水封、对接密封水封是否正常； 设备表面润滑是否良好； 设备清洁是否良好，防腐是否正常
定期保养	6 个月	各金结设备的手动润滑点加注润滑脂到位； 各设备内集中润滑装置、自润滑点位进行检查是否正常；润滑油脂补充到位； 检查主要螺栓并紧固

注：活动桥、下闸首防撞梁及启闭机、辅助闸首防撞梁及启闭机、辅助闸首工作门及启闭机等设备由于运行频次相对较低，因此可以适当延长日常巡检周期为每周巡检。

4.3.5 机械设备维护保养

升船机机械设备维护保养与金结设备类似，主要针对机械设备的运行状态进行检查、旋转部件工况进行检查，并对相关润滑点进行定期润滑维保、螺栓定期检查及防腐等工作。详细维护保养见表 4–4。

表 4–4 升船机机械设备维护保养

维护保养类型	频率	主要内容
日常巡检	运行期每日	各设备表面有无异常，运行声音是否正常、有无异常振动； 主要高速旋转部件温度是否正常； 设备表面润滑是否良好；集中润滑装置油脂是否充足； 设备清洁是否良好
定期保养	6 个月	各机械设备的手动润滑点加注润滑脂到位； 集中润滑装置动作试验检查，润滑油脂补充； 检查主要螺栓并紧固

注：小齿轮润滑系统、同步轴润滑系统及滑轮组润滑系统为集中润滑设备，可以适当延长日常巡检时间为每周巡检。

4.3.6 液压设备维护保养

升船机液压系统维护保养主要针对运行的日常渗漏问题及运行工况进行检查，在定期保养中结合设备的常规年度检修工作一同执行。详细维护保养见表 4–5。

表 4–5　升船机液压设备维护保养

维护保养类型	频率	主要内容
日常巡检	运行期每日	液压系统运行声音是否正常、有无异常振动； 油箱、阀组、管路、接头等有无漏油情况； 油箱油位是否正常，液压附属件有无异常； 设备运行时，有无信号异常报警； 设备清洁是否良好
定期保养	年度	结合设备年度检修时一同执行

4.3.7　电气设备维护保养

升船机电气设备维护保养主要进行设备的日常状态进行检查、各设备的参数是否正常及有无异常报警等情况。同时，在定期保养中结合设备的常规年度检修工作一同执行。详细维护保养见表 4–6。

表 4–6　升船电气设备维护保养

维护保养类型	频率	主要内容
日常巡检	运行期每日	运行声音是否正常、有无异味； 盘柜温湿度检查是否正常； 动力设备运行参数是否平衡，各传感器有无异常及报警； 设备清洁是否良好
定期保养	年度	结合设备年度检修时一同执行

注：信号检测系统的各传感器由于受外界环境和人为因素影响较大，因此每季度进行全面的维护保养一次。

4.3.8　附属设备维护保养

升船机附属设备为安全配套设备或升船机系统检修用设备，且大多属专业化维保设备或特种设备，如消防设备，宜参照国家相关消防规范进行日常巡检与定期检修与测试工作；如排水设备，宜将日常检查与年度检修相结合；如起重设备，宜进行定期巡检与年度检查。在此不再做赘述。

4.4 升船机主要设备常规检修

4.4.1 金结设备常规检修

向家坝升船机金结设备检修参照电厂《升船机金结设备检修规程》，主要包括：坝顶活动桥、闸首通航门、闸首对接密封装置、承船厢门、承船厢结构、下闸首防撞及辅助闸首防撞。升船机区域平面闸门检修，参照电厂《平面闸门检修规程》，主要包括上闸首事故检修门、闸首工作门、下闸首检修门以及辅助闸首工作门。规程规定了向家坝升船机金结设备检修的周期、项目、检修内容、工艺质量标准及维护细则，向家坝电厂升船机部严格按照规程的要求进行金结设备的检修维护工作，目前，升船机区域金结设备运行安全稳定。以下对升船机主要金结设备的检修周期、检修项目和检修内容进行介绍。

4.4.1.1 检修周期

升船机金结设备整体及各部件应进行定期检修，定期检修周期见表 4–7。

表 4–7 升船机金结设备定期检修周期

序号	检修类型	检修周期	检修工期
1	整体维护		
1.1	坝顶活动桥	10 年	20d
1.2	闸首通航门	10 年	30d/ 套
1.3	闸首对接密封装置	5 年	30d/ 套
1.4	承船厢结构	10 年	50d
1.5	承船厢门	10 年	30d/ 套
1.6	下闸首、辅助闸首钢丝绳防撞装置	10 年	15d/ 套
2	年度维护		
2.1	坝顶活动桥	1 次 / 年	2d
2.2	闸首通航门	1 次 / 年	10d
2.3	闸首对接密封框	1 次 / 年	10d
2.4	承船厢结构	1 次 / 年	10d
2.5	承船厢门	1 次 / 年	10d
2.6	下闸首、辅助闸首钢丝绳防撞装置	1 次 / 年	5d

注：根据设备状态评估及诊断分析，可延长或缩短检修时间间隔及工期。

4.4.1.2　检修项目

升船机金结设备主要检修项目见表 4–8。其中，★为必须进行的项目，☆为设备运行状态实际情况可以选择进行的项目，下同。

表 4–8　升船机金结设备主要检修项目

序号	检修项目	整体维护	年度维护
1	坝顶活动桥		
1.1	桥体外观检查及污物清理	★	★
1.2	桥体结构防腐（活动桥、固定桥）	★	—
1.3	铰接、转动部分加油润滑、紧固件检查及紧固	★	★
1.4	焊缝探伤检查及修复	★	—
2	闸首通航门		
2.1	门体外观检查及污物清理	★	★
2.2	闸门整体防腐	★	—
2.3	铰接、转动部分加油润滑，各紧固螺栓力矩检查及紧固	★	★
2.4	焊缝探伤检查及修复	★	—
2.5	止水装置检查	★	★
3	闸首对接密封装置		
3.1	对接密封装置外观检查及污物清理	★	★
3.2	密封框金属结构防腐	★	—
3.3	滑块、导轨涂抹润滑油脂，紧固件检查及紧固	★	★
3.4	焊缝探伤检查及修复	★	—
3.5	水封装置止水性能及外观性状检查（包括 C 型橡皮、L 型橡皮）	★	★
4	承船厢		
4.1	厢体甲板、各横梁、各纵梁、电气室、液压泵房、附属设施等部位外观检查及污物清理	★	★
4.2	承船厢结构防腐	★	—
4.3	铰接、转动部分加油润滑，紧固件检查及紧固	★	★
4.4	焊缝探伤检查及修复	★	☆
5	承船厢门		
5.1	承船厢门外观检查及污物清理	★	★
5.2	承船厢门整体防腐	★	—
5.3	转动支铰轴加油润滑，紧固件检查及紧固	★	★
5.4	焊缝探伤检查及修复	★	☆

续表

序号	检修项目	整体维护	年度维护
5.5	止水装置检查	★	—
6	下闸首、辅助闸首钢丝绳防撞装置		
6.1	钢丝绳保养	★	—
6.2	滑轮、卷筒等转动部件加油润滑，紧固件检查及紧固	★	—
6.3	设备防腐	★	—

4.4.2 机械设备常规检修

向家坝升船机机械设备检修参照电厂《升船机机械设备检修规程》，主要包括：驱动机构、事故安全机构、同步轴系统、对接锁定机构、纵导向与顶紧机构、横导向机构、承船厢防撞机构、承船厢门驱动机构、承船厢缓冲装置、平衡重系统等。规程规定了向家坝升船机机械设备检修的周期、项目、检修内容、工艺质量标准及维护细则，向家坝电厂升船机部严格按照规程的要求进行金结设备的检修维护工作，目前，升船机区域机械设备运行安全稳定。以下对升船机主要机械设备的检修周期、检修项目、检修内容进行介绍。

4.4.2.1 检修周期

升船机机械设备检修周期见表 4–9。

表 4–9　升船机机械设备检修周期

序号	检修类型	检修周期	检修工期
1	整体检修	10 ~ 15 年	90d
2	年度检修	1 年	30d

4.4.2.2 检修项目

升船机机械设备主要检修项目，见表 4–10。

表 4–10　升船机机械设备主要检修项目

序号	检修项目	整体检修	年度检修
1	驱动机构		
1.1	小齿轮、齿轮托架机构、液气弹簧等位移适应机构进行检查，主要检测数据测量调整	★	★

续表

序号	检修项目	整体检修	年度检修
1.2	齿轮、齿条齿面全行程检查，配套干油润滑系统检修，齿轮、齿条主要检测数据测量调整	★	★
1.3	万向联轴器、主减速箱齿轮、轴承检查，配套稀油润滑系统检修，主要检测数据测量调整	★	★
1.4	工作制动器、安全制动器检查，配套液压系统检修，主要检测数据测量，磨损部件更换	★	★
1.5	各绞力、转动部分加油润滑，各紧固螺栓力矩检查及紧固	★	★
2	事故安全机构检修		
2.1	事故安全机构全行程检查，传动部件检查，主要检测数据测量调整	★	★
2.2	铰接、传动部分加油润滑，减速器油液更换，各紧固螺栓力矩检查及紧固	★	★
3	同步轴系统检修		
3.1	同步轴传动部件、轴承、联轴器、减速器检查检修，配套润滑系统检修，主要检测数据测量调整	★	★
3.2	转动部分加油润滑，各紧固螺栓力矩检查及紧固	★	★
4	对接锁定机构检修		
4.1	对接锁定机构、轨道检查，主要检测数据测量调整	★	★
4.2	铰接、转动部分加油润滑，各紧固螺栓力矩检查及紧固	★	★
5	导向机构、顶紧机构检修		
5.1	横导向、纵导向、顶紧机构及轨道检查，主要检测数据测量调整	★	★
5.2	铰接、转动部分加油润滑，各紧固螺栓力矩检查及紧固	★	★
6	承船厢防撞、承船厢门检修		
6.1	防撞桁架、钢丝绳、承船厢门驱动机构检查，主要检测数据测量调整	★	★
6.2	铰接、转动部分加油润滑，各紧固螺栓力矩检查及紧固	★	★
7	平衡重系统检修		
7.1	平衡重框架、定滑轮、钢丝绳、平衡链、导向轮、连接组件等检查，主要检测数据测量调整	★	★
7.2	铰接、转动部分、钢丝绳加油润滑，各紧固螺栓力矩检查及紧固，配套定滑轮集中润滑系统进行检修	★	★

4.4.3 液压设备常规检修

向家坝升船机液压设备检修参照《升船机液压设备检修规程》，主要包括：承船厢液压设备、厢头液压设备、闸首工作门液压设备、通航门及对接密封装置液压设备、活动桥液压设备。规程规定了向家坝升船机液压设备检修的周期、项目、检修内容、工艺质量标准及维护细则，向家坝电厂升船机部严格按照规程的要求进行液压设备的检修维护工作，目前，升船机区域液压设备运行安全稳定。以下对升船机主要液压设备的检修周期、检修项目、检修内容及检修标准进行介绍。

4.4.3.1 检修周期

升船机液压设备检修周期，详见表 4–11。

表 4–11 升船机液压设备检修周期

序号	检修类型	检修周期	检修工期
1	整体检修	5 年	20d/ 套
2	年度维护	1 年	10d/ 套

注：1. 液压缸及机架整体检修周期为 10 年；

2. 根据设备状态评估及诊断分析，可延长或缩短检修时间间隔及工期。

4.4.3.2 检修项目

升船机液压设备检修项目主要分为液压油、油箱及附件、管路、液压元件、液压缸及机架等主要部件的检修，其标准检修项目见表 4–12。

表 4–12 升船机液压设备标准检修项目

序号	检修项目	整体检修	年度维护
1	液压油		
1.1	液压油质量检测	★	★
1.2	更换液压油	★	☆
2	油箱及附件		
2.1	滤芯、加热器、积水报警器、液位计等检查处理	★	★
2.2	油箱及附件清洗	★	☆
3	管路		
3.1	更换管路密封件，管夹检查	★	☆
3.2	管路解体检修、清洗，更换高压软管、测压软管	★	—
4	液压元件		
4.1	阀件清洗、检查、检修	★	☆
4.2	集成块拆卸清洗、检查、密封件检查处理，压力定值检查及整定	★	☆

续表

序号	检修项目	整体检修	年度维护
5	油泵电机组		
5.1	电机绝缘检测	★	★
5.2	油泵运行噪声检查，电机轴承加油润滑、螺栓检查紧固	★	★
5.3	电机、油泵检查、更换磨损件	★	☆
6	液压缸及机架		
6.1	活塞杆表面外观检查，内外泄漏检查	★	★
6.2	液压缸密封件、磨损件检查与更换	★	—
6.3	焊缝检查，紧固螺栓检查及紧固	★	★
7	表计、传感器、继电器		
7.1	各表计、传感器、继电器外观检查，并进行整定、校核、更换等	★	★
7.2	端子箱接线检查及紧固	★	★
8	设备防腐	★	—

4.4.4　电气设备常规检修

向家坝升船机电气设备检修参照电厂《升船机电气控制设备检修规程　第 1 部分：计算机监控系统上位机》《升船机电气控制设备检修规程　第 2 部分：现地电气控制设备》进行，计算机监控系统上位机主要包括：操作员工作站、工程师工作站、安全站、流程站、上位机计算机类硬件设备、上位机计算机软件、网络通信设备、安全防护设备，现地电气控制设备包括：活动桥、上（下）闸首、承船厢上（下）厢头、承船厢驱动、辅助闸首。规程规定了向家坝升船机电气设备检修的周期、项目、检修内容、工艺质量标准及维护细则，向家坝电厂升船机部严格按照规程的要求进行电气设备的检修维护工作，目前，升船机区域电气设备运行安全稳定。以下对升船机主要电气设备的检修周期、检修项目、检修内容及检修标准进行介绍。

4.4.4.1　检修周期

（1）上位机检修类型分整体检修、年度检修和诊断维护及巡视检查工作，检修周期见表 4–13。

表 4–13　监控系统上位机设备检修周期表

序号	检修类型	检修周期	检修工期	备注
1	巡视检查	每周 1 次	无	必要时可适当加密

续表

序号	检修类型	检修周期	检修工期	备注
2	年度检修	每年 1 次	5d	根据检修项目定工期
3	整体检修	5 年 1 次	14d	
4	诊断维护	必要时	视情况定	

注：根据设备状态评估及诊断分析，可延长或缩短检修时间间隔及工期。

（2）升船机电控设备检修类型分整体检修、年度检修和诊断维护及巡视检查工作，检修周期见表 4–14。

表 4–14　升船机电控设备检修周期表

序号	检修类型	检修周期	检修工期	备注
1	巡视检查	每周 1 次	无	必要时可适当加密
2	年度检修	每年 1 次	4 ～ 7d/ 套	
3	整体检修	6 年 1 次	14d/ 套	
4	诊断维护	必要时	视情况定	

注：根据设备状态评估及诊断分析，可延长或缩短检修时间间隔及工期。

4.4.4.2　检修项目

（1）根据不同设备分类及其检修特性，监控系统上位机检修标准项目见表 4–15。

表 4–15　监控系统上位机标准检修项目

序号	检修项目	整体检修	年度检修
1	上位机计算机类硬件设备		
1.1	盘柜清扫及检查	★	★
1.2	检查端子紧固情况，元器件、电缆检查，功能检查	★	★
2	上位机计算机软件		
2.1	服务器及工作站上的程序、画面整理备份及检查	★	★
2.2	工程应用软件，系统支撑软件功能检查及维护	★	☆
2.3	病毒库、规则库、数据库的检查与维护	★	★
3	网络通信设备		
3.1	工作状态的检查与维护	★	★
4	安全防护设备		
4.1	硬件防火墙的检查与维护	★	★
4.2	安全防护软件的检查与维护	★	★

续表

序号	检修项目	整体检修	年度检修
5	调控室配电柜		
5.1	盘柜清扫及检查	★	★
5.2	检查端子紧固情况，元器件、开关、电缆检查，功能检查	★	★
6	UPS（不间断电源）		
6.1	盘柜清扫及检查	★	★
6.2	检查端子紧固情况，元器件、开关、电缆检查，功能检查	★	★
6.3	蓄电池检查	★	★
7	其他		
7.1	打印机测试	★	☆

（2）向家坝电厂升船机电控设备检修对象包括电控柜、软启动器、变频器、电机、现地端子箱、传感器及信号汇流箱等设备。针对各个检修对象制定相应的检修项目见表 4–16。

表 4–16　升船机电控设备标准检修项目

序号	电控设备项目	整体检修	年度检修
1	盘柜检查		
1.1	盘柜清扫及检查	★	★
1.2	检查端子紧固情况，元器件、电缆检查，功能检查	★	★
2	电源及控制回路检查		
2.1	电源、开关、继电器等元器件、电缆检查，功能检查	★	★
2.2	UPS 及电池模块检查	★	★
3	PLC 控制器检查		
3.1	电源、CPU、输入 / 输出、触摸屏等模块检查、同轴电缆通信功能检查	★	★
3.2	程序备份检查，重要参数及定值检查	★	★
4	变频器检查		
4.1	盘柜清扫及检查	★	★
4.2	检查端了紧固情况，元器件、电缆检查，功能检查	★	★
4.3	程序备份检查	★	★
5	现地传感器检查		
5.1	传感器检查、紧固，功能试验核对	★	★
6	信号汇流箱检查		

续表

序号	电控设备项目	整体检修	年度检修
6.1	盘柜清扫及检查	★	★
6.2	检查端子紧固情况，元器件、电缆检查，功能检查	★	★
6.3	程序备份检查	★	★
7	电机检查		
7.1	绝缘检测	★	★
7.2	直流电阻检测	★	—

4.5 升船机常见故障及处理方法

4.5.1 升船机液压系统常见故障及处理方法

一般液压系统组成有：动力源、管路及阀件、执行机构、检测装置。其中执行机构主要是液压油缸，常见故障为油缸带载下滑，故障原因主要为油缸内漏，当内漏量超过标准范围时需要返厂更换密封件。其他组成常见故障及处理方法较多，见表 4–17 ～表 4–19。

表 4–17　升船机液压系统动力源常见故障及处理方法

序号	故障现象	故障原因分析	处理方法及注意事项
1	液压泵连接轴端部油封漏油	泵体内部机械密封损坏，压力油进入轴端位置，击穿油封导致漏油	更换液压泵备件
2	变量泵小流量工况不稳定	泵体内部元器件磨损，导致泵体流量 / 压力特性曲线发生改变，当温度发生较大变化时，液压油黏度改变，调整的泵体流量参数无法适应，导致泵体工况不稳定	① 重新设置合适的变量泵流量参数，使其适应温度的变化； ② 增设保温措施，确保液压油温度变化量较小
3	定量泵出口压力异常	泵头调压阀损坏	更换泵头调压阀
4	泵体振动较大	① 油泵与电机之间的联轴器磨损，间隙变大，出现振动现象； ② 泵体工作过程中存在吸空现象，导致振动较大	① 更换联轴器； ② 检查油箱油； ③ 检查吸油滤芯处压力，判断滤芯是否堵塞，更换滤芯； ④ 检查泵轴油封是否失效

表 4–18 升船机液压系统检测装置常见故障及处理方法

序号	故障现象	故障原因分析	处理方法及注意事项
1	压力传感器显示不准	① 压力传感器接头有异物，影响检测结果； ② 压力传感器电路有零漂，导致结果不准； ③ 压力传感器本体损坏	① 拆解、检查、清洗压力传感器接头； ② 传感器校准； ③ 更换新的传感器
2	阀芯检测故障	① 阀芯有卡阻，动作未到位； ② 检测元件或电路问题，未检测到信号	① 拆解、清洗阀件； ② 线路检查，确认没有虚接现象

表 4–19 升船机液压系统管路及阀件常见故障及处理方法

序号	故障现象	故障原因分析	处理方法及注意事项
1	液压管路接头漏油	① 受外界环境影响，接头松动或变形导致密封挤出间隙变大，密封圈在压力油作用下变形量超过承受范围而破损； ② 密封圈尺寸不合适，安装时出现咬边等问题； ③ 密封圈硬度较低，当管路内压力油压力较大时，密封圈被挤出破损； ④ 管路设计或加工不合理，管接头配合时有尺寸偏差，安装后存在应力或密封圈周向压缩量不均匀导致漏油	① 拆开接头检查密封圈、接头、密封圈沟槽情况； ② 根据管路中液压油工作最高压力和接头型号选择合适的密封圈尺寸和硬度； ③ 安装密封圈。安装过程中不能损伤密封圈，放入沟槽内密封圈不能出现扭曲； ④ 管路安装。安装时对管路进行微型矫正，防止出现接头处应力集中的问题； ⑤ 分析外界环境影响，采取有效措施，减小环境对接头的影响
2	管路压力异常下降	① 油液中存在异物，导致阀件内组件卡阻，出现内漏； ② 换向阀或单向阀等内部组件磨损导致内漏； ③ 溢流阀定值异常或者损坏，导致内漏	① 对阀件进行清洗； ② 通过分析确认可能损坏的阀件，进行更换； ③ 重新整定溢流阀或更换溢流阀
3	管路内流量异常	① 油液中存在异物，比例方向阀阀芯组件卡阻，无法正常调节； ② 比例流量阀损坏，无法正常调节； ③ 管路中溢流阀定值异常或者损坏，导致内漏	① 清洗比例流量阀； ② 更换比例流量阀； ③ 重新整定溢流阀或者更换溢流阀
4	油温异常升高	① 油温加热器故障，异常加热，导致油温上升； ② 管路中安全溢流阀长时间溢流，导致油温上升	① 检查油温加热器及控制电源； ② 检查管路中安全溢流阀，看是否有异常溢流，清洗或更换溢流阀

4.5.2 电气设备常规故障及处理方法

电气设备故障一般可分为电源故障、线路故障和设备元器件故障。升船机常见电气设备常见故障及处理方法见表 4-20 ～表 4-22。

表 4-20 升船机电气设备元件常见故障及处理方法

序号	故障现象	故障原因分析	处理方法及注意事项
1	开关量信号不正确	① 开关量传感器接线松脱； ② 开关量传感器本体故障； ③ 开关量传感器及配套装置出现松动或异常移位	① 检查传感器线路是否有正常，紧固或更换松脱的端子； ② 检查传感器是否可以正常响应，更换新的传感器； ③ 检查传感器及配套装置位置是否改变，还原其位置
2	模拟量信号显示不正确	① 模拟量传感器线路有松脱； ② 模拟量传感器变送器有故障； ③ 传感器本体或 PLC 输入模块故障	① 检查传感器到 PLC 输入模块之间线路； ② 检查变送器是否有过热或其他问题，更换变送器； ③ 检查传感器或 PLC 模块，更换排查
3	PLC 冗余故障	① 冗余系统中有模块故障，导致冗余系统无法匹配，无法建立冗余； ② 冗余模块本身故障	① 观察 PLC 中各模块的信号灯状态，依次分析； ② 更换疑似故障的模块或线缆，依次排查
4	变频器故障	① 外部故障信号触发变频器故障； ② 变频器自检触发故障报警	① 查看变频器故障代码，根据故障信息和故障现象判断故障发生原因； ② 将外部故障信息复位后，在复位变频器故障； ③ 无法修复变频器自身故障时，更换变频器
5	继电器故障	① 继电器接线松脱； ② 继电器底座和本体松脱； ③ 继电器脱扣粘连	① 检查紧固继电器接线和底座及本体连接情况； ② 更换继电器
6	行程传感器不稳定	① 检测方式不可靠，传感器与被检测部件之间连接关系不稳定； ② 传感器控制电路可靠性差	① 使用新的检测方式，提高检测方式的可靠性； ② 选择可靠性更高的传感器； ③ 更换传感器

表 4-21 升船机电气设备电源常见故障及处理方法

序号	故障现象	故障原因分析	处理方法及注意事项
1	电机拒动或转向错误	进线电源相序错误或缺相	① 检查电源各相电压是否正常； ② 核实电机进线电源相序是否正确
2	DC 24V 电源故障	电源模块故障负载电路中有虚接或短路等问题	① 更换电源模块； ② 排查有问题的负载电路

表 4-22　升船机电气设备线路常见故障及处理方法

序号	故障现象	故障原因分析	处理方法及注意事项
1	ControlNet 现场总线网络通信故障	① 同轴电缆终端电阻元件的阻抗发生改变导致通信故障； ② 电缆中有虚接断路问题	① 将终端电阻取下后放电处理； ② 检查电缆外观是否有破损； 检查电缆接头制作是否符合规范要求
2	Enthernet 网络通信故障	① 通信电缆接头松动或针脚氧化接触不良； ② 通信电缆或光纤有破损或折断	① 检查电缆接头； ② 更换电缆或光纤

4.5.3　其他常规故障及处理方法

升船机设备特点，使其受温度、航道水位、船舶停靠、塔柱变形等环境因素影响较大，会产生一些其他故障，常见故障及处理方法见表 4-23。

表 4-23　升船机其他常见故障及处理方法

序号	故障现象	故障原因分析	处理方法及注意事项
1	调整承船厢水深超时故障	解除对接后承船厢水深偏差较大，无法在规定时间内完成水位调整导致故障	调整对接水位指示装置，减小因装置导致的对接误差
2	厢头防撞锁闩解锁不到位	锁闩动作卡阻	检查卡阻原因，更换或清理卡阻部件
3	承船厢运行过程中有异常振动	① 机构导轮转动不灵活，与塔柱导轨面存在滑动现象； ② 横导向承压滑块与导轨面间隙过小或接触	① 检查导向轮润滑情况，添加润滑脂或更换轴承； ② 调整承压滑块与导轨面间隙
4	充泄水系统电动阀门拒动	阀芯卡阻	检查电动阀门动作情况，必要时拆解检查，重新调试开关节点和力矩

第 5 章 设备优化与改进

5.1 电站非恒定流工况下辅助闸室运用

5.1.1 概述

向家坝升船机紧邻左岸电站和泄洪坝段布置，且枢纽的下游河道急剧变窄，电站非恒定运行工况下引起的水面扰动会通过口门区传递到升船机下游航道，对接时会直接传递到承船厢内，变化超过一定范围时存在船只搁浅或水淹承船厢等安全风险。故向家坝升船机下游侧设计有辅助闸室，辅助闸室投入运行后，可消除下游水位变化带来的安全风险，但会对船舶的过闸效率造成影响。为提高安全的前提下船舶过闸效率，最大程度发挥升船机的通航能力，就须掌握电站各个工况下的下游水位变化规律，在知晓工况变化后提前制定出合理的调度操作方法。

5.1.2 下游水位监测指标

5.1.2.1 指标定义

把某个时间段内下游水位整体上升或下降的幅度定义为变幅，其大小设定为两个时刻对应水位的差值。

把泄洪波浪通过口门区传递到下游航道引起水体振荡的幅度定义为波幅，由于该值从水位数据计算而来，水面变化非严格的正弦波形，因此，其大小设定为某个时间段内水位最高值与最低值的差值。

变幅和波幅过大都可能会对升船机安全运行产生不利影响，需找出能保证升船机安全运行的变幅和波幅限值。

5.1.2.2 变幅限值

1）对接过程中的限值

承船厢准确停位时，承船厢水位与下游水位一致，再过约 5min 的机构动作时间后通航门开启，承船厢水域和下游水域才会连通。如果在此期间下游水位变幅超过 0.2m，即使门槛水深仍满足，但通航门会因闭锁条件不满足而停止开启，导致对接失败。故在对接过程中的水位变幅要求为 5min 内变化不超过 0.2m。

2）对接期间的限值

根据实船试验的结果，因进出厢需要，对接期间承船厢水深受下游水位变化影响的时长约为 20min。对接锁定机构的设计载荷是按承船厢水深变化 ±500mm 考虑，承船厢水深变化超过 0.5m 后，超载的不平衡载荷将由安全机构承担，升船机将不能正常运行。故整个对接期间对水位变幅的要求为 20min 内变化不超过 0.5m。

5.1.2.3 波幅限值

对接过程中和对接期间，考虑承船厢对接时的停止位置恰在下游水面波动的高位（或低位）的极端条件下，水位变化产生的波幅实际等于水位变幅。故水位波幅限值与变幅限值大小一致。

5.1.2.4 小结

通过以上对升船机安全运行的水情特征的分析，汇总合并得出升船机安全运行的水情特征范围见表 5-1。

表 5-1　升船机安全运行对下游变幅和波幅限制条件统计表

水情特征	范围
5min 变幅	≤ 0.2m
20min 变幅	≤ 0.5m
5min 波幅	≤ 0.2m
20min 波幅	≤ 0.5m

5.1.3 监测平台介绍

5.1.3.1 监测平台选择

为方便水位数据的实时查看，同时考虑到不能影响升船机监控系统的正常操作使用，选择工程师站作为数据采集系统的安装使用平台较为合理。利用现有升船机监控系统的硬件设备、传输网络，在工程师站安装合适的数据采集、存储、分析软件后，即可实现水情信息实时监测的目的。

5.1.3.2　数据源选择

升船机在辅助闸首布置了测井，用于测量下游引航道水位，测井内布置了 1 套吹气式水位计和 1 套激光式水位计。

激光式水位计相比吹气式水位计少了空气介质的传递过程，对水面变化反应更迅速，更适合用于监测水位波动情况的需要，故选择激光式水位计作为采集的数据源。

5.1.3.3　数据读取、存储

工程师站可通过 FactoryTalkView Studio 与现地控制站建立 OPC 连接，读取水位计采集到的数据。水位数据使用 ODBC 数据服务连接按特定标签格式，直接储存在工程师站的数据库中。

5.1.3.4　数据分析

以采集到的水位数据在后台根据内置算法实时计算，结果发布在本机运行的 Web 服务上，以浏览器为人机交互界面查看，示例见图 5-1 所示。

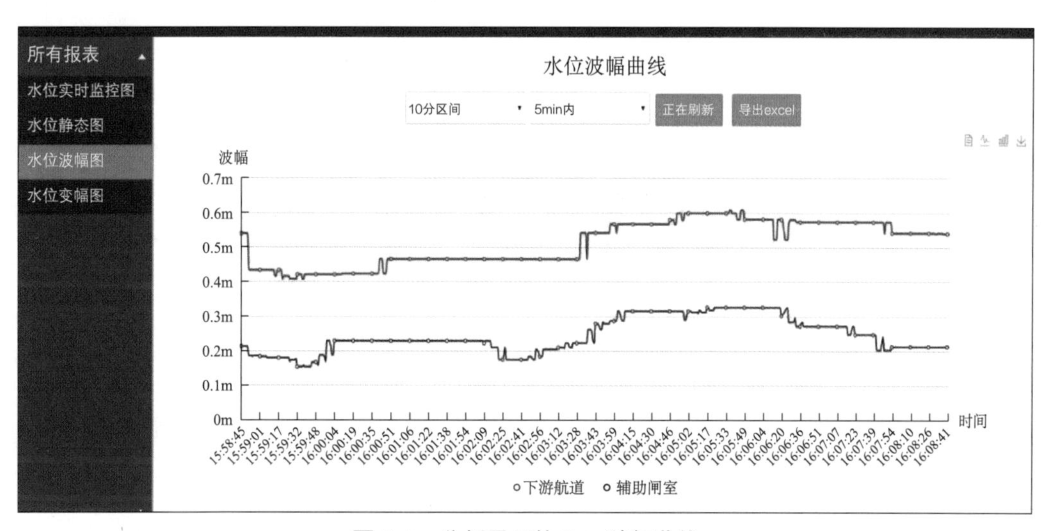

图 5-1　分析显示的 5min 波幅曲线

5.1.4　非恒定工况下水位变化规律

5.1.4.1　出力与水位关系

在监测期内找出 5 个差距较大的稳定出力工况，得到的电站出力与下游水位关系如

图 5–2 所示。

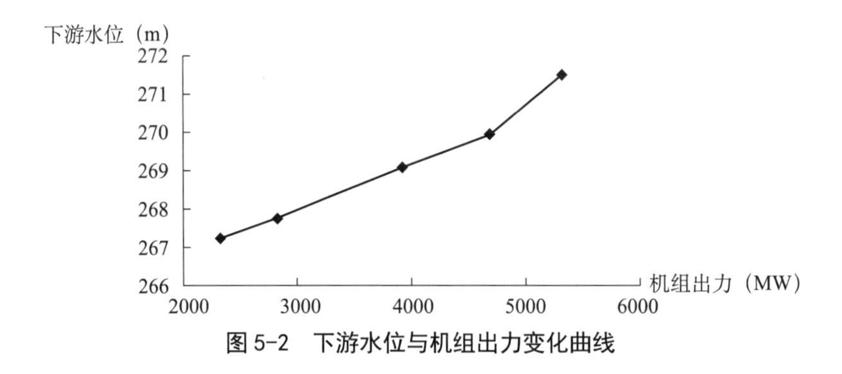

图 5–2　下游水位与机组出力变化曲线

由图 5–2 中曲线可看出，电站出力每增加 850MW，下游水位大致上涨 1m。

5.1.4.2　调峰工况下变幅分析

变幅由向家坝出库流量变化引起，变幅大小与流量变动快慢，即电站出力变化快慢相关。监测期内出力变化最快的调峰工况（30min 增加 840MW）期间下游变幅如图 5–3 所示。

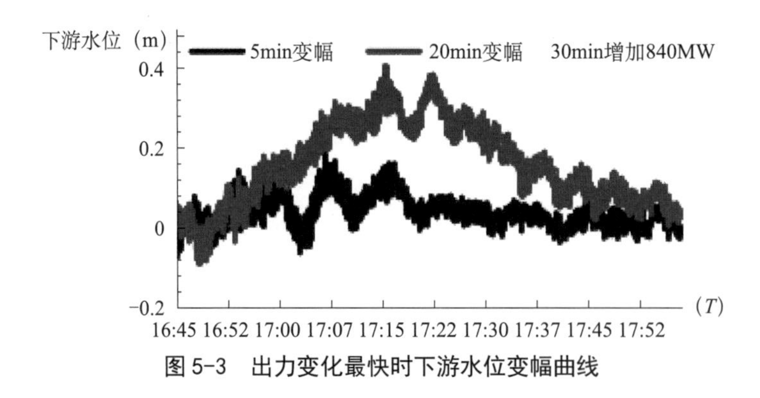

图 5–3　出力变化最快时下游水位变幅曲线

上述调峰工况下，升船机下游水位 20min 变幅最大值在 0.4m 左右，满足《金沙江向家坝水电站水库运用与电站运行调度规程（试行）》中对航运调度的变幅要求：20min 变幅不超过 0.5m；但 5min 变幅最大值达到了升船机安全运行的变幅限值 0.2m 左右，会导致升船机下游对接不能正常进行，影响通航效率。在出力变化超过 400MW（对应下游水位变化接近 0.5m）的调峰时段对接，如因不可控因素导致不能及时解除对接，可能引起安全机构动作或船舶搁浅事故等严重后果，需考虑投入辅助闸室。

5.1.4.3　泄洪工况下波幅分析

根据监测结果显示，波幅与泄洪流量存在正相关性。监测期内最小泄洪流量 400m^3/s（开启 2 个表孔，开度各 2m）期间下游波幅如图 5–4 所示。

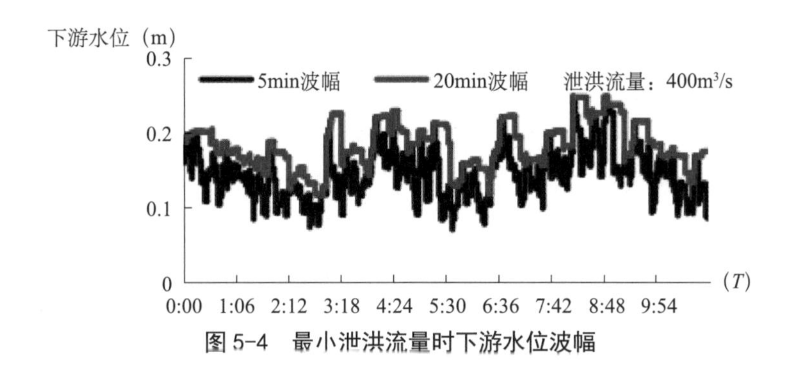

图 5-4　最小泄洪流量时下游水位波幅

上述最小泄洪流量工况下，下游水位 5min 波幅值达到 0.24m，20min 波幅值已达到 0.25m，其中 5min 波幅值超过了升船机安全对接的波幅限值。在接近 12 000m^3/s 的最大通航流量下，5min 波幅与 20min 波幅均达到了 0.7m，如图 5-5 所示。

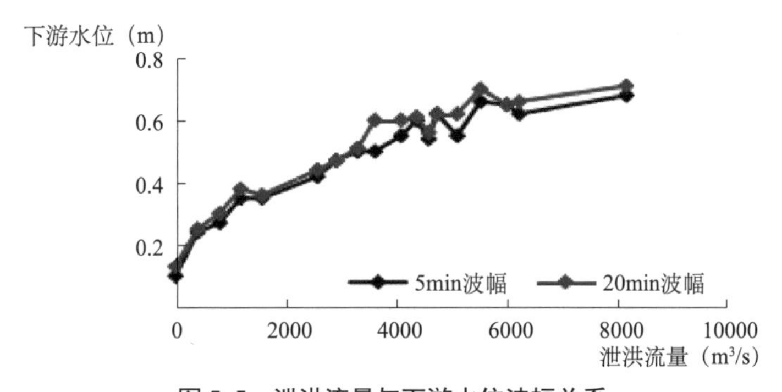

图 5-5　泄洪流量与下游水位波幅关系

由此可以看出，电站泄洪后，最小泄洪流量下的 5min 波幅已达到辅助闸室投运条件，需要投入辅助闸室。

5.1.5　辅助闸室运用规则

5.1.5.1　辅助闸室运用总体原则

根据工况与水位数据分析结果，得出下游对接需辅助闸室投运的工况如下：

（1）电站泄洪时；

（2）电站出力变化超过 400MW 的调峰时段。

5.1.5.2　泄洪工况下游对接调度操作原则

泄洪工况下运行的厢次都需投入辅助闸室，对于单向上（下）行的厢次或者船身不长，可在辅助闸室实现错船的厢次，应在未对接前将船舶调至辅助闸室内，然后投入辅助闸室后再对接，待船舶完成出厢、进厢后解除对接，然后上行。

对于不能在辅助闸室内错船的船舶，按以下顺序实施调度：

（1）先调上行船舶至下游靠船墩靠泊待机，辅闸工作门落下；

（2）进行下游对接，通知下行船舶进闸室南墙系缆；

（3）待下行船舶进入辅闸后，进行“单侧承压”操作，完成后升辅闸工作门；

（4）通知下行船舶出闸，错船后通知上行船舶进辅助闸室靠泊；

（5）降辅助闸室工作门后进行下游对接，进行正常过机流程。

5.1.5.3 调峰工况下游对接调度操作原则

调峰工况是一个短时过程，存在开始时间和结束时间。故提前判断本厢次对接是否需要投入辅助闸室就十分重要。下游对接一个重要的操作节点就是发“承船厢下行启动”令，将这个发令时间与调峰时间段进行比较，就能判断该厢次是否需要投入辅助闸室运行。

对接期间承船厢水深受下游水位变化影响的时长约为20min，而发“承船厢下行启动”令后约10min开始进行下游对接，故对于负荷变化大于400MW的调峰工况，调峰前30min内发“承船厢下行启动”令，下游对接期间就会遇到水位变化，需投入辅助闸室。

对于须投入辅助闸室运行的厢次，如果船舶能在辅助闸室内错船，具体调度操作方式与泄洪工况下的调度操作方式相同。如果船舶不能在辅助闸室内错船，按以下顺序实施调度：

（1）调上行船舶至下游靠船墩待机；

（2）落下辅助闸室进行正常下游对接，待下行船舶出厢进闸后解除对接；

（3）下游水位降低等待主泄水完成后升辅闸工作门，下游水位升高则需等下闸首工作门提升后再升辅闸工作门；

（4）待下行船舶出闸，上行船舶进闸后落辅闸工作门，期间承船厢上行10m左右；

（5）待辅闸工作门落到位后，承船厢下行对接，上行船舶进厢，进行正常过机流程。

5.1.6 效果评价

针对向家坝升船机下游航道水位易受电站非恒定工况影响的不利情形，通过搭建下游水位监测平台，为研究升船机下游水位变化规律提供了数据来源与分析手段。同时将电站运行工况与水位变化特征指标作对比分析，找出了影响升船机下游安全对接的特定工况。

在实际应用中，通过对计划性的非恒定工况进行提前了解分析，即可实现对下游水位变化的预先判断。调控室再结合当时船舶与升船机设备状态，就提前明确了辅助闸室的运用时机与方法，在下游水位变动前做好对应的调度与操作处置。实现兼顾船舶过闸效率的前提下，消除了下游水位变化超限给对接带来的安全风险。

5.2　承船厢 3 套驱动机构应急运行

5.2.1　概述

向家坝升船机提升系统布置在承船厢四角的 4 个驱动点，由 4 套驱动装置做分散式驱动。在传动控制站控制下，每个驱动点均由 1 台交流变频电动机经减速后，通过一根短轴刚性连接，从一侧驱动小齿轮旋转，使承船厢沿垂直敷设在混凝土塔柱的齿条作爬升运行，同时 4 个驱动点通过刚性同步轴连成一体，实现机械同步运转。电气传动系统为 4 台电动机出力均衡交流变频调速系统。传动控制站将接收到的诸如上行、下行命令以及上 / 下行目标位、运行速度、承船厢水位、给定上升 / 下降时间、承船厢的实际位置等初始状态信息，传送给变频驱动系统，控制 4 台电机按既定时序运行，实现升船机的正常升降功能，同时各传动设备将其运行参数和状态传递给传动控制站。传动控制站主控制器选用的是美国 AB 公司的 L73 系列可编程控制器，可编程控制器采用冗余配置。变频调速系统选用西门子公司的 S150 系列变频驱动装置和对应的交流异步电动机。向家坝升船机驱动系统网络结构如图 5-6 所示。

根据“设备总体瘦身”的原则要求，在向家坝升船机工程设计过程中，承船厢驱动机构主电机的功率选择是按“在电气驱动装置发生故障情况下，允许升船机终止运行、停机检修”的原则确定的。根据当时工程计算结果，承船厢在 ±0.1m 误载水深工况下，如果 3 台电机运行，电机总功率只有 750kW，小于 943kW 最大负载，不具备 1 台电机或变频器故障退出、3 台电动机不对称驱动承船厢运行的基本条件。当 4 套驱动装置中有任意 1 套驱动装置（相应驱动点的变频器、电动机或者其他重要辅助设备）故障退出运行后，变频驱动控制系统正常停机，待故障设备检修或更换完成后，变频驱动控制系统方可重新启动运行。

我们在对升船机试通航运行经验的总结过程中认识到，在升船机通航需求基本饱和的情况下，如果碰到此类故障，由于设备的维修周期较长，船只可能会被滞留在承船厢很长一段时间，会造成不良社会影响。升船机长时间停航也会造成较大的经济损失。因此，为了提高升船机的运行可靠性，充分发挥其社会效益和经济效益，有必要考虑在任意一套驱动装置故障退出情况下，另外 3 套驱动装置应急运行的方案。

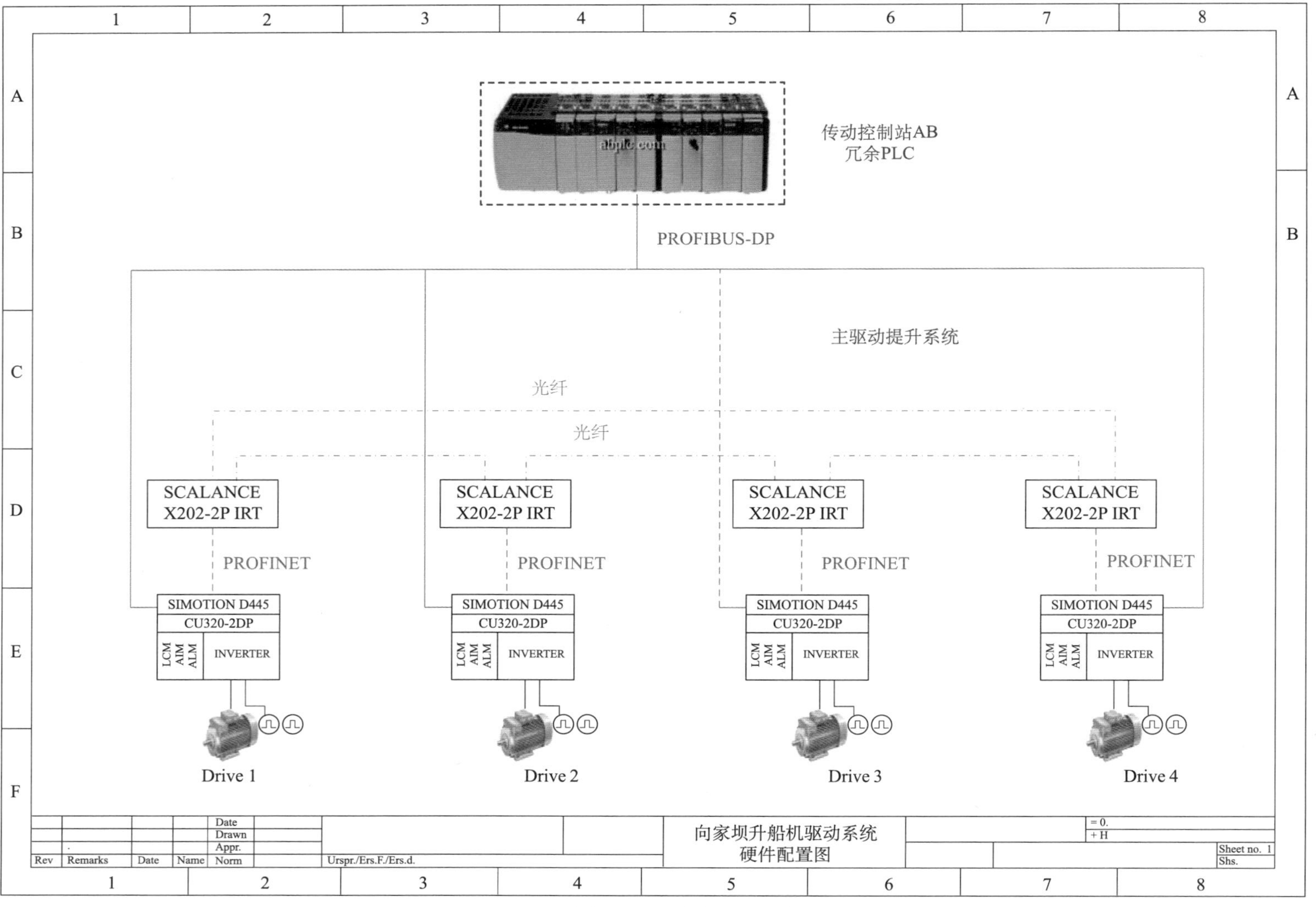

图 5-6　升船机驱动系统网络架构图

5.2.2 系统构成

经过理论计算分析，升船机在承船厢误载水深满足要求（±0.05m）的前提下，出现单套传动系统故障退出工况时，3 台电动机启动运行，无论系统在加减速阶段还是系统稳定运行阶段，电动机的功率都能够满足系统继续运行要求。

5.2.2.1 变频控制系统优化

原来的系统方案以 1 号驱动点为控制主站，安装在 1 号点的 SIMOTION 控制器（D445）接收传动控制站的控制命令和状态信息，实现对 4 套电动机的速度、转矩及位置控制，保证 4 套驱动系统出力均衡同步运行。

要实现升船机任意 1 台电动机退出，另外 3 台电动机连续运行工况下的出力均衡以及速度、位置的同步跟随，1 号点驱动系统不再承担大部分主站功能，必须增设驱动协调控制柜进行全局控制。通过对升船机变频驱动系统传动控制站 PLC 与 4 台驱动装置 SIMOTION 控制器（D445）之间的通信问题进行了各种方案的对比、分析，拟定在传动控制站 AB PLC 与 4 台驱动装置 SIMOTION 控制器（D445）之间增加 2 个互备的 SIMOTION 控制器（D445）来协调电气传动系统的工作（见图 5–7），实现各电机时序、速度给定、位置跟随、主从切换等控制功能、协调系统全局变量生成以及系统全局故障处理等，实现升船机变频驱动系统 4 台驱动装置（正常运行工况）或者 3 台驱动装置（应急运行工况）的相互协调控制。

5.2.2.2 新增硬件及接线

新增传动协调控制站硬件配置主要包括 2 块 SIMOTION 控制器（D445）、2 套开关电源及供电回路、2 套 SCALANCE X202–2P IRT 交换机、1 套驱动协调控制柜及附件和 2 块传动控制站 AB PLC PROFIBUS 接口模块。D445 控制器的硬件接线如图 5–8 所示。

为实现全局控制功能，把原来接入 1 号驱动点 D445 的硬件输入 / 输出信号，诸如制动器控制信号、承船厢对接信号等全部转移至驱动协调站。传动控制站 AB PLC 通过 PROFIBUS–DP 总线传送给变频控制系统的信号也转移到此协调站。4 个驱动点的 D445 控制器只接收协调控制站的控制指令。

5.2.2.3 控制功能的实现

根据升船机承船厢运行位置、当前速度、加速度、上下游目标位置、承船厢水深等关键输入信号，在驱动协调控制站中创建“虚拟主驱动点速度给定模块”和“虚拟主驱动点位置给定曲线模块”构成的虚拟主驱动点模型，获得虚拟主驱动点的速度给定、位置给定曲线，以及加速度给定等参考信号，以此构成升船机“机械同步＋力矩均衡”变频驱动系统，4 个驱动点驱动装置或者 3 个驱动点驱动装置同时从驱动协调控制站的虚

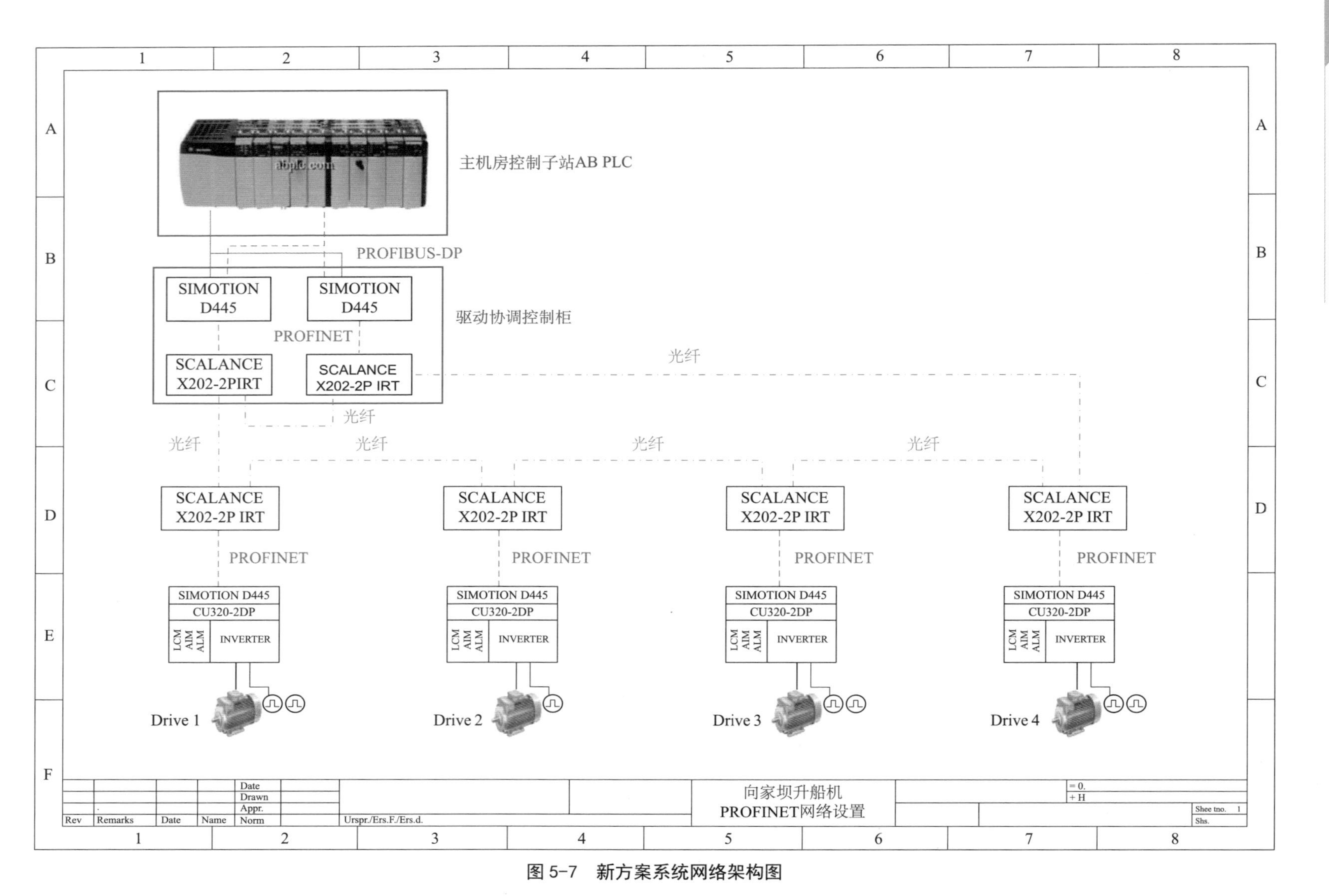

图 5-7　新方案系统网络架构图

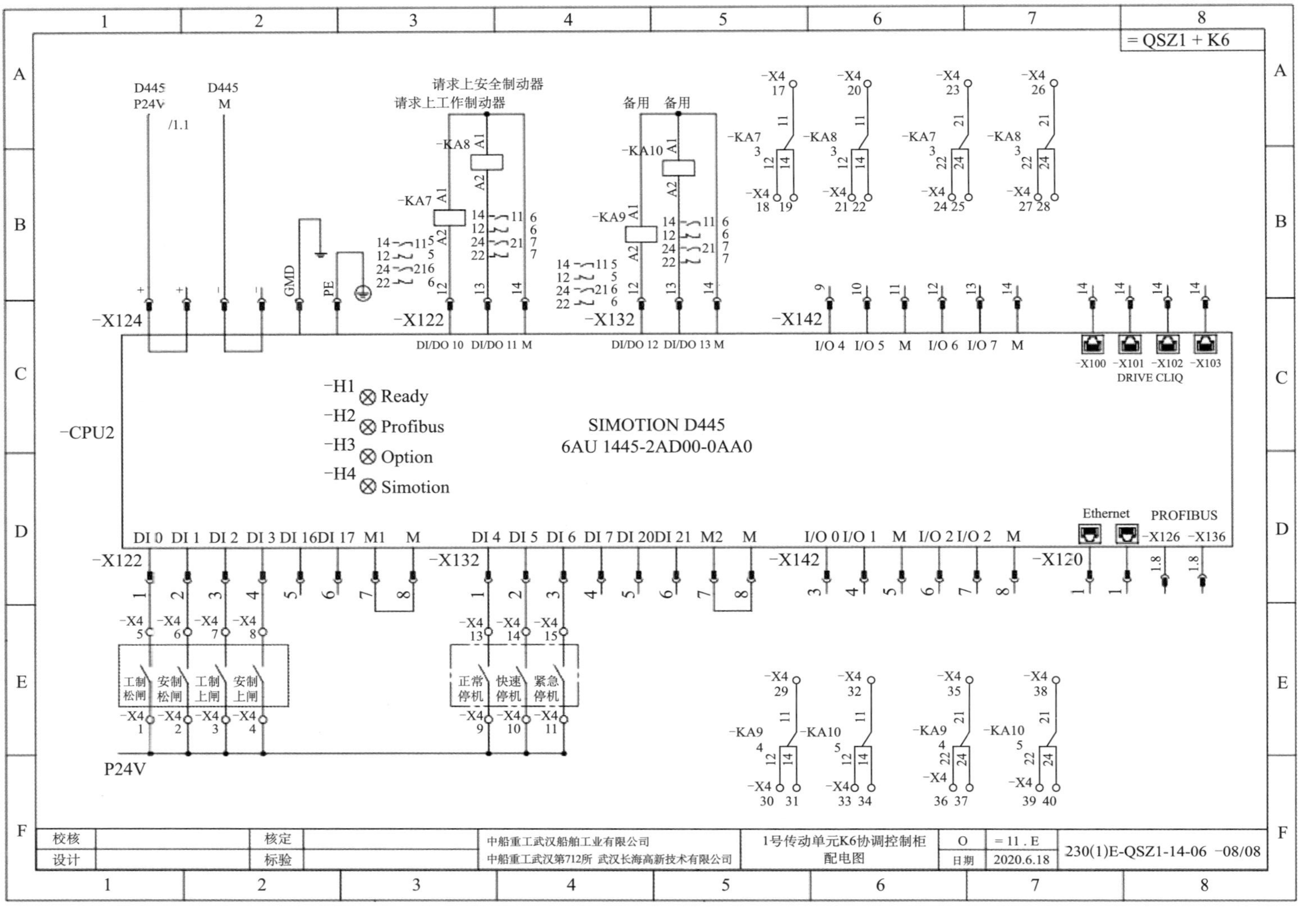

图 5-8　新增 D445 控制器接线图

拟主驱动点获得速度给定、位置给定曲线、加速度给定等信号（驱动协调控制站数据采用等时广播方式有效发送给各驱动装置）。指定主驱动点驱动装置和从驱动点驱动装置均工作在速度闭环的模式下，主驱动点驱动装置始终跟随驱动协调控制站发送的速度给定命令，各从驱动点驱动装置的速度给定由驱动协调控制站发送的速度给定命令以及速度补偿给定（速度补偿给定是主驱动点驱动装置的实际力矩信号和相应驱动点驱动装置的实际力矩信号偏差经调节后的输出值）来决定，使从驱动点驱动装置的速度按力矩均衡要求实时调整，控制承船厢安全、平稳运行。

当变频驱动系统发生故障，如任何一台电动机故障，该驱动装置将进行无扰切换进入故障状态并发出正常停机命令，剩余 3 套正常的驱动装置继续减速停机运行。减速停机运行过程中保证无扰切换时间小于 2ms，且速度扰动小于 2%，力矩偏差小于 5%。如果无法及时修复损坏驱动装置，运行操作人员在升船机集控室操作界面或者传动控制站操作面板上选择激活 3 套驱动装置运行模式，系统将根据驱动装置故障状态自动完成多重组合切换，组成新的控制结构，判断当前承船厢水深在 3.0m ± 0.05m 允许范围内，3 套驱动装置运行模式有效（运行组合共计 4 组），升船机变频控制系统允许重新启动运行。

5.2.3 运用方法与注意事项

在升船机承船厢运行过程中发生驱动电动机、变频器及附属设备故障时，变频控制系统将以紧急制动方式，停止驱动系统运行。此时运行操作人员需查询升船机监控系统故障信号，确定是否可以复位当前故障。如果某个变频器或电动机发生短时内无法消除的故障，此时可以考虑切换至 3 台电动机模式运行。

首先，操作员需查看承船厢当前水位是否在 3.0m ± 0.05m 区间。如果超出本区间，3 台电机模式无法启动。此时应该利用承船厢两侧的补排水系统，装设补水管或排水管到承船厢上，调整承船厢水位至标准 3m 水深。然后切除故障点变频器动力电源开关，在集控室操作界面或传动控制站操作面板上选择激活 3 套驱动装置运行模式。在复位所有故障信号后，启动承船厢向目标对接区域运行。

在 3 台电机驱动承船厢运行过程中，要实时监视各电动机电流等状态信号，查看电动机是否超载。同时密切关注机械同步轴 4 个点的扭矩信号，应急运行情况下各同步轴的最大限制扭矩放大至 3500（N·m）。由于故障点的减速器、电动机、安全机构、小齿轮等都是被动运行，此时现场人员要注意监视该驱动点各机构有无异常噪声、发热等情况。

5.2.4 效果评价

5.2.4.1 电动机出力对比分析

在承船厢水深 2.95m 工况下，选取系统正常停机、快速停机、到位停机四种工况电动机的出力情况进行比较分析，见表 5–2。

表 5–2 4 台电动机与 3 台电动机稳态运行时电动机出力比较（2.95m 水深工况）

试验项目	1 号电动机出力（N·m）		2 号电动机出力（N·m）		3 号电动机出力（N·m）		4 号电动机出力（N·m）	
	4 台运行	3 台运行	4 台运行	3 台运行	4 台运行	3 台运行	4 台运行	3 台运行
0.2m/s 上行正常停机	65.9	0	63.8	51.7	64.9	52.3	64.6	50.9
0.2m/s 下行正常停机	−674.5	−924.9	−673.9	0	673.8	−925.1	−674.1	−923.3
0.2m/s 上行快速停机	−621.3	60.8	−622.8	0	−620.9	60.1	−622.3	61.3
0.2m/s 下行快速停机	66	−950	59.2	-948	63.8	0	64.7	948.3
0.2m/s 上行到位停机	50.8	162.5	51.1	153.1	50.9	151.9	52.3	0
0.2m/s 下行到位停机	−655.8	0	−654.7	−927.3	−653.8	−928.5	−654.3	−931.4

从表 5–2 可以看出，同种运行工况，在承船厢水深 2.95m 工况，3 台电动机运行模式下，电动机在应急运行时的出力不大于 950（N·m），约为 4 台电动机运行时电动机出力的 1.4 倍左右，远低于电动机额定力矩 2300（N·m）。3 台电动机运行时电动机的总出力转矩略大于 4 台电动机运行时电动机的出力转矩和，主要来自不对称运行模式下同步轴系统传递扭矩产生的机械损耗。

5.2.4.2 同步轴系统运行负荷情况分析

升船机在矩形同步轴系统的 4 条轴上分别安装了 1 套同步轴扭矩监测装置，用来监测系统运行中同步轴的受力情况，运行过程中，控制系统可以实时采集 4 套扭矩监测装置的测量结果，判断同步轴系统的工作情况，并通过对同步轴受力的限幅对系统加以保护。

当任何 1 个驱动点传动装置因故障退出工作时，该驱动点所需的驱动转矩全部需要由其他 3 个驱动点承担，并通过矩形同步轴传递。3 个驱动点电动机将增加几乎相同的输出转矩值。

通过试验发现，在 3 台电机运行模式下有 ±5cm 水深差的最大负荷情况，无论是 4 台电动机运行中 1 台电动机故障退出工况还是 3 台电动机运行工况，1 ～ 4 号扭矩传感器监测到的瞬时最大值在 −2337 ～ 3163（N·m）之间，其绝对值比 4 台电动机驱动时增加在 1000（N·m）以内。

4 台电动机运行时，同步轴的扭矩限幅保护设定值为 1500（N·m），当 3 台电动机应急工况下运行时，同步轴的扭矩限幅保护设定值为 3500（N·m）。无论哪种工况，同步轴的受力情况都远小于同步轴的极限扭矩 12000（N·m）。

通过对该升船机单套驱动装置严重故障工况下的应急运行进行的前期方案研究、现场软硬件改造实施、试验测试等工作，升船机驱动控制系统在承船厢水深满足的条件下，具备 3 台电动机驱动承船厢升降运行、完成上下游准确对位及闸首对接等全部功能。在基本不增加投入的前提下，升船机的运行可靠性和灵活性明显增强，具备较高的经济效益与社会效益。

5.3 闸首对接密封优化改造

5.3.1 概述

对接密封装置是向家坝升船机承船厢与上下闸首对接的关键设备，在对接时，主要负责连通航槽与承船厢水域，船只可进出承船厢。承船厢与闸首对接是否成功，决定了通航是否可以正常进行，而 C 形水封是对接密封装置的重要组成部分，由于其材质为橡胶材质，易老化，尺寸巨大，结构复杂，往复运动频繁，受力复杂，受环境、船舶进出厢速度等影响较大，是对接密封框的最薄弱环节，直接影响设备安全和通航人员及船只安全。

2019 年 4 月 14 日，向家坝升船机上闸首对接密封框 C 形水封在对接期间左下转角区域螺栓孔发生撕裂，造成向家坝升船机停航抢修。升船机部 15 日至 29 日（总历时 15 天）完成了上闸首对接密封框 C 形水封的整体更换及下闸首对接密封框 C 形水封局部修复处理，于 4 月 30 日恢复试通航。同时，4 月 29 日，结合向家坝升船机对接密封框水封撕裂问题，三峡升船机上闸首对接密封框 C 形水封也发现明显水封裂纹隐患，三峡升船机进行了停航检修更换工作，对隐患进行了消除，避免了可能造成的事故发生。结合向家坝升船机及三峡升船机出现的 C 形水封撕裂问题，对比国内同类型升船机对接密封框 C 形水封，彭水水电站升船机也出现过对接密封框 C 形水封撕裂情况，造成停航故障。

为降低由于对接密封装置 C 形水封撕裂造成的升船机停航风险，消除设备安全隐患及避免潜在的大水漫灌、船只搁浅等不可接受风险，2019 年 4 月 18 日，升船机部组织建设、设计、监理、安装单位召开了水封撕裂原因专题分析会，会上确定了向家坝升船机对接密封框 C 形水封优化方案，对 C 形水封进行优化改造，在 2019 年停航检修期对上下闸首 C 形水封进行了新型水封更换改造工作。

5.3.2　系统构成及工作原理

5.3.2.1　对接密封装置系统构成

对接密封装置设置于闸首工作闸门顶节门叶的 U 形结构中，用于上下闸首航槽与承船厢水域的连通。对接密封装置主要由 U 形密封框及其支承导向装置、C 形水封装置、驱动装置、弹簧柱等组成，其中 U 形密封框由活动端和固定端组成，它们通过 C 形水封连接。对接密封装置布置图如图 5–9 所示。

图 5–9　对接密封装置布置图

闸首工作闸门顶节门叶上共布置 10 套驱动装置，每套驱动装置的液压缸活塞杆经过弹簧柱与密封框腹板连接，液压缸除驱动密封框运行外，还用于向弹簧柱和密封框施加压力。对接密封装置主要参数见表 5–3。

表 5–3　对接密封装置主要参数

与闸首工作闸门的密封（C 形橡皮）	结构型式	C 形橡胶板
	水平段长度	16 160mm
	竖直段长度	6720mm × 2mm
	厚度	16mm
	展开宽度	800mm
	材料	LD-19
密封框活动端驱动装置	油缸数量	10 套
	弹簧结构型式	每套由 100 片碟形弹簧对合组合
	弹簧预紧力	58kN
	预紧行程	90mm
	全行程	380mm
	正常工作荷载	166kN

5.3.2.2　对接密封装置工作原理

承船厢与闸首对接时，液压系统驱动 10 套油缸，推动弹簧，将对接密封 U 形框活动端从闸首工作门密封框槽中推出，压紧至承船厢对接金属面上。此时，对接密封框、C 形水封、承船厢门以及闸首通航门形成一个 U 形的封闭区域，通过布置在闸首的充泄水泵对封闭区域进行充水，充水完成后，打开承船厢门及闸首通航门，承船厢水域与闸首航道进行连通，船只可正常进出承船厢。承船厢与闸首解除对接时，按照对接的相反流程进行，最终将密封框收回至闸首工作门密封框槽中。

5.3.3 对接密封框 C 形水封撕裂原因分析

向家坝升船机自 2018 年 5 月 26 日开始试通航运行，截至 2019 年 4 月 14 日上闸首对接密封框 C 形水封发生撕裂时，对接密封装置累计往复运行 1148 厢次，加上单机调试、分系统调试、联合调试及第一阶段实船试航期间的往复运行次数，粗略估算往复运行约 2000 次（图 5–10 圆圈标记处为对接密封框 C 形水封撕裂部位，实物图片如图 5–11 所示）。

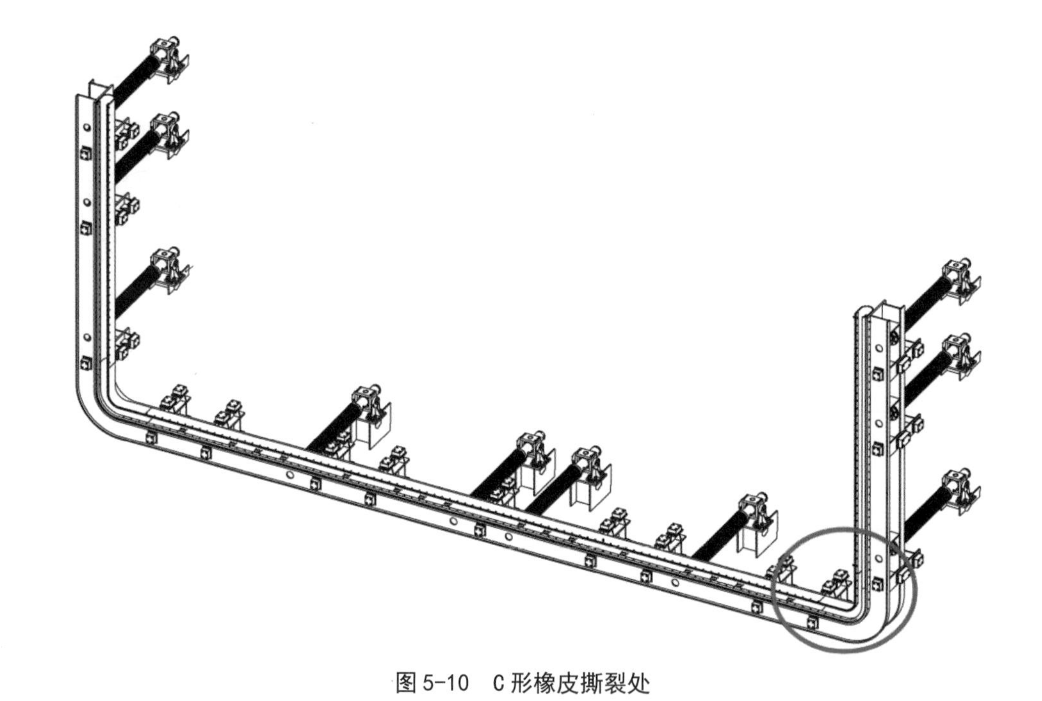

图 5–10　C 形橡皮撕裂处

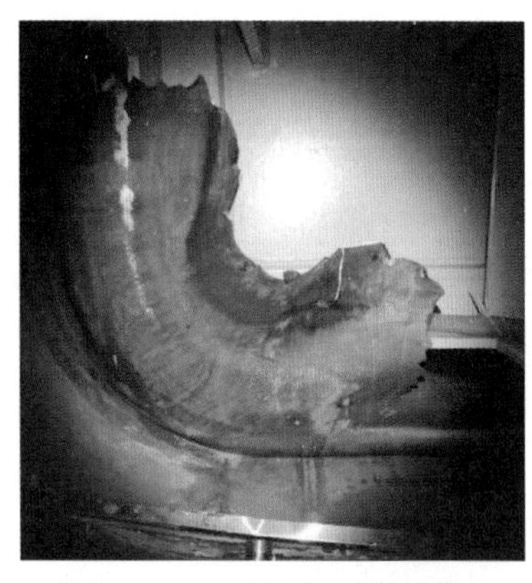

图 5–11　C 形橡皮破损现场图

经现场勘查、分析讨论认为：对接密封框 C 形水封受力较为复杂，在不同工况时受力状态不同，主要为：密封框进退动作时，受到密封框动作的牵拉力；闸首对接后，受到各个方向的水压力；船只进出承船厢时，受到螺旋桨的水推力。C 形水封转角部位相较水封水平段及竖段受力更为复杂，该部位 C 形橡皮受到的弯拉应力较为集中，水封橡皮频繁进退运动产生拉扯；同时，压紧水封压板的不锈钢螺栓因密封框往复运动出现变形、弯曲、伸长，导致水封压板与座板压紧力减弱，使水封螺栓孔部位承受载荷更加集中，加剧水封的消耗磨损，水封压板处 C 形橡皮均有可见收缩凹陷区域，细节如图 5–12 所示；此外，承船厢与闸首对接，船只进厢时，螺旋桨旋转推动的水流进入升船机承船厢与闸首工作门间隙时 C 形橡皮受到的附加载荷也大大增加，转角受力更为复杂。多种原因叠加导致橡胶水封紧固螺栓孔处发生撕裂，C 形橡皮螺栓撕裂处细节如图 5-13 所示。

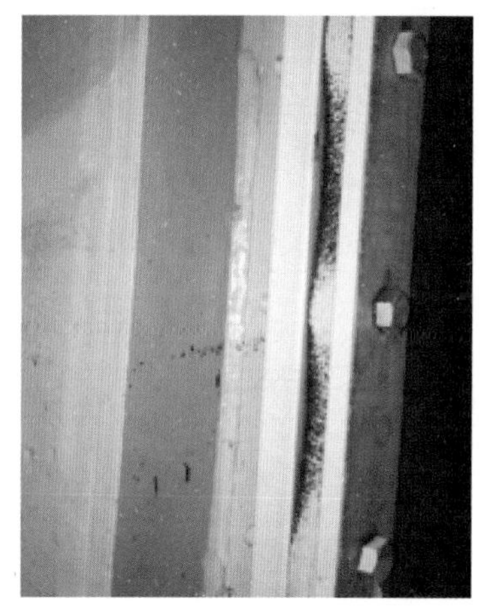
图 5-12　C 形橡皮螺栓处撕裂细节

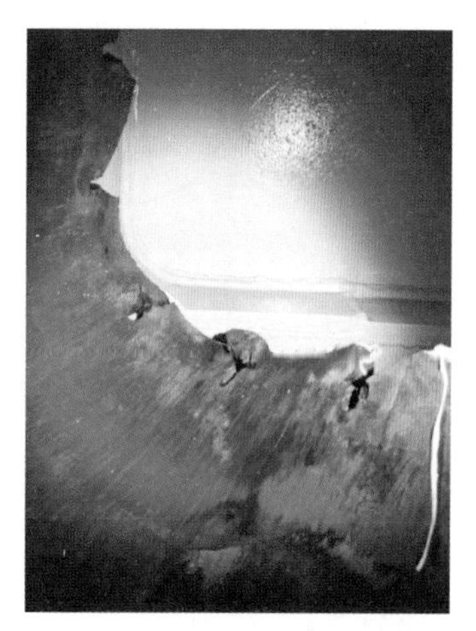
图 5-13　转角附近 C 形橡皮

综上所述，主要原因为：原 C 形水封为单一橡胶结构，对于频繁性往复运动及较大的集中拉应力的抗拉性能较弱，易发生磨损变形；水封压板刚度不够，导致 C 形橡皮压紧力不均匀；不锈钢压板螺栓强度不够，密封装置来回往复运动时，螺栓易产生变形、弯曲、伸长，导致松动。

5.3.4　优化改造

针对上述分析结果，对 C 形水封、压板及螺栓进行优化。

5.3.4.1　增加 T 形头

在发生撕裂的密封框固定端 C 形水封做成 T 形头，防止水封受力后向内收缩。如图 5-14 所示，红色圆圈标示。

5.3.4.2　降低水封硬度，增加化纤织物里衬

C 形水封原材料选用 LD-19，硬度较高，更换选用 6674，降低 C 形橡胶的硬度，以改善水封工作适应性，同时在整个 C 形水封内部增设一层化纤织物里衬，如图 5-14 所示，红色箭头指示，用以增加 C 形橡皮的抗拉强度，即使水封出现磨损断裂漏水现象，也不会产生撕裂情况，有效保证设备的安全，避免事故扩大。

5.3.4.3　增加螺栓强度并加装锁紧螺母

将不锈钢螺栓更换为碳钢螺栓，提高螺栓的强度，解决不锈钢螺栓强度不足的问题，同时螺母增设锁紧螺母，防止螺栓因频繁的往复运动而发生松动。

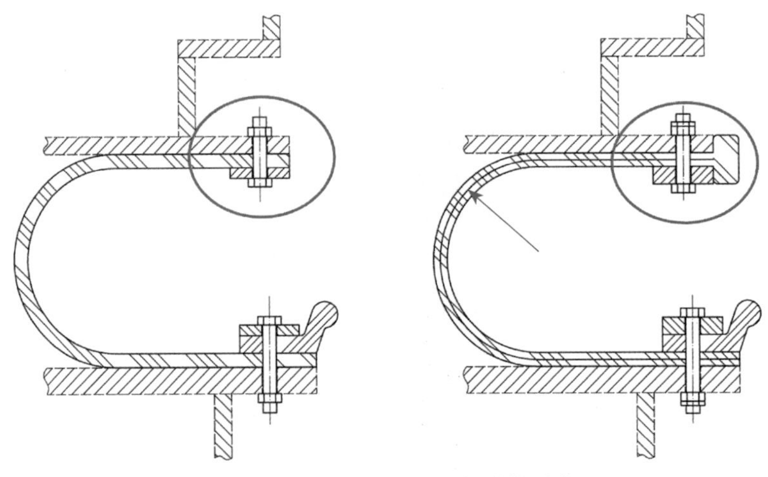

图 5-14　原结构与优化后的结构型式

5.3.4.4　增加水封压板厚度

将水封压板的厚度从 12mm 增加至 20mm，提高水封压板的压紧刚度，使水封整体压紧力均匀。

5.3.5　效果评价

对接密封装置 C 形水封优化改造后，向家坝升船机上下闸首对接密封装置 C 形水封已全部更换为全断面添加织物里衬的新型 C 形橡皮，经过两年半的连续运行，除 2021 年 1 月上闸首 C 形水封被外部尖角硬质木棍刺穿漏水，由于内部织布的存在未出现撕裂现象，通过对刺穿漏水部位硫化修补，水封总体运行稳定，未发现裂纹及螺栓孔拉裂等异常情况。

对接密封装置 C 形水封优化后效果明显，减少了 C 形水封造成的安全隐患，降低了设备故障率，提升了升船机的安全稳定运行，保证了金沙江航运的稳定发展。

5.4　船舶吃水及航速检测系统的应用

5.4.1　概述

向家坝升船机的承船厢断面系数较小，船舶进出承船厢时的阻塞效应十分明显。相对于船闸，船舶进出升船机承船厢过程中承船厢内的水面波动及船舶下沉量更大，吃水、航速超标极易发生船舶触底事故。因此，升船机运行过程中对船舶的吃水、航行速度控制比船闸更为严格。

为解决上述问题，向家坝升船机建设了一套船舶吃水及航速检测系统，对过闸船舶进行实时的吃水和航速检测。在不影响船舶正常通航的前提下，对超吃水、超速的船舶及时的预警和制止，降低船舶触底的风险，减少危险事故的发生。

船舶吃水及航速检测系统包括上游仰扫吃水检测系统、下游侧扫吃水检测系统、承船厢富裕水深检测系统以及航速检测系统。

5.4.2　上游仰扫吃水检测系统

5.4.2.1　系统介绍

上游仰扫式吃水检测系统安装在上游引航道 91.3m 浮堤上，主要由检测设备、数据采集处理系统、显示软件系统等组成。检测系统主要由吃水感知子系统、声速标定子系统、数据补偿子系统、水压传感器动态测量子系统、同步控制子系统以及信息融合与处理子系统组成。系统实时检测出通航船舶的吃水量信息，以二维坐标图和三维图形方式显示测量结果。

吃水感知子系统由 14 个高精度高速测距传感器构成单波束传感器阵列，实现通航船舶到检测架之间的距离值的测量，船舶通过时连续测量时得到三维吃水数据；同步控制子系统主要完成测量系统的时间控制；水压传感器动态测量子系统完成对检测架水下姿态的实时测量；数据补偿子系统是对各子系统进行数据采集和实时处理，提升吃水检测精度。

仰扫式吃水检测系统的组成如图 5–15 所示。仰扫式吃水检测架及检测软件界面如图 5–16、图 5–17 所示。

5.4.2.2　系统功能

根据向家坝升船机承船厢设计水深 3m，长江水系过闸船舶标准船型最大吃水，并适当兼顾已建非标船型，上游仰扫吃水检测架安装在水面以下 4.3m 左右，吃水深度检测范围确定为 0 ～ 3m。

上游仰扫式吃水检测系统功能包括：

（1）船舶驶离 91.3m 浮堤特定位置时，可以实时检测船舶三维吃水数据；

（2）船舶吃水检测数据精度满足小于或等于 0.1m；

（3）可自动对多艘船舶吃水数据进行分割；

（4）可检测过闸船舶最大吃水深度，检测深度范围 0 ～ 3m；

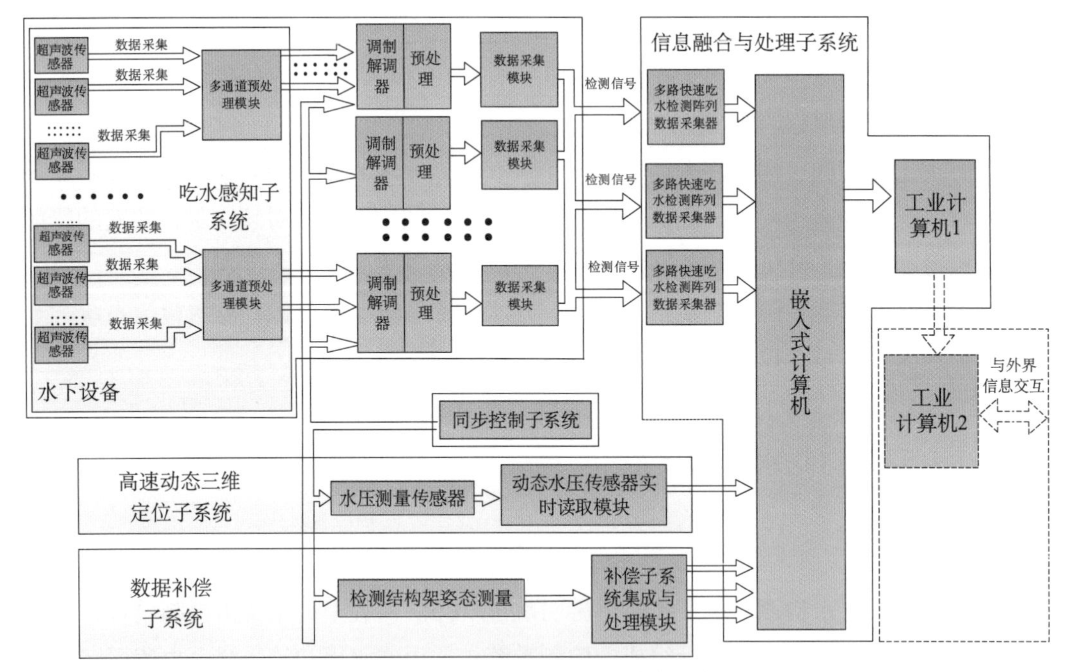

图 5-15　仰扫式吃水检测系统组成

图 5-16　仰扫式吃水检测架

（5）具备无船时系统自动停止检测，有船时系统自动开启检测功能；

（6）绘制出通航船舶的船底剖面图以及船底三维图，具备历史数据存储、查询功能，具有良好的人机交互功能；

（7）检测系统具备现场显示检测数据、参数设置、存储功能，具备远程数据共享扩展功能。

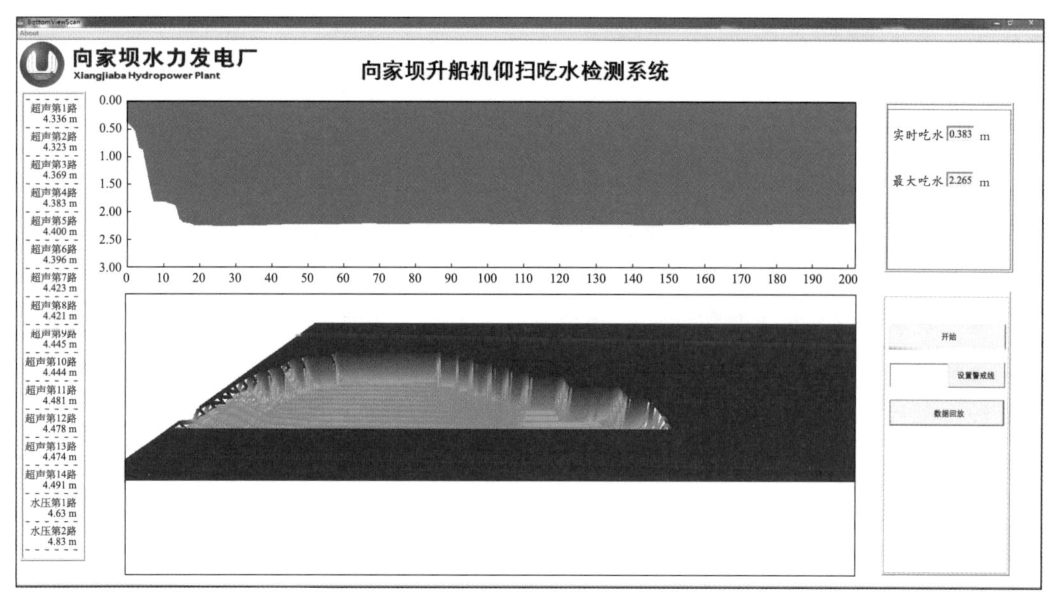

图 5-17　仰扫式吃水检测软件界面

5.4.2.3　系统原理

检测装置由检测结构架和多个检测传感器构成，包括单波束超声水下测距仪、水压测量传感器等测量仪器。当需要对船舶吃水量进行检测时，检测结构架将会调整到适合测量的深度 H 保持水平。同时检测结构架上的水深压力传感器实时对检测结构架的深度进行测量，校准深度值 H。当船舶通过检测结构架上方时，超声测距传感器阵列将完成船舶底面到检测结构架距离的测量，所有的距离信息构成了数据集合 C。由于传感器水深信息 H 已知，水深 H 与距离集合 C 差值，即为船舶底面水深数据集合 D，如图 5-18 所示。从深度数据集合 D 中获取最大的数据值，就是被检船舶的吃水量。

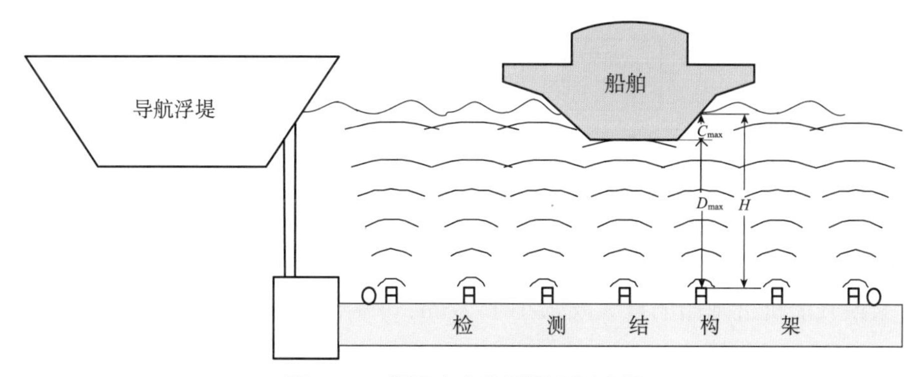

图 5-18　仰扫吃水检测原理示意图

ㅂ—超声波传感器
O—水压传感器

5.4.3 下游侧扫式吃水检测系统

5.4.3.1 系统介绍

侧扫式吃水检测系统安装在辅助闸首处，主要由检测设备、数据采集处理系统、显示软件系统组成，实时检测出通航船舶的吃水量信息，以二维坐标图显示测量结果。同时通过通信模块传输给数据存储及检索系统。

侧扫吃水检测系统主要包含阵列调制发射子系统、阵列调制接收子系统、水压传感器动态测量子系统、同步控制子系统、信息融合与处理子系统、系统信息处理与显示软件系统、远程传输子系统和水下浮箱式安装架一对等组成，实时检测出通航船舶的吃水量信息，以二维坐标图显示测量结果。

阵列调制发射子系统和接收子系统采用超声波传感器，利用浮箱分别安装在升船机下游辅助闸首的两侧，使得发射与接收阵列能对应协调功能，同步控制子系统给定超声波发射传感器同步控制信号，具有防止信号相互干扰功能。考虑现场的波浪大的情况，系统采用水压传感器动态测量子系统对两侧传感器阵列实时深度进行测量。

最终的测量数据将通过光纤传输到机房，得到船舶的吃水信息，并绘制船舶吃水二维坐标图。

侧扫吃水检测系统组成如图 5-19 所示。

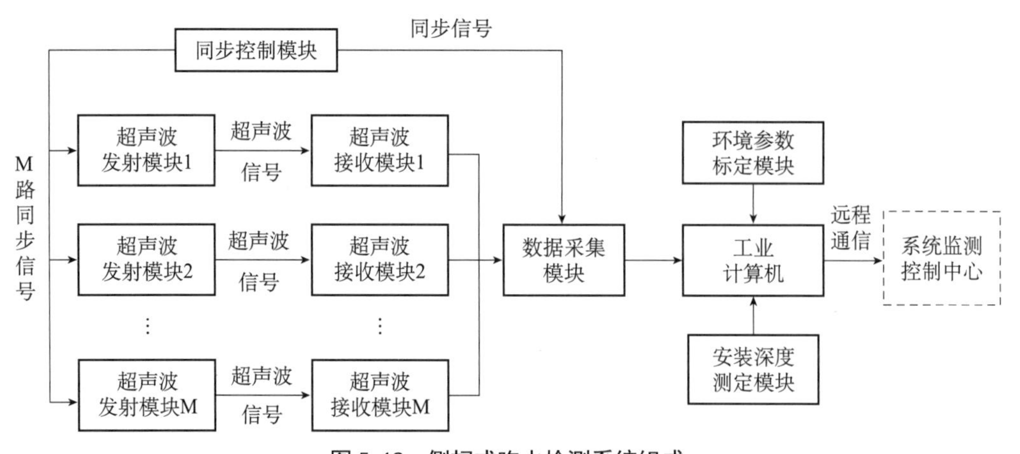

图 5-19 侧扫式吃水检测系统组成

5.4.3.2 系统功能

向家坝升船机过闸船舶最大吃水小于 2.5m，并结合现场实际，下游辅助闸首采用侧扫吃水检测法，安装地点在辅助闸首防撞钢丝绳门槽内。吃水深度检测范围为 1.5m 至 3.0m。侧扫吃水检测系统的传感器阵列布置如图 5-20 所示，侧扫式吃水检测架安装如图 5-21 所示。

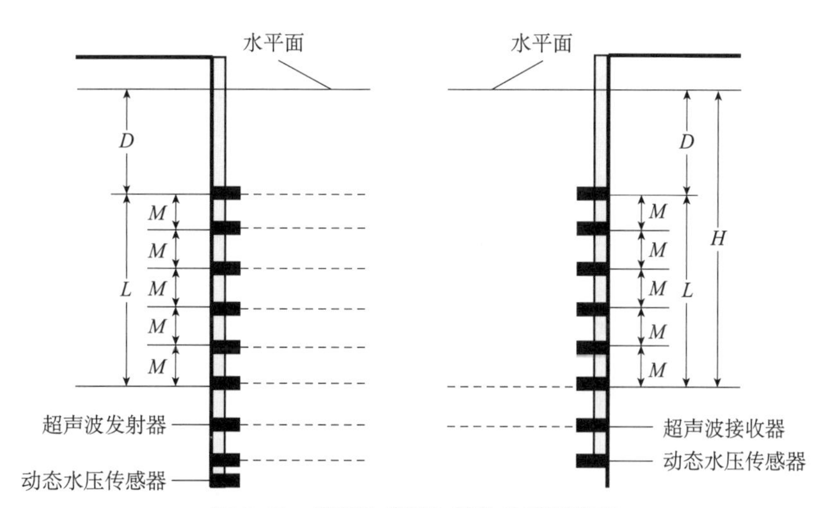

图 5-20 发射传感器和接收传感器阵列

图 5-21 侧扫式吃水检测架安装

下游侧扫式吃水检测系统功能包括：

（1）船舶通过下游辅助闸首时，可以实时检测船舶吃水数据；

（2）船舶吃水检测数据精度满足小于或等于 0.1m；

（3）可自动对多艘船舶吃水数据进行分割；

（4）检测宽度范围 24m，检测深度范围大于 1.5 ～ 3.0m；

（5）具备无船时系统自动停止检测，有船时系统自动开启检测功能；

（6）以二维坐标图显示测量结果，具备历史数据存储、查询功能，具有良好的人机交互功能；

（7）检测系统具备现场显示检测数据、参数设置、存储功能，具备远程数据共享扩展功能。

侧扫式吃水检测软件界面如图 5-22 所示。

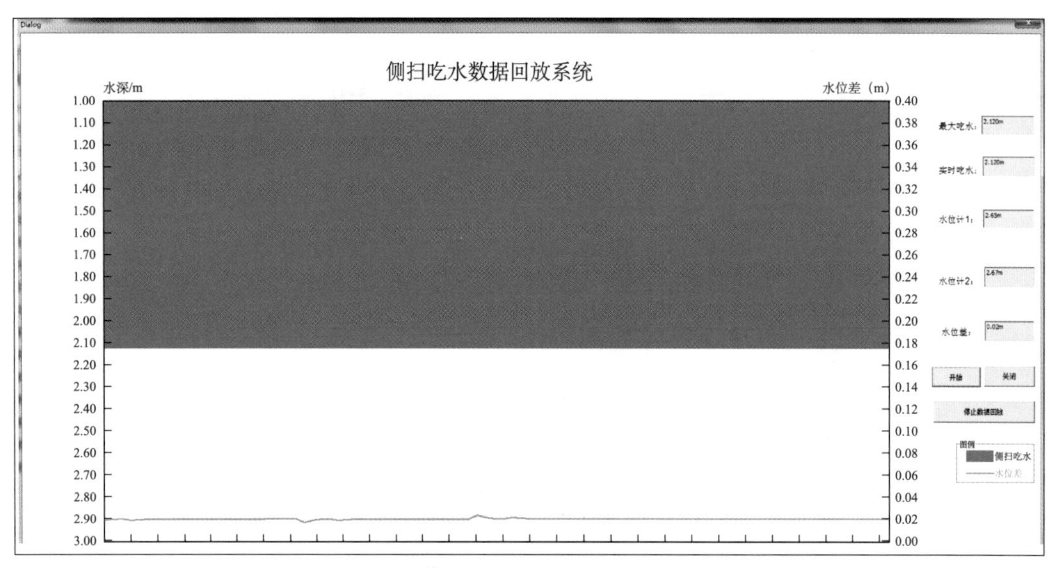

图 5-22　侧扫式吃水检测软件界面

5.4.3.3　系统原理

侧扫式超声波阵列检测法是一种新型的船舶吃水检测方法，该方案采用超声波小开角单波束发射阵列和接收阵列来检测船舶对发射端信号的遮挡效应，再对信号进一步处理确定船舶的吃水状态。在航道两侧分别安装超声波发射阵列和超声波接收阵列，并且同时开始工作，每一组对应的传感器在同一水平线上。当无船行驶过测量区域时，超声波接收阵列正常接收到完整的超声波信号；当有船经过时，超声波信号由于船体的遮挡折射、反射等原因，超声波接收传感器无法接收到完整的超声波信号，从接收传感器阵列接收信号的情况，可以判断出被遮挡传感器的个数，构成数据集合 X。第 1 个传感器到水面的距离信息为已知信息，如图 5-23 所示，设该值为 H，两个传感器之间的距离为固定值 I，由此可以得出船舶的吃水数据集合 D，其表达式为

$$D = H + (X - 1) \times I \tag{5-1}$$

式中：D 为吃水数据集合；H 为第 1 个传感器到水面的距离，m；X 为被遮挡传感器个数；I 为两个传感器之间的距离，m。

侧扫式船舶吃水检测原理示意图如图 5-23 所示。

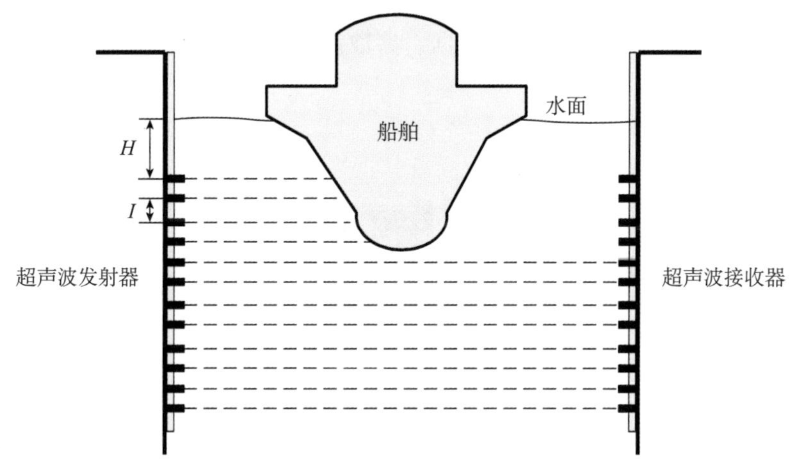

图 5-23　侧扫式船舶吃水检测原理示意图

5.4.4　承船厢富裕水深检测系统

5.4.4.1　系统介绍

富裕水深检测系统主要包含阵列调制发射子系统、阵列调制接收子系统、水压传感器动态测量子系统、同步控制子系统、信息融合与处理子系统、系统信息处理与显示软件系统、远程传输子系统组成，实时检测出通航船舶的吃水量信息，以二维坐标图显示测量结果。其中超声波发射子系统和接收子系统利用简易工装安装在承船厢 3 号、4 号两侧爬梯。

最终的测量数据将通过光纤传输机房，绘制船舶吃水二维图和用文本显示船舶富裕水深数据。

5.4.4.2　系统功能

向家坝升船机上闸首渡槽段宽度与承船厢宽度相同，船舶出厢时，阻塞效应显著，为确保船舶不触及升船机承船厢底板，实时检测船舶出厢过程富裕水深值，其测量范围确定为 0.2m ≤富裕水深≤ 1m。

承船厢富裕水深检测系统功能包括：

（1）船舶下行出厢时，可以实时检测船舶富裕水深；

（2）船舶吃水检测数据精度满足小于或等于 0.1m；

（3）可自动对多艘船舶吃水数据进行分割；

（4）检测宽度范围 12m，检测深度范围 0.2 ～ 1m；

（5）具备无船时系统自动停止检测，有船时系统自动开启检测功能；

（6）绘制出通航船舶富裕水深二维图，具备历史数据存储、查询功能，具有良好的人机交互功能；

（7）检测系统具备现场显示检测数据、参数设置、存储功能，具备远程数据共享扩展功能。

富裕水深检测架如图 5-24 所示。

图 5-24　富裕水深检测架

5.4.4.3　系统原理

富裕水深检测系统的整体结构及原理与侧扫式吃水检测系统的类似，可参见侧扫式吃水检测系统。

富裕水深检测软件界面如图 5-25 所示。

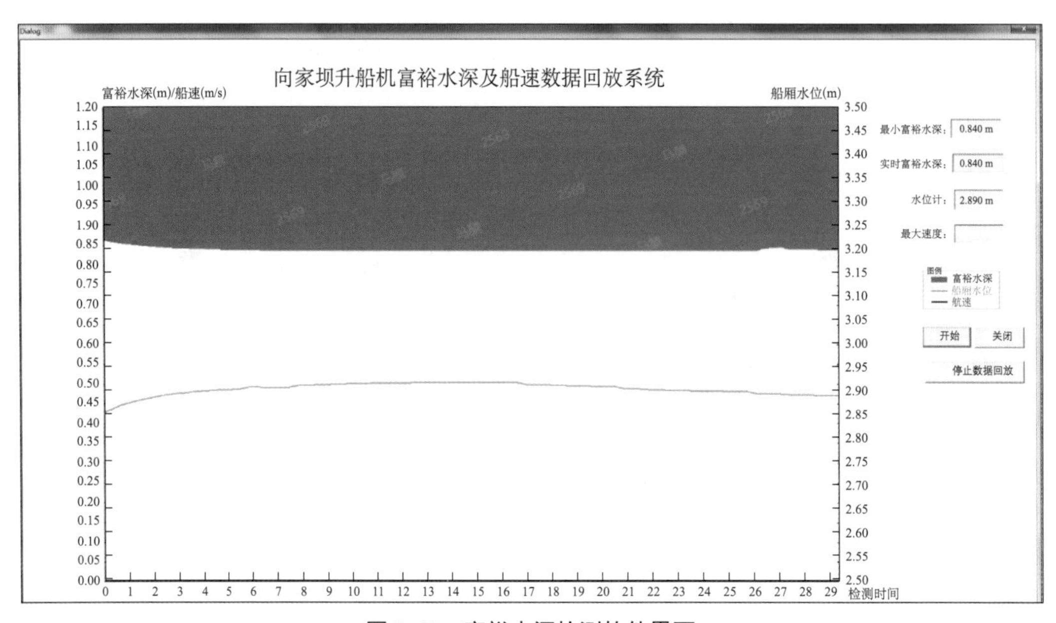

图 5-25　富裕水深检测软件界面

5.4.5　船舶航速检测系统

5.4.5.1　系统简介

航速检测系统主要包括：测速雷达装置、数据预处理模块、数据采集和处理模块、预警显示模块。测速雷达装置主要由测速一体化雷达组成，安装在承船厢右岸侧 58m 灯柱上，测量船舶速度数据，高精度测速雷达数据采集处理模块，用于数据解析、计算和存储，如图 5–26 所示。完成滤除噪声数据和纠正角度偏差，获取船舶的速度、距离信息进行实时 LED 显示，如图 5–27 所示。

图 5–26　测速雷达

5.4.5.2　系统功能

船舶航速检测系统功能如下：

（1）船舶进入承船厢、驶出承船厢区域时，可以实时检测船舶进出承船厢速度数据，可视化界面显示；

（2）船舶航速数据精度满足小于或等于 0.05m/s，船舶航速刷新频率不小于 2Hz；

（3）测量距离大于或等于 200m；

（4）双面 LED 大屏显示，可以实时显示进出升船机承船厢内船舶富裕水深及航速信息等；

（5）具备历史数据存储、查询功能；

（6）具备无船时系统自动停止检测，有船时系统自动开启检测功能；

（7）具备修改阈值及警告现场显示、数据传输功能，具备超速自动报警、速度数据颜色变化功能；

（8）检测系统具备现场显示检测数据、参数设置、存储功能，具备远程数据共享扩展功能。

图 5-27　船舶航速显示 LED 屏

5.4.5.3　系统原理

船舶航速检测系统具体工作原理为：

（1）船舶上行进厢：面向下游侧的测速雷达对船舶进厢过程进行测速，并在上下游 LED 双面显示屏下游面显示预警信息和报警信息；

（2）船舶上行出厢：当船舶上行出厢时，面向上游侧的测速雷达对船舶出厢过程进行测速，并在上下游 LED 双面显示屏显示预警报警信息；

（3）船舶下行进厢：面向上游侧的测速雷达对船舶进厢过程进行测速，并在上下游 LED 双面显示屏下游面显示预警信息和报警信息；

（4）船舶下行出厢：面向下游侧的测速雷达对船舶出厢过程进行测速，并在上下游 LED 双面显示屏显示预警报警信息；

（5）两船拼厢：当两船拼厢时，两船距离较近且行驶速度较慢，取两个测速雷达平均测速值显示。

5.4.6　效果评价

船舶吃水及航速检测系统采用了时分复用技术、浮动式侧扫吃水检测补偿技术、水下声同步技术、高速数据处理技术、三维动态显示技术等多种关键技术，实现了通航船舶高精度离船检测。系统设计轻巧、安装简便、维护检修方便，并且可以提供实时船舶吃水数据，该数据可以为相关部门安全核查提供重要依据，为管理部门安全分区指泊提供依据，船舶吃水检测系统的建立，可以规范船舶通航行为，杜绝谎报瞒报，提高诚信度。

该系统的建设，完全杜绝了超吃水船舶通过升船机，有效管控过闸船舶进出承船厢的航速，避免发生过闸船舶超速撞击、船舶在承船厢内搁浅等重大安全事故。

5.5 升船机船舶限高与测高装置的应用

5.5.1 概述

在升船机引航道上方存在着一些位置相对较低的建筑物和设备，这些部位限制着能通过升船机的船舶的最大净空高，若船舶超高则会撞击这些部位导致安全事故发生。向家坝升船机的设计通航净空高为 10m，此高度为上游水位处于 380m 最高通航水位时，水面距上游净空限制部位（上闸首检修门台车支架底部横梁）的距离。但在不同水位下，水面到净空限制部位的距离不同，升船机实际允许的最大净空高也不同。

向家坝升船机试通航以来，过闸船舶船型呈多样化，船舶水面以上最大高度也各异，覆盖了从几米到十几米的范围，目前已过闸船舶中水面以上高度最大的达到了 16.3m。若简单地以 10m 来控制船舶高度，很多船舶将无法通过升船机。因此，为更好地发挥升船机的社会经济效益，在确保设备设施安全的前提下，向家坝升船机以船舶过闸时上、下游实际允许的净空高作为判断船舶净空高限制条件。

目前，对过闸船舶水面以上高度的测量是在船舶安检时进行的，安检员前往到船舶最高部位，使用皮尺、铅垂等工具进行人工测量，这种方式准确性不高，且效率较低。同时很多船舶最高部位的高度也不便于测量，例如装有输送带的自卸货船，其最高部位常位于船艏输送带龙门架的顶部，安检员只能攀爬到龙门架顶部进行测量，存在高空坠落的风险。为此，向家坝升船机在上游引航道 90m 浮堤安装了一套双目图像识别测高装置，可对船舶水面以上高度进行准确、快速地测量。

另外，在船舶安检完成后等待过闸时，可能遇到上、下游水位较大幅度的上涨，原本安检时高度满足要求的船舶此时可能不再满足要求，若未及时发现也可能发生安全事故。因此，有必要在船舶进入升船机净空高限制部位前，对船舶进行限高或超高报警，以避免发生撞击事故。为此，向家坝升船机在上游引航道渡槽进口处安装了一套红外对射超高报警装置，可对下行的超高船舶发出报警；同时，对下游辅闸防撞梁开发了限高功能，可对上行船舶进行限高。

5.5.2 红外对射超高报警装置

5.5.2.1 装置原理

为防止船舶超高撞击上闸首台车支架底部横梁，在台车上游侧的渡槽进口处两侧布设固定式的红外对射报警装置。装置主要由红外对射报警器、声光报警器及控制部件、线路等组成。红外对射报警器的对射连线高程应略低于横梁下表面，以留出一定的安全余量。当船舶超高部分经过红外对射连线区域时，报警装置触发声光报警提醒船舶停止航行。

5.5.2.2 实施情况

选用了双光束型红外对射报警器，只有当两束红外光线同时被遮断时才会发出报警，可避免鸟、虫等飞过时发生误报，安装时以上部光束的发射器与接收器镜头中心线为船舶限高控制高程。对船舶进行声光警告选用了一体式声光报警器，通电后即可同时发出报警声响和警示闪光。

上闸首台车支架底部横梁限制高程为 390m，为此在渡槽进口段两侧 384m 高程上各装了一根高 5.6m 的钢管立杆，并将红外对射装置自带的 0.5m 小立杆安装在其顶部。在右岸侧立杆顶部安装红外对射报警器发射端，在左岸侧立杆顶部安装红外对射报警器接收端和声光报警器，如图 5–28 所示。将发射端与端上部光束镜头中心连线调整至 389.9m 高程，与上闸首台车支架横梁底部留出 10cm 的安全余量。右岸侧的发射端由 90m 浮堤配电柜内的 24V 开关电源供电，左岸侧接收端和声光报警器电源及控制线路接入活动桥现地控制柜。

报警装置的控制线路接入活动桥现地控制站，接入升船机集中监控系统。通过改写活动桥 PLC 程序和修改调控室上位机监控画面，实现了集控报警信号反馈、手动与自动延时复归、集控投运 / 切除等功能。

图 5–28　红外对射超高报警装置

5.5.2.3 使用效果

利用过闸船舶测试了报警装置的使用效果，测试人员在船舶驾驶舱顶部使用物体遮挡发射端红外光束，测试报警装置的集控报警信号反馈、手动与自动延时复归、集控投

运 / 切除等功能均与设计相符。

在船舶驾驶舱顶部使用不同直径的杆状物，对报警装置的灵敏度测试进行了测试。通过在对射连线区域不同的位置上下移动杆状物，测试触发报警的高度是否稳定；通过左右移动杆状物，测试对超高物体尺寸的灵敏度。经多次测试，报警装置触发报警的高度误差不超过 1cm，且在对射连线上的任意位置，报警器对直径大于 2cm 的遮挡物均能灵敏地发出报警。过闸船舶上可能超高的物体中，尺寸最小的一般为驾驶舱顶部的天线等设备，其直径一般大于 2cm 左右，因此，报警器能满足对船上各种超高物体进行报警的要求。

5.5.3　辅助闸首防撞梁升降式限高装置

5.5.3.1　装置原理

设置在下游的船舶限高装置同样以上闸首台车支架底部横梁作为对船舶净空高的限制，因此其限高高度必须可随上、下游水位进行调节。位于升船机下游辅助闸室内的辅助闸首防撞梁（简称辅闸防撞梁）就具有上下移动的功能，因此，将下游的超高预警装置安装在辅助闸首防撞梁上，通过适当修改防撞梁控制程序，便可实现对限高高度的调节。限高装置的高程值应满足

$$H = 390\text{m} - H_{up} + H_{dn} + L - \Delta H \qquad (5\text{–}1)$$

式中：H 为限高装置高程值，m；390.0m 为上闸首台车支架底部横梁下表面高程；H_{up} 为上游渡槽进口部位实际水位，m；H_{dn} 为下游辅助闸室实际水位，m；L 为防撞装置安装位置与限高装置高程参考点（下部防撞钢丝绳高程）的差值，m；ΔH 为安全余量，取 0.3m。

实时限高装置高程值信息由上位机根据水位信息自动算出，当上行船舶通过辅闸前，由集控发令将辅闸防撞梁调整到限高位置。

5.5.3.2　实施情况

辅闸防撞梁设置在辅助闸室靠下游侧，主要由 2 根防撞钢丝绳和两边的滑块组成，两滑块通过卷扬机同步上下移动，使防撞钢丝绳可保持水平状态上下移动。使用多根轻质不锈钢管作为限高杆，由 1.5mm 不锈钢丝悬挂在防撞梁下方 0.8m 处，限高杆可被超高船舶撞断，而不易造成船舶损坏，如图 5–29 所示。为防止限高杆太轻被风吹晃动，在管内灌沙以增加重量，并在两端用木块进行封堵。限高杆通过快艇安装，安装人员通过调整悬挂钢丝绳长度，使限高杆刚好处于水面位置，以保证各限高杆保持在同一水平线上。

图 5-29 辅闸防撞梁限高杆

辅闸防撞梁原本只在辅助闸首投运工况下有下行船舶出厢时发挥作用，因此集中监控系统只有辅闸防撞梁升起和降下两个命令。发防撞梁降下令时将防撞梁下降至水面以上 0.5m，可防止下行船舶出厢时失速撞击辅助闸门，而发升起令时防撞梁升至最高位。

为实现随着上、下游水位调节限高装置，对辅闸首防撞梁 PLC 及上位机程序进行了修改。考虑到只有当上行船舶通过辅闸前时才需要对其进行限高，若设置为自动调节会使调节过于频繁，增加辅闸防撞梁发生故障的概率。因此未设置自动调整功能，而是在上位机上增加了一键运行到“船舶限高位”的功能，同时设置了手动设定的目标位功能，以便当水位传感器故障时人工计算限高位置，如图 5-30 所示。另外，在主画面增加“辅闸防撞梁不在船舶限高位！”提示文字，设定其在防撞梁位置超过于“当前船舶限高位” ± 0.1m 时显示，以提醒操作员调整防撞梁位置。

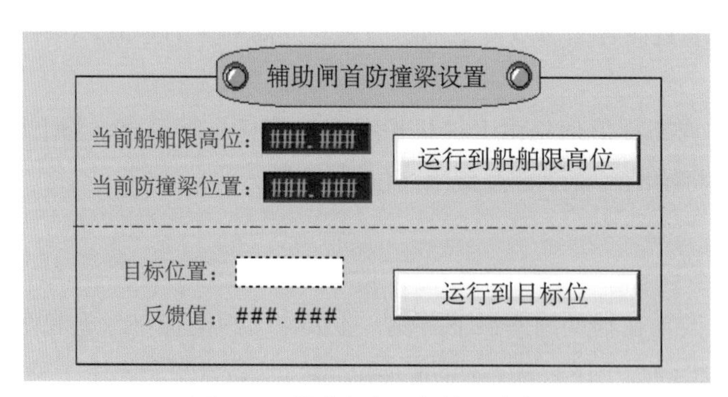

图 5-30 设定运行目标位及速度

利用过闸船舶测试了上位机自动计算的船舶限高位的准确性，将防撞梁运行到船舶限高位后，由站在船舶驾驶舱顶部的测试人员测量防撞梁下部的吊杆距离水面的距离，将此距离加上程序内扣除的 0.2m 安全余量，再与当前上游实际允许的净空高进行比较，实际误差在 0.1m 以内。考虑到水位波动，该误差在合理范围内，另外，因为有 0.2m 安全余量，设置的限高位也不会因水位波动使实际限高超过实际允许的净空高。

5.5.3.3　使用效果

实际使用中，操作员在船舶上行至辅助闸首前，容易查看到主画面是否有防撞梁不在船舶限高位置的提示，若有该提示则一键将防撞梁运行至限高位置。防撞梁限高功能虽未设置为随水位自动运行，但也未给操作员带来过多负担。

目前，该限高装置主要对辅助防撞梁控制程序开发了船舶限高功能，而使用的限高杆并无报警功能。后续拟使用具有防水功能的红外对射报警装置或其他非接触式的报警装置替代限高杆，以实现报警功能。

5.5.4　双目图像识别测高装置

5.5.4.1　基本原理

在引航道旁的岸基或同一浮动设施上安装 2 台摄像机，对经过的船舶进行图像拍摄，从图像中识别出运行的船舶，利用双目视差原理，计算测点的三维坐标，可实现对船舶净空高的测量。下游安检站所在的重大件码头可作为安装摄像机的岸基，但水位变化可能使摄像机不能拍摄到完整的船舶图像。而上游引航道 90m 浮堤会随水位浮动，更容易拍摄到完整的船舶图像，是测高装置的理想的安装场所。

要通过图像来测量船舶净空高，首先，要将船舶从图像中识别出来。可利用船舶处于运动状态的特点，使用背景差分原将图像序列中的当前帧和上一帧的进行差分运算，将当前帧的静态背景减掉，只留下运动的船舶图像。

为了识别 2 台摄像机拍摄的是同一物体，以便进行视差三维坐标计算，需将两摄像机的图像进行匹配。采用基于特征的立体匹配算法，即选取图像的基本几何特征作为匹配基元，比如拐点、角点、线段、边缘以及轮廓等，这些几何特征一般不会受到光线强弱和噪声的影响，因此，特征匹配的稳定性比较好，且计算量小，匹配速度快。

根据匹配的同一场景的两幅数字图像，根据 2 台摄像机的内外参数及位置关系，利用视差原理便可计算出场景中空间点的三维坐标，进一步计算出船舶的净空高。

5.5.4.2　实施情况

使用 2 台高清球机建立相交光轴视觉模型结构，采用这种模型结构时摄像机摆放相对随意，可以按照系统要求和被采集对象的实际特点，灵活调整摄像机的倾斜角度及两摄像机之间的摆放距离。该模型的优点是摄像机位置不受约束，很容易保证两摄像机具有较大的共同视野。2 台摄像机通过支架分别安装在 90m 在浮堤防护右岸侧和下右侧栏杆上，经调试将摄像头高度设置在距水面 7 ～ 9m，此时对船舶的净空高测量最为准确，如图 5-31 所示。

图 5-31　摄像头现场安装位置

图像识别双目测高装置安装调试完成后，首先使用工作艇进行了测试，为了验证测高装置对船舶顶部细小天线等物体的背景差分识别效果，由测试人员在工作艇上竖立一根立杆，模拟船舶天线等细小的最高物体（图 5-32、图 5-33）。经反复测量和调试，最终的测试结果与人工测量的立杆顶部实际距水面高度的最大误差在 6cm 范围之内，该误差主要与立杆发生了倾斜、水面波动及船舶晃动有关。

图 5-32　视频原图

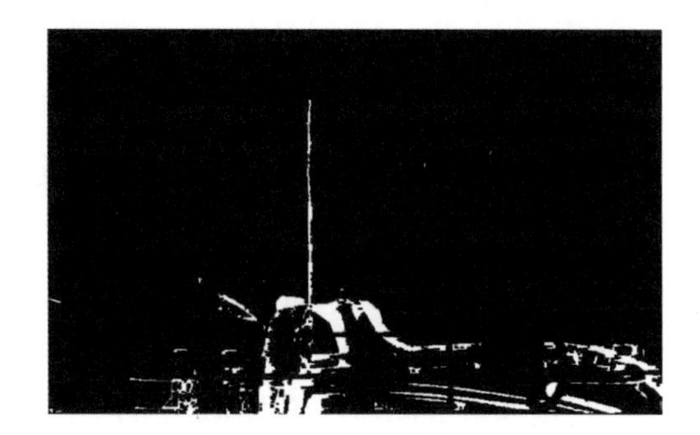

图 5-33　背景差分图

5.5.4.3　使用效果

该装置目前处于长期测试使用阶段，在实际使用中，通过该装置测得的过闸船舶水面以上高度与安检员人工测量高度的差值通常在 10cm 以内，测量误差主要与水面波动、船舶晃动以及双目标定的稳定性有关，考虑到人工测量本身也有一定误差，因此，该装置的测量可靠性总体上在可接受的范围内。后续将进一步完善程序算法，减小水面波动及船舶晃动等产生的误差，另外，还可在摄像机双目标定稳定性、软件可视化界面、摄像头支架、摄像头选型等方面做进一步开发和优化。

5.6 充泄水系统优化完善

5.6.1 下闸首应急排水功能实践

5.6.1.1 概述

向家坝升船机由于通航运行管理、自然因素，如周边暴雨等情况，可能会导致大量泥沙或垃圾淤积在下闸首区域，特别是检修门门槽附近，淤积后会导致检修门落门不严，产生大量漏水。当下游水位超过通航警戒上限后，检修门落门不严产生的漏水可能使下闸首排水管无法排空，工作门与检修门之间的间隙水会不断升高，存在水漫下闸首工作门门顶的可能，造成严重后果。此情况在升船机试通航运行期间出现过，对间隙水紧急加设排水泵，但漏水太大，排水效果不好，紧急情况下利用了下闸首 4 台主充水泵进行强制排水，才将间隙水基本排空。因此定期清理下闸首检修门门槽区域的淤物十分必要，但清淤工作需将整个辅助闸室的水尽量排空，下闸首的底板才能全部显露，辅助闸室内水量大，外置设备排水需加设大泵且需制作排水工装，准备工作耗时长且工作量很大。据此，思考直接利用下闸首主充泄水泵进行强制排水较为可行。目前，闸首主充泄水主泵的控制逻辑需要密封框伸出到位、主管路蝶阀开启到位才允许主泵运行，除非采取强制启动变频器运行，但此时无任何控制闭锁。由于泵与蝶阀的台数较多，盘柜面板按钮较多，稍有不慎就会误操作，导致在未开阀的情况下就启泵，对蝶阀、泵产生设备损坏，存大很大的误操作风险。因此，想通过下闸首主充泄水泵设备来实现正常的操作功能，且还需排除设备运行的操作风险，仔细对运行程序逻辑进行优化与完善，加入相应的闭锁保护，同时不能对原有的操作方式与逻辑有改变。

5.6.1.2 相应程序修改的逻辑

（1）直接利用现场的充水 / 泄水、主充泄水管路蝶阀开 / 关、泵启动 / 停止旋钮，在检修方式下，旋钮发充水令，规定所有变频器的运行方向，再检修发令需打开的蝶阀，蝶阀开到位后，旋钮发令启动相应泵。当需停止某台泵时，在相应旋钮上发令停止该运行中的泵，或按下盘柜的“停止”按钮停止所有泵。当蝶阀在远程控制位时，泵停止运行后，对应的蝶阀自动关阀，也可手动发令关阀。

（2）启泵变频器的“start”控制字令中，并联新加入检修方式下通航门关到位、对应蝶阀开到位、加入承船厢位置（通过生产者与消费者数据）高于下游水位 10m

（具体数据可以在现场调试再确认，只要承船厢不影响充水运行即可）、加入只允许变频器 forward 方向（只允许充水）标志位、去除密封框进到位信号。当任意泵停止运行后，对 forward 方向标志位进行清零，下一次启动泵操作充水时，需要再一次发充水令。

（3）为避免检修方式下单台泵操作，在某台泵已经在充水方向运行时，其他停止的泵也要启动充水，但此时误发泄水令给已在运行中的泵，在发令至变频器的泄水方向控制字上串入全部泵，均需没有启动时才能发泄水令给变频器。

5.6.1.3 程序具体修改

（1）新增标签 Manual_Forward_tag，作用为只允许主泵进行排辅助闸室水操作时，只允许充水方向运行的标志。该标签在检修方式发充水令后，进行锁存，同时 4 台泵变频器充水方向的脉冲令不受影响，控制逻辑修改如图 5-34 所示。

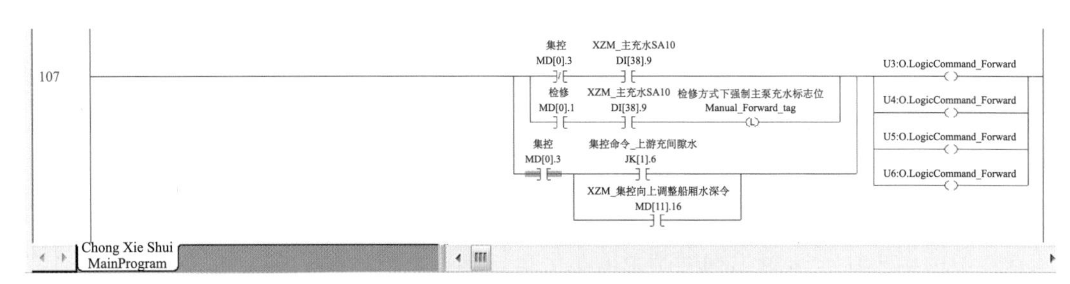

图 5-34　下闸首主充泄水紧急排水功能控制逻辑修改 1

（2）在各变频器的 start 控制字令中，新增并联程序如下，去除密封框进到位信号，新加入 CMP 比较承船厢位置高于下游水位 10m，且加入只允许主泵充水方向标志，其他条件不做修改。则手动打开蝶阀，条件均满足后，启动变频器开始充水运行。控制逻辑修改如图 5-35 所示。

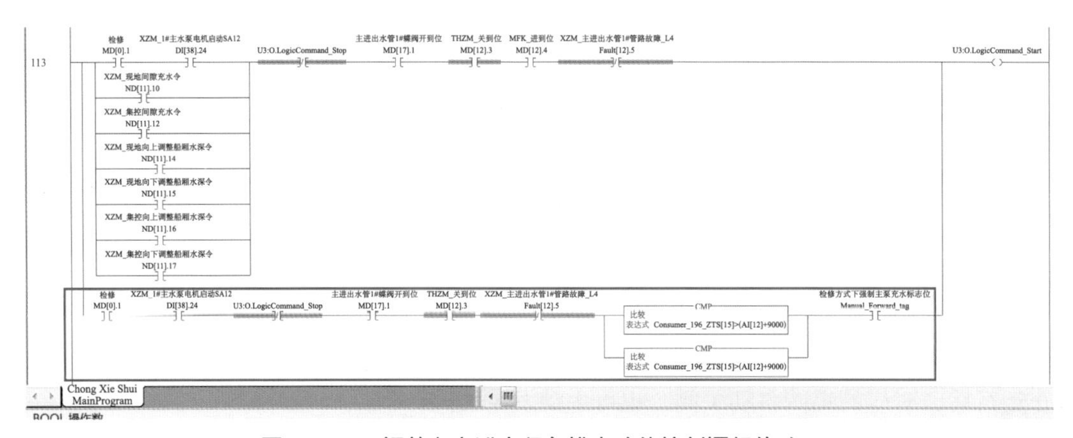

图 5-35　下闸首主充泄水紧急排水功能控制逻辑修改 2

（3）当旋钮发令相应主泵停止泵运行，或按下控制柜的总停止按钮停止所有泵运行，则将充水标志位清除。下一次启动任意一台泵充水运行时，需再旋钮充水发令，控制逻辑修改如图 5-36 所示。

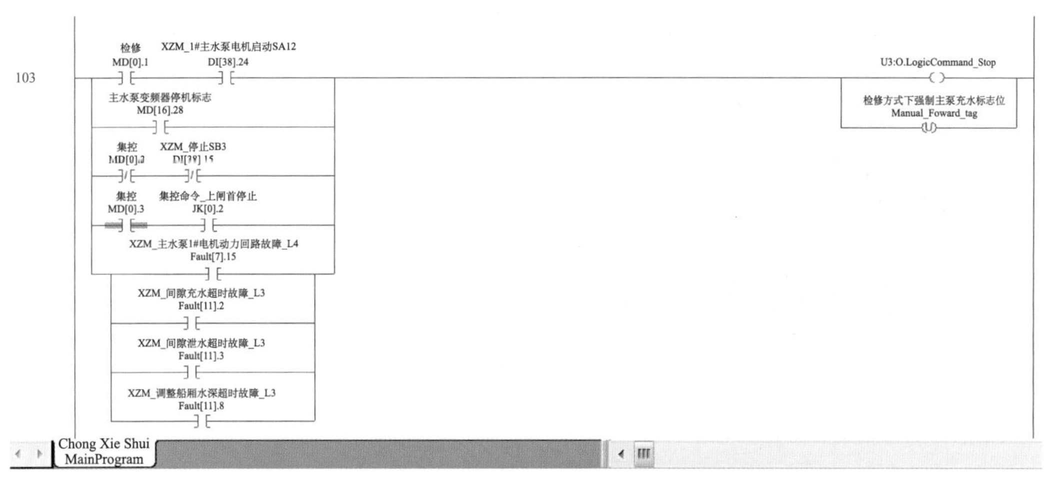

图 5-36　下闸首主充泄水紧急排水功能控制逻辑修改 3

（4）当检修单台泵操作运行，有泵在运行状态，有泵在停止状态，为避免启动停止的泵进入运行状态，误发反向的泄水令给运行中的泵，在程序中串入所有泵都不能在运行状态才能发信号给泄水控制命令，避免误操作，控制逻辑修改如图 5-37 所示。

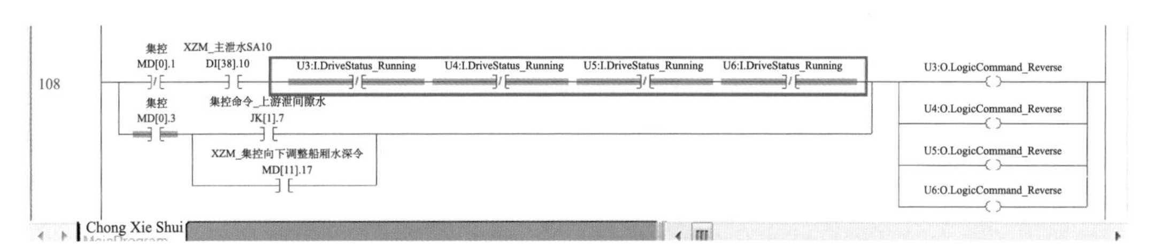

图 5-37　下闸首主充泄水紧急排水功能控制逻辑修改 4

（5）其他蝶阀的程序未影响相关控制逻辑，不做修改。

经过程序逻辑优化后，运维人员已在现场进行了相应的试验，确认逻辑正确，操作无隐患后，择机进行实际试验，利用下闸首 4 台主充泄水泵，将辅助闸室内水排至高程 262m，顺利完成了下闸首检修门槽的检查，排水情况如图 5-38 所示。利用该现有设备，通过合理的程序逻辑优化，实现了快速排水的功能，提高了现场处置的效率和应急处置的能力。

图 5-38　下闸首主充泄水紧急排水功能实现

5.6.2　增设主充泄水系统手动检修阀门

对接充泄水系统分别在上下闸首工作闸门的门体内各布置 1 套，由主充泄水系统和辅助泄水系统两大部分组成，设备包括主水泵电机组、辅助水泵电机组、管道、阀门、临时储水箱、电气控制设备等。对接充泄水系统具有两个功能，一是用于承船厢对接过程中，向由对接密封装置、承船厢端部和闸首工作闸门及通航闸门围成的间隙区域进行充水和泄水；二是用于承船厢升降过程开始之前调节承船厢的水深。主充泄水系统在工作闸门的门体内设置 4 套主水泵电机组，4 套主进 / 出水管道分别通向闸首侧和承船厢侧，承船厢侧的管道进 / 出水口布置在对接密封装置上方，为扩展喇叭口形状，以改善承船厢内的水力学条件，减小出口水流对船只的冲击。管道进 / 出口位置还设置了防止污物进入管道的拦污栅格。每条闸首侧进 / 出水管道上布置有电动和手动蝶阀，用于主水泵的运行和检修。主水泵采用凸轮双向可逆泵，以满足承船厢对接过程中充水、泄水双向运行要求。主水泵额定流量 1200m^3/h，4 套同时运行，额定工况下 10min 内可完成承船厢内 ±0.5m 水深的调节。整体的设备布置及管路结构如图 5-39 所示。

由于上下闸首的主泵有 4 台，当有一台或几台泵的电动阀门出现故障时，在设备运行上是允许退出的，而由其他正常的设备继续运行，此可以提高设备的容错性及运行效率。但退出的故障设备不能在通航期间检修，只能在停航时处理。因为在承船厢侧的管路上未设置有检修阀门，当升船机进行闸首对接运行，承船厢侧的间隙水会直接通过管路与泵相连通，因此不能进行管路或泵体的拆解检修。此缺陷极大限制主充泄水设备的检修条件，因此考虑在承船厢侧的管路上进行改造，增设手动检修阀门。当需要进行检修泵体或电动阀门时，只需将该套泵组退出运行、全关闸首侧和承船厢侧的两个手动检修阀门，即可实现该套主充泄水设备与外界水源隔绝，即使升船机继续通航运行也不影响现场的检修工况，提高了故障处理的效率。改造增设检修阀门前后对比如图 5-40 和图 5-41 所示。

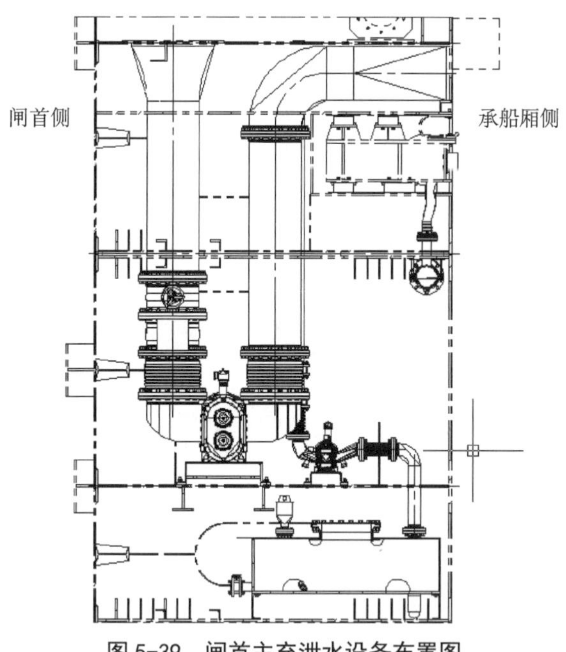

图 5-39　闸首主充泄水设备布置图

图 5-40　增设检修阀门前

图 5-41　增设检修阀门后

5.7 向家坝升船机通航门调速改造

5.7.1 概述

向家坝升船机闸首通航门是升船机通航过程中的关键设备之一，其运行状况对通航效率与通航安全有着重要影响。在通航门最初设计开关运行过程中，始终恒定速度运行，无法调速，通航门开关到位时，造成对闸首内设备产生较大的振动冲击，影响闸首设备的安全稳定运行。

因此，升船机部在2020年停航检修期对上下闸首通航门进行了调速功能改造，主要对电气控制系统与液压系统进行了改造优化，通航门开关以加速—稳定—减速的曲线运行。经过改造，在保持通航门的运行时间不变的情况下，减小了对设备的振动冲击，保证闸首设备安全，为升船机的安全高效通航奠定了基础。

5.7.2 系统构成

5.7.2.1 通航门结构

向家坝升船机通航门共两套，分别对称布置在上下闸首工作门的U型凹槽结构中，采用双吊点液压启闭机静水启闭方式。通航门开启时，升船机承船厢水域与上游或下游水域连通形成船只进出承船厢的通道；通航门关闭时，与上闸首或下闸首工作门一起作为升船机的上游或下游挡水闸门。

通航门由门叶、水封装置、转铰装置、支承装置等部分组成。门叶采用三主梁结构；水封装置采用双P型水封；转铰装置布置在通航门底部，采用带悬臂的简支支承转铰轴的结构型式，悬臂端安装拐臂，由液压启闭机油缸通过拐臂带动门叶绕转铰轴转动，实现通航门的开启与关闭；支承装置为复合滑块。通航门结构示意图如图5–42所示。

5.7.2.2 通航门液压系统

通航门液压启闭系统主要由电机、双联变量泵、电液换向阀、电磁溢流阀、单向节流阀、平衡阀组等组成，原理框图如图5–43所示。

单向节流阀用于通航门启闭速度的调节；平衡阀组中的溢流阀用于油缸或管路过载时泄压，保证启闭系统安全；缸旁平衡阀组具有较强的抗负载干扰能力，用于保证通航门启闭过程中速度平稳，以及实现通航门全开、全关或中途紧急停机时油缸的保压闭锁，防止油缸误动；通航门两侧启闭油缸的无杆腔、有杆腔分别通过管路连通，实现通航门启闭同步功能。

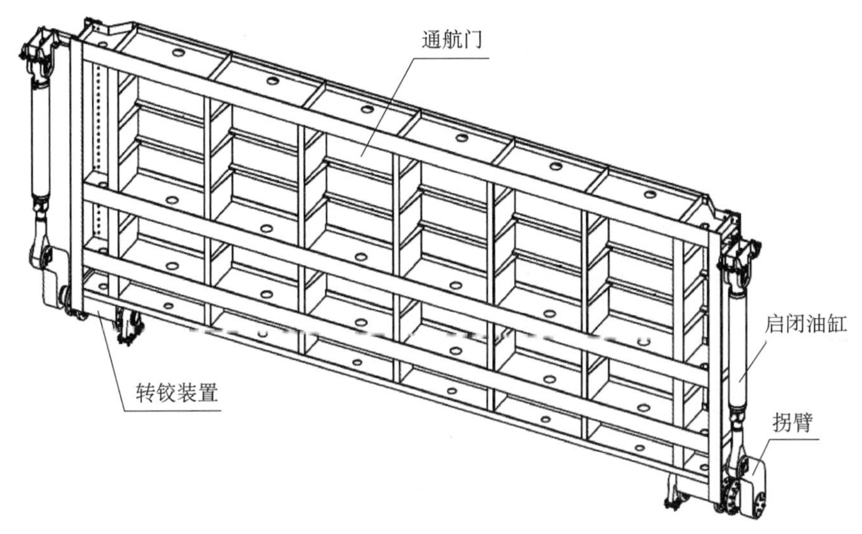

图 5-42　通航门结构示意图

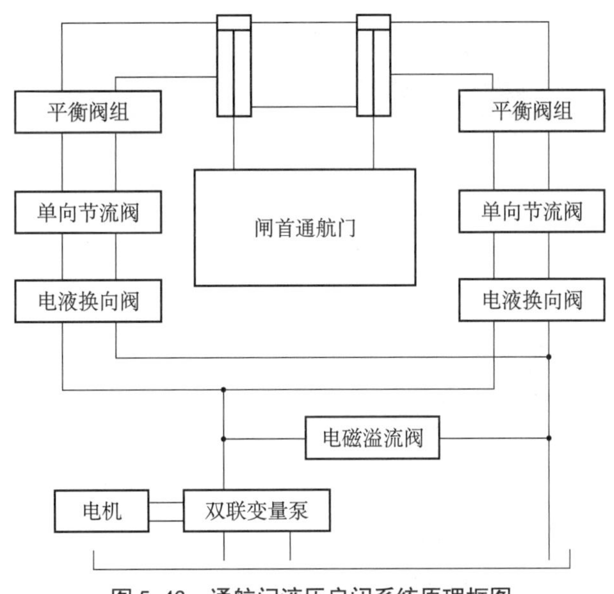

图 5-43　通航门液压启闭系统原理框图

5.7.3　优化改造

5.7.3.1　通航门改造前

通航门启闭速度由液压启闭系统中单向节流阀控制，该阀调定后，通航门在启闭过程中的速度就保持不变，开关门时间也相应确定。将通航门的开关速度调快，则在通航门开关到位时将造成对闸首内设备产生较大的振动冲击。若为了减小冲击振动将通航门开关速度调小，将延长通航门启闭时间，但会降低通航效率。

5.7.3.2 改造思路

液压系统实现动态调速的方法有 3 种：① 阀控动态调速，如采用比例调速阀、比例换向阀等；② 变频电机调速，采用变频电机与定量泵组合，通过变频改变泵的转速实现调速；③ 泵控动态调速，如采用比例变量泵的方式。

由于向家坝升船机通航门整体结构及其液压、电气设备的安装布局已经固定，采用方法②和③改动较大，现场布置困难，通过比选，采用阀控动态调速的方式，只需增加和改造通航门少量的液压及电气设备，可实现通航门在开关过程中变速运行。

5.7.3.3 液压系统改造

通航门液压启闭机油缸（单缸）基本参数，见表 5–4。由表 5–4 可计算得通航门液压启闭系统（单缸）技术参数，见表 5–5。根据表 5–5 中的技术参数，计算可得通航门调速液压系统改造选用比例换向阀最高工作压力 35MPa、额定流量 100L/min，可满足现场使用要求。

表 5–4　通航门启闭油缸基本参数（单缸）

名称	参数	名称	参数
额定启（闭）力	300kN	工作行程	1563mm
额定持住力	600kN	最大行程	1830mm
油缸内径	250mm	最大启闭速度	1.5m/min
活塞杆直径	150mm		

表 5–5　通航门液压启闭系统技术参数（单缸）

名称	参数	名称	参数
油缸有杆腔面积	$3.14dm^2$	有杆腔最大持住压力	19.1MPa
油缸无杆腔面积	$4.9dm^2$	闭门有杆腔最大流量	55L/min
有杆腔额定工作压力	9.6MPa	启门无杆腔最大流量	73.5L/min
无杆腔额定工作压力	6.1MPa		

5.7.3.4 电气控制系统改造

通航门液压启闭系统采用比例换向阀进行动态调速，需在电气控制系统中使用配套的比例放大板对比例换向阀的流量开度进行控制，比例放大板对应增加程序 PLC 模拟量输出模块作为比例放大器的输入信号，对停位点、预减速点增设相应传感器，敷设相应电缆进行信号传输。

改造后，通航门电气控制系统由可编程逻辑控制器（PLC）、比例放大板、可视操作面板（HMI）、压力传感器及压力继电器、接近开关、油缸行程编码器等元件组成，具备通航门的逻辑控制、数据采集、故障保护以及现地操作等功能，同时通过工业以太网与升船机集中控制站通信，实现通航门的远程操作，其电气控制系统图如图 5-44 所示。

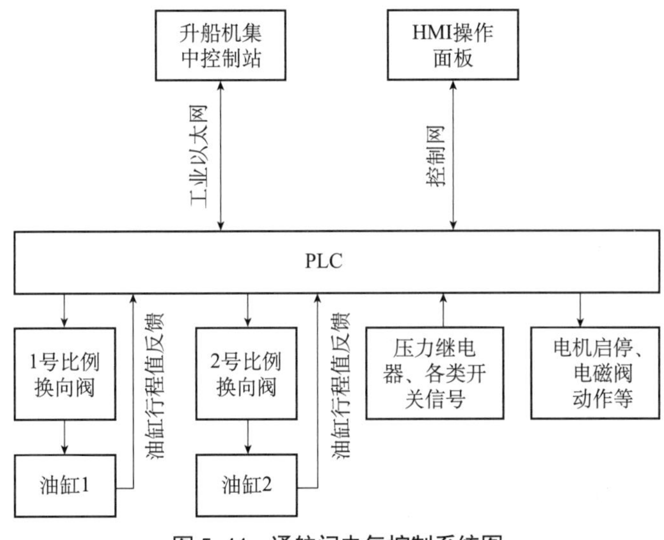

图 5-44　通航门电气控制系统图

5.7.3.5　改造后通航门启闭调速流程

通航门在全关位接收到现地控制站或集中控制站发送的开门命令后，电气系统控制液压系统启泵建压，比例换向阀按照 PLC 程序逻辑控制流量在 3s 内从 0L/min 线性升至 73.5L/min，启门速度则从 0m/min 匀加速至最大启闭速度 1.5m/min，随后通航门匀速运行，当控制系统接收到安装在闸首工作门固定位置接近开关反馈的减速位后，比例换向阀在 5s 内减少输出流量至 18.5L/min，启门速度则匀减速至 0.38m/min，通航门再以此速度运行至全开位，接收到到位信号后系统停机。闭门流程与启门流程相反，闸门运行速度采用相同的运行速度曲线，由于启闭油缸有杆腔与无杆腔截面积及闸门自重等因素，比例换向阀控制流量曲线不一致。改造后通航门启闭的流量与速度曲线如图 5-45 所示。

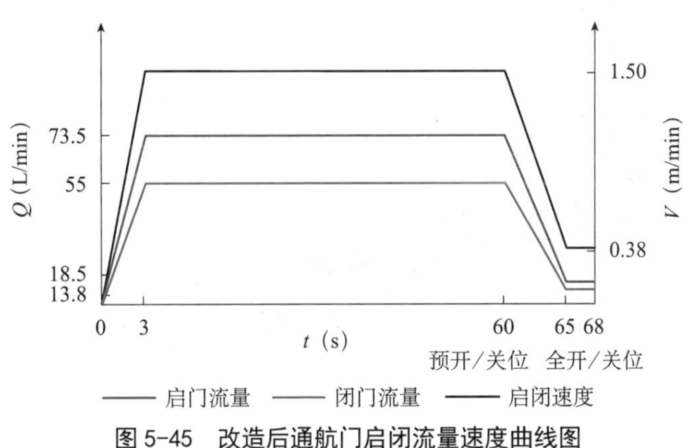

图 5-45　改造后通航门启闭流量速度曲线图

5.7.4 效果评价

通过闸首通航门调速改造，经过一年半的连续运行，通航门及工作门内设备运行稳定，改造效果明显，减少了通航门内设备由于振动冲击造成的安全隐患，降低了设备故障率，提升了升船机的安全可靠性，保证了金沙江航运的安全稳定发展。

5.8 升船机运行程序优化

5.8.1 液压系统液压流量输入通道增设

5.8.1.1 上下闸首对接密封框流量输入设置

升船机上下闸首工作门内布置有承船厢与闸首对接用的 U 型密封框，其由 10 套液压缸驱动，其中 U 型密封框左右两侧各布置 3 套，底部布置 4 套。每套驱动装置的液压缸活塞杆经过碟簧柱与密封框腹板连接，液压缸除驱动密封框运行外，还用于向弹簧柱和密封框施加压力，使对接时碟簧始终处于压缩状态，保证正常对接时严密贴合承船厢，且还可保证地震工况下设备摆动造成的位移补偿，结构如图 5–46 所示。U 型密封框驱动油缸与闸首通航闸门启闭机和工作门锁定油缸共用液压泵站，泵站布置在工作门的左岸侧（下闸首）和右岸侧（上闸首），泵站液压泵采用恒压变量泵，在 U 型密封框的液压系统设计上，10 个油缸推动 U 型密封框动作。为保证同步，需保证各缸的流量基本均衡，则需在油缸的控制上采用比例换向阀进行控制，且 10 个油缸采用 7 个比例换向阀控制，1 号缸与 2 号缸、5 号缸与 6 号缸、9 号缸与 10 号缸分别共用 1 个比例换向阀。

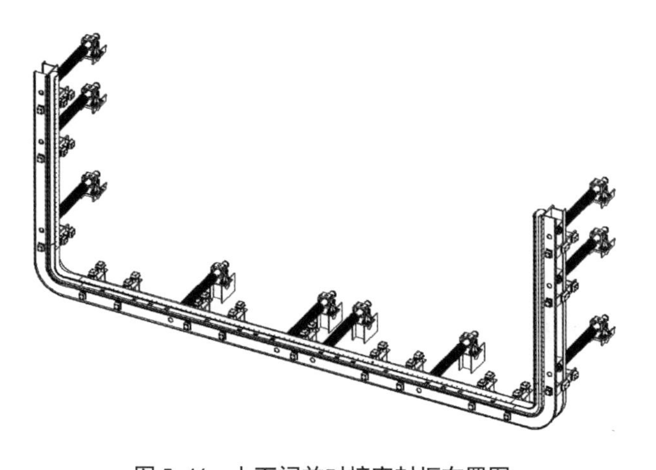

图 5–46 上下闸首对接密封框布置图

从上述结构设计可以看出，对接时对密封框的运行同步性要求较高，10 个油缸的整体同步性上最大偏差不能超出 80mm，否则报出同步超差故障，停止液压系统运行以保护金属结构。而泵站位于工作门内一侧，不同油缸管路长度差别很大，且在冬季低温环境下，近泵站的油缸与远泵站的油缸接受到的油液的温度性质会有较大差别，使液压系统整体运行的一致性上就会有较大偏差。因此设备运行检修或检修后需对每个比例换向阀进行多次反复运行调试，不能使用统一的开口流量参数。比例换向阀的开口流量设置参数，在原动作逻辑中是在程序中进行写入固化，当检修或调试时，则需每次在程序中进行修改，再下载到现场站 PLC 中，十分不便，且极有误改其他正常程序的风险。

考虑以上的不便与风险，在现场站触摸屏中加入现场输入比例换向阀的开口设置窗口，将原程序中固化的参数改为由现场触屏输入。当现场修后调试时，方便在现场观察各设备的运行工况，直接进行调整修改参数，且为保证运维人员不要误操作输入此参数，只有在设备方式切换至检修模式下才能进行输入。此优化极大提高了现场的维护工作效率，也避免了误操作的风险。相应的优化后界面如图 5–47 所示。

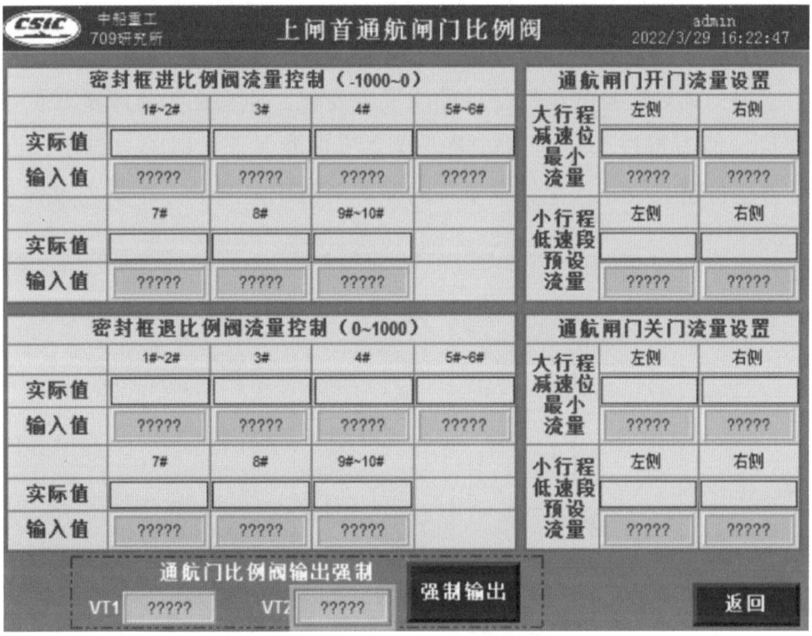

图 5–47　闸首对接密封框与通航门流量输入设置界面

5.8.1.2　上下闸首通航门流量输入设置

如前所述，上下闸首通航门进行了调速改造，将普通电磁换向阀更换为比例换向阀后，流量开口参数设置也与对接密封框类似。为方便运维检修与调试，同样将通航门运行的比例换向阀流量开口参数由程序中的固定值改为由现地触摸屏输入，相应界面与图 5–47 类似。

5.8.1.3 上、下厢头液压站部分运行设备流量输入设置

厢头液压站承担着承船厢门启闭、承船厢门锁定动作、防撞桁架启闭、防撞桁架锁闩动作、防撞桁架锁定动作、防撞钢丝绳动作共 6 套机构 8 个油缸的运行，所有设备共用一套液压泵站。此 8 个油缸的大小区别非常大，如承船厢门启闭油缸、防撞桁架启闭油缸与防撞钢丝绳缓冲油缸，此 3 个油缸较大，设备运行动作行程范围也较大，需要液压系统给定足够的流量以保证运行速度不会太慢；而承船厢门锁定油缸、防撞桁架锁闩油缸、防撞桁架锁定油缸，此 3 个油缸很小，动作行程范围也很短，则液压系统必须使用小流量，以控制运行速度。由此可见，该套液压系统的设计上，必须要有流量控制，以适配不同机构的运行，因此，该套液压系统采用比例变量泵进行泵源的控制。在厢头液压站控制上，对上述 3 套大油缸的流量控制采用无级控制，利用时间无级变速加流量直至油缸所需的设计满流量速度，将此流量值设定由程序发送数据给比例变量泵；而对于 3 套小油缸，则不便于再采取此变速设计，而只是针对不同油缸机构动作，依据现场进行小流量设定，直接输入流量定值参数给比例变量泵。

由于小流量油缸行程范围小，因此在设备调试时，将其流量输入基本控制在动作时间的上限情况下（即流量最小，速度最慢），但由于比例泵为精细泵体，长时间运行后，内部会产生磨损，则导致泵的运行特性曲线发生变化，使泵在压力流量双重控制下，要么压力能保证，但流量过小，速度过慢；要么流量能保证，但压力过小，设备不能动作，导致设备运行超时故障。比例变量泵的原理图与压力流量特性曲线如图 5-48 所示。

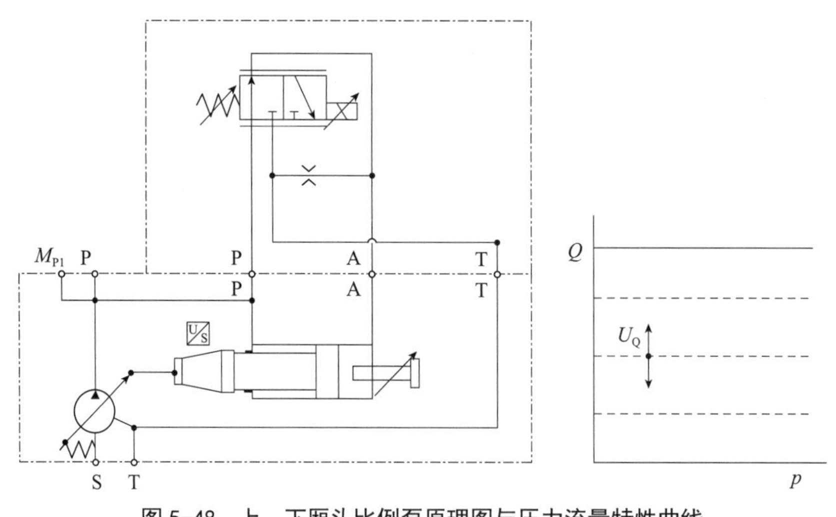

图 5-48 上、下厢头比例泵原理图与压力流量特性曲线

出现上述故障，并无其他异常故障现象，只能临时调整比例变量泵的流量输入值，运维调试也十分不便。因此，对上下厢头液压站的承船厢门锁定油缸、防撞桁架锁闩油缸、防撞桁架锁定油缸的流量输入值，也进行了同样的处理，由程序固定值更改为触摸屏输入，且只能在检修方式下操作，避免误操作，调整后的界面如图 5-49 所示。

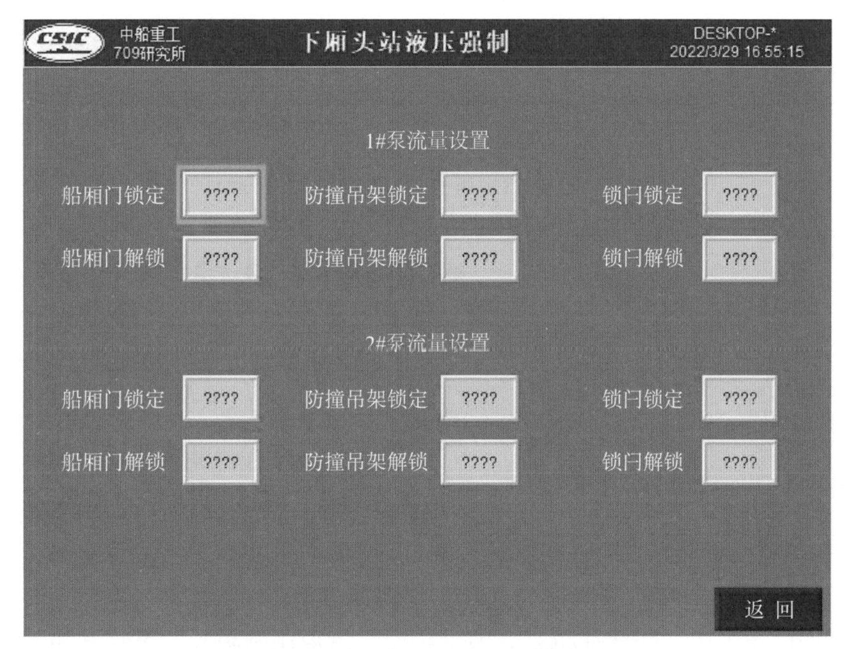

图 5-49 厢头比例泵小流量输入设置界面

5.8.2 活动桥运行逻辑优化

升船机活动桥在远程发令自动落桥流程动作时，首先空载起泵，延时建压，再判断启闭油缸行程位置是否需要预提，在正常工位后，锁定油缸退回电磁阀动作，锁定油缸退回，锁定退回到位后，活动桥启闭油缸下降电磁阀动作，活动桥正常下落至到位，流程完成停止运行。在整个流程动作过程中，由于锁定动作时也由 2 台泵启动运行，其流量较大，在退回过程中只由双向溢流阀和节流阀来控制油缸动作的压力和速度，理论上油缸可以正常动作运行。但在实际调试过程中发现，由于流量较大，在锁定油缸退回过程中，无杆腔的油流量并非可控，会造成无杆腔压力无法完全卸载的情况，使锁定油缸退回到位后，油缸出现反弹伸出动作，造成锁定退回到位信号丢失，致使自动流程中断，并可能使桥体锁定孔与锁定油缸发生碰撞，给活动桥下降造成安全风险。

根据此运行工况，对活动桥下降的液压系统运行逻辑进行了优化修改：

（1）在锁定油缸进行退运行到位后，原下一步动作为活动桥降电磁阀动作，使桥体下降。现改为：锁定油缸退回到位后，液压系统总建压阀得电失压，保持整个系统无压，使锁定油缸无杆腔压力卸载，延时 5s 后，系统再失电建压，然后进行活动桥下降动作。此逻辑优化，保证了活动桥锁定油缸不会因压力未完全卸载，造成油缸反弹伸出，即保证了自动流程的顺利进行，也保障了活动桥下降动作的安全性。

（2）基于对上述锁定油缸的误动作可能性的分析，对活动桥的控制程序及触摸屏画面进行了修改。加入锁定退到位为启桥的闭锁条件，即锁定退到位才能发启桥令。同

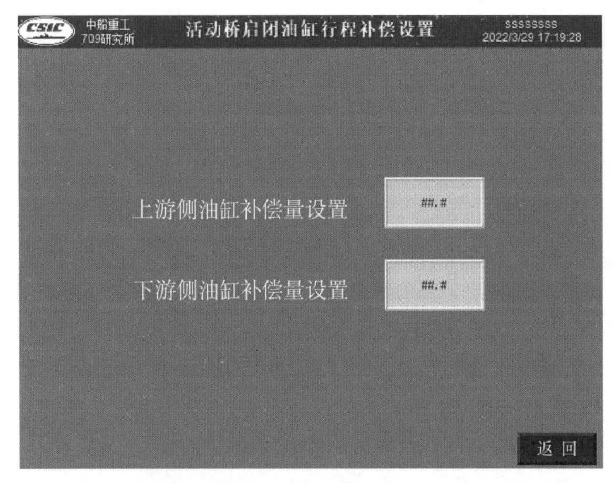

图 5-50 活动桥启闭油缸补偿值输入设置界面

时，对单动电磁阀的功能的显示条件进行了限制，必须要在检修方式下，单动电磁阀的功能才能显示以进行操作，避免误操作。

（3）与上下闸首对接密封框、通航门与上、下厢头小流量设备动作类似，为方便设备检修调试，将活动桥的行程显示进行了优化，增加开度仪行程修正功能，当开度仪行程需要重新标定时，可以直接在触摸屏中给定修正值进行调整，其界面如图 5-50 所示。

（4）其他优化

① 原程序逻辑中，在活动桥启、闭动作时，给定比例阀开度且自动纠偏的程序中无检修模式，使检修方式下发令动作，不能进行双缸自动纠偏，因此将检修模式条件加入比例阀动作流程中，使活动桥在检修模式下也具有自动纠偏功能。

② 在活动桥进行远程控制时，活动桥的启、闭动作（包括锁定油缸动作）与道闸升、降动作需要单独发令，但在实际使用中，远程发令使活动桥降到位后，操作人员容易忘记发道闸升起令，使活动桥处交通受阻。考虑道闸的动作运行安全性高，将其远程控制逻辑改为当活动桥降到位后，延时自动发令打开。

5.8.3 主传动制动器动作逻辑优化

升船机驱动机构制动器由工作制动器和安全制动器组成，其单独为一套设备组成，其逻辑控制由自身的 PLC 进行控制，只接受外部的停机制动命令即可。正常情况下，主传动的运行由变频器电气制动控制，可以控制升船机的正常停机和快速停机，只是停机减速加速度有所不同。升船机在电气制动后，变频器停止使能（此时电机速度不一定为 0），主传动协调控制站发出上闸命令，工作制动器上闸，安全制动器延时上闸。当出现紧急停机故障时，升船机制动由工作制动器实现，其监控实时的转速，根据转速按照减速制动要求，实时并不断调整工作制动器的上闸压力，直至最终制动停止。而紧急制动过程中，安全制动器也是延时上闸的，绝对不允许出现工作制动器与安全制动器同时上闸的情况。

在升船机试通航期间，却出现过升船机上下行时正常停机发令，工作制动器与安全制动器同时上闸的异常情况。由于制动力巨大，造成升船机整体剧烈震荡，对升船机运行工况极为不利。经过仔细分析，发现为制动器的动作逻辑存在问题：只要在升船机正常上下行的过程中，由于其他现地站的故障，需要监控系统现地故障复位，此时制动器的控制逻辑中复位按钮会保持，当点击正常停机后，“传动运行中”会置 0，则“制动器故障确认”会置 1，将工作制动器与安全制动器进行同时上闸。相关控制逻辑如图 5-51 和图 5-52 所示。

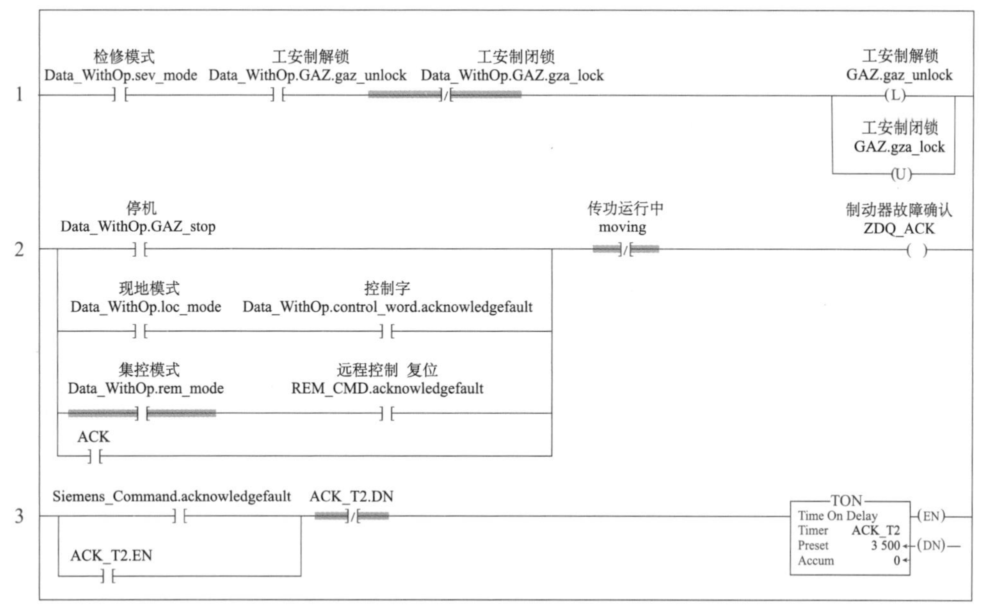

图 5-51　修改前的“制动器故障确认”控制逻辑

图 5-52　“制动器故障确认”置 1 会使工制、安制同时上闸

基于上述存在的逻辑隐患，对主传动制动器的程序进行了优化：

（1）将制动器故障确认程序中串入主起升电机速度必须要为 0 后，才允许制动器故障确认，即不让制动器在升船机运行过程中上闸，其控制逻辑如图 5-53 所示。

（2）对“传动运行中”的条件进行修改。由于发出了正常停机后，主传动位置环立即失效，“传动运行中”立即清零，对制动器故障确认的判断和制动器与主传动变频器的配合上存在误判断的可能，因此将位置环下并联“传动运行中”的自保持，而只由变频器使能的状态来最后判断运行与否，即保证主传动的确停止后才认为“传动运行中”清零，其控制逻辑如图 5-54 所示。

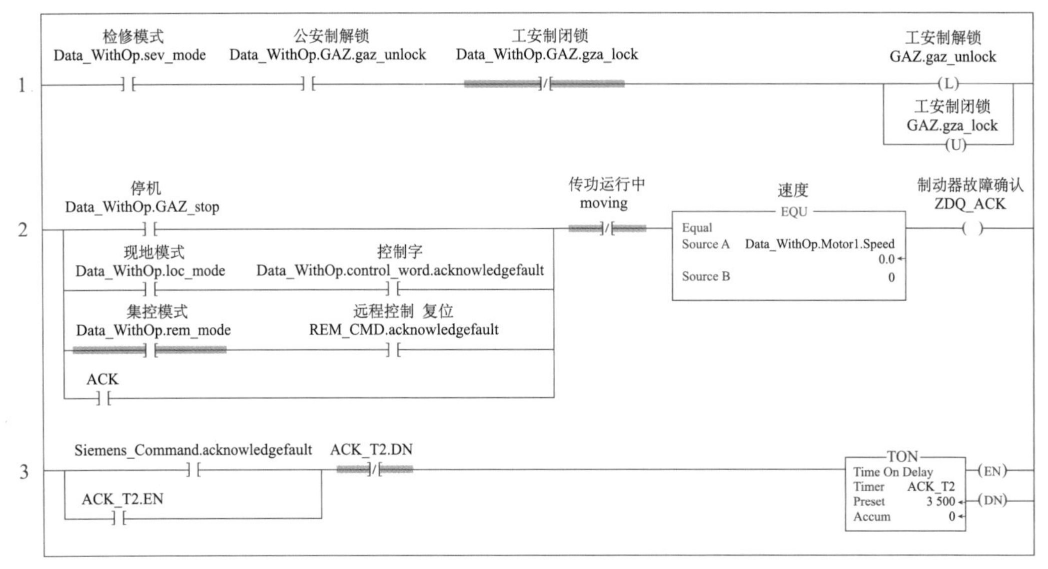

图 5-53　修改后的“制动器故障确认”控制逻辑

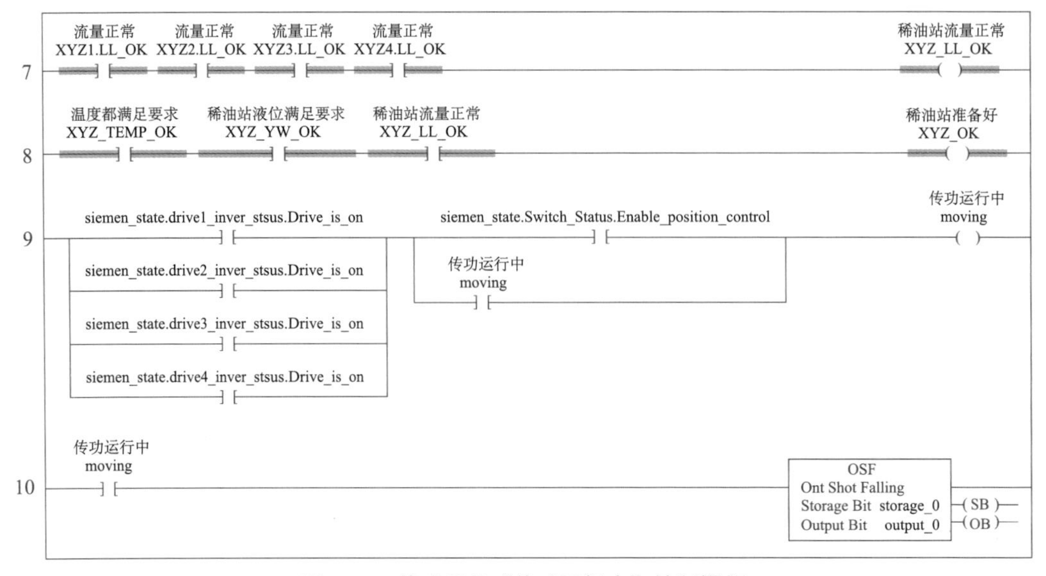

图 5-54　修改后的“传动运行中”控制逻辑

5.8.4　受温度影响较大油液系统的动作参数优化

升船机试通航以来，每逢冬季，部分油液系统设备故障率有较大频率的增加，特别是上闸首密封框、上下厢头液压和承船厢主驱动减速箱稀油站润滑系统。

上闸首密封框主要故障现象为密封框行程偏差较大和多缸超 / 失压故障。因密封框需要 10 个油缸同步驱动，且 10 个油缸空间长度上距油箱距离相差较大，因此对液压油流动的统一性要求较高，当室温较低时，液压油黏度增大，不同位置油缸的油液流动性就会与夏季温度较高时的流动性出现较大不同，导致各缸的逻辑控制阀件及油缸的响应速度与采用夏季的控制参数时相比较就会出现偏差，产生上述故障。上下厢头液压系统原因也类似。

承船厢主驱动减速箱稀油润滑系统故障现象为每日第 1 个厢次运行时，1 ～ 4 号稀油站流量传感器值均出现较大突变，触发报警，导致承船厢停机。系统加热时间为每天早上 7 点，8 点左右正式通航后，由于油液加热时间较短，且夜间油温较低，稀油站循环泵运行时间较短（需油温加热至 32℃才启动），使油液基本处于局部加热状态，当油温满足主传动运行条件后，油液循环经减速箱内部轴及齿轮被快速冷却，使回流后的油液温度出现偏离，黏度发生变化，导致流量传感器探测发生跳变。在夏季温度较高时，未发生类似现象。

发生上述故障原因主要是因气温降低，油液实际黏度与标准温度下的黏度有较大不同导致。由于设备系统均与外界连通，无法通过加装空调等设备进行控温，油液的温度只能随加热器投入自行适应，整体考虑，可对部分运行参数进行相应调整，分为冬季运行参数和夏季运行参数，为解决上述问题，主要采取了以下措施：

（1）将户外液压系统，包括上闸首通航门锁定密封框液压系统、下闸首通航门锁定密封框液压系统、上厢头液压系统、下厢头液压系统的油箱加热器运行定值进行调整，调整对比见表 5–6。

表 5–6　升船机部分液压系统加热器控制温度定值调整情况

加热器温度定值（℃）	上、下厢头液压系统		上、下闸首锁通对液压系统	
	夏季	冬季	夏季	冬季
低温报警温度	11（1）	11（1）	10（5）	10（5）
启动加热器温度	16（1）	19（1）	15（5）	21（1）
停止加热器温度	25（1）	25（1）	25（5）	25（1）
高温报警温度	50（1）	50（1）	50（5）	50（5）

注：括号内为传感器偏离后的延滞温度。

（2）针对上闸首对接密封框的比例换向阀的控制流量情况，对各油缸比例换向阀开口值进行调整，调整对比见表 5–7。下闸首与此类似。

表 5-7　上闸首密封框油缸比例换向阀开口值调整情况

比例换向阀	比例换向阀开口（夏季）		比例换向阀开口（冬季）	
	进运行	退运行	进运行	退运行
1 ～ 2 号缸比例阀	-520	480	-520	490
3 号缸比例阀	-345	345	-345	340
4 号缸比例阀	-350	350	-350	345
5 ～ 6 号缸比例阀	-525	490	-525	485
7 号缸比例阀	-355	360	-355	335
8 号缸比例阀	-375	360	-380	340
9 ～ 10 号缸比例阀	-570	610	-550	670

备注：比例换向阀开口值最大为 1000，依据方向取正负值。

（3）针对承船厢首厢次运行时稀油站流量计数值突变故障，对冬季将每日稀油站预启动时间进行提前，提前进行加热，保证油液的循环充分，同时将流量报警范围扩大，调整对比情况见表 5-8。

表 5-8　主传动稀油站运行参数调整对比情况

主传动稀油站运行参数	自动加热投入时间		流量报警范围	
	夏季	冬季	夏季	冬季
	7:00	6:00	15 ～ 20	10 ～ 25

上述参数值进行修改后，提高了升船机的自动运行流程成功率，保证了升船机设备运行的可靠性，提高了通航效率。

5.8.5　稀油站自启动功能优化

主传动稀油站为给主减速箱和锥齿轮箱进行润滑所配备，所适配油液为 L-CKD220 工业齿轮油，其粘度较大，在 40℃时的标准运动粘度为 220mm^2/s。油液受温度影响较大，特别在冬季低温环境下，油液的粘度变化较大，其润滑性能快速下降。为保证各机械设备的充分润滑，必须给油液进行加热。结合试通航期间的通航时间，避免升船机在不通航的时候持续加热，影响油液质量，在设计上，确定了稀油站定时自动启动的功能，提前让稀油站充分循环，做好运行准备，提高运行效率：在通航时间之前，稀油站按设定时间自动启动加热器与泵，并持续运行 1h，通航结束后，手动停止稀油站运行，第二天再按设定时间自动启动，如此往复。

上述设计逻辑存在两方面的问题：第一，由于稀油站只自动启动运行 1h，1h 后设备会自动停止，需要再次手动发稀油站运行令，操作人员极易忘记，导致稀油站油温持续降低，最终不满足设备运行条件；第二，稀油站只自动启动运行 1h，在冬季低温的时候，1h 内极有可能油温加热还是未达到要求，导致通航初始化的条件都不满足。因此，考虑解决在程序逻辑上自动启动 1h 的限制条件。

结合控制程序逻辑，增加了在上位机设定 Event 事件和启动宏命令来实现：增加稀油站每天早上自动启动功能时间设定（可以依据冬季与夏季环境温度和当天的通航任务来确定），使用 Event 事件触发功能，选取 PLC 时间大于等于设置时间时启动稀油站，如图 5-55 所示。并在上位机宏命令中增加 EventOn 触发，当集控系统与现地站均正常时，可以自动再发出稀油站启动命令而不中断稀油站运行，如图 5-56 所示。

Action: TS\Cmd\RC_LQ_RUN=1;TS\Cmd\RC_LQ_Stop=1 ... Enabled Close
Description: 主传动稀油站自动发运行令 Prev
Next
Expression
({[TS1]System_Time.Hour} >= {[TS1]CMD[17] })OR ({[TS2]System_Time.Hour} >= {[TS2]CMD[17]})
If... Logical... Relational... Arithmetic... Bitwise... Functions... Tags...
Check Syntax Alarms...

图 5-55　新增稀油站自启动 Event 事件

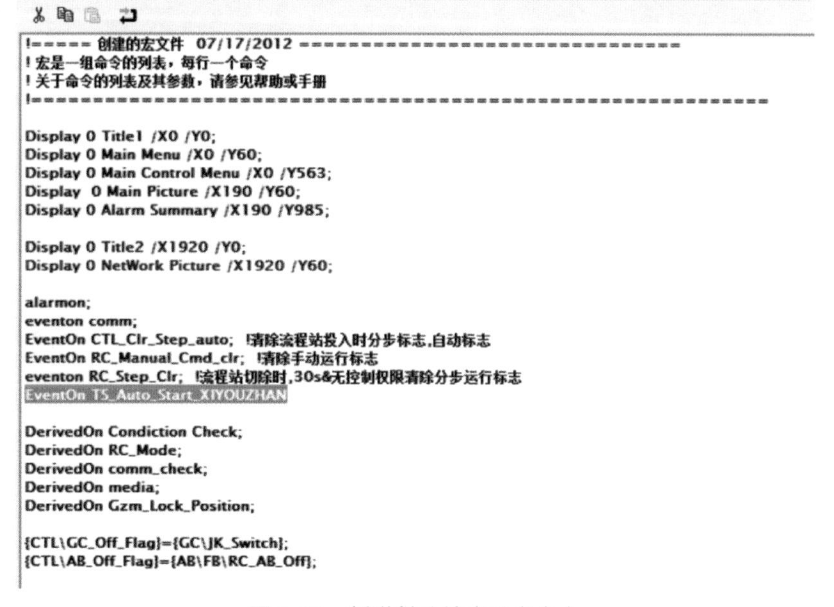
```
!===== 创建的宏文件 07/17/2012 ==============================
! 宏是一组命令的列表，每行一个命令
! 关于命令的列表及其参数，请参见帮助或手册
!=========================================================

Display 0 Title1 /X0 /Y0;
Display 0 Main Menu /X0 /Y60;
Display 0 Main Control Menu /X0 /Y563;
Display  0 Main Picture /X190 /Y60;
Display 0 Alarm Summary /X190 /Y985;

Display 0 Title2 /X1920 /Y0;
Display 0 NetWork Picture /X1920 /Y60;

alarmon;
eventon comm;
EventOn CTL_Clr_Step_auto;  !清除流程站投入时分步标志,自动标志
EventOn RC_Manual_Cmd_clr;  !清除手动运行标志
eventon RC_Step_Clr;  !流程站切除时,30s&无控制权限清除分步运行标志
EventOn TS_Auto_Start_XIYOUZHAN

DerivedOn Condiction Check;
DerivedOn RC_Mode;
DerivedOn comm_check;
DerivedOn media;
DerivedOn Gzm_Lock_Position;

{CTL\GC_Off_Flag}={GC\JK_Switch};
{CTL\AB_Off_Flag}={AB\FB\RC_AB_Off};
```

图 5-56　新增稀油站启动宏命令

5.8.6 增加下游水位波幅超限报警功能

升船机在下闸首对接时，发现经常发生承船厢水深波动幅度过大，最大甚至引起安全机构动作。经过细致检查与分析，判断为下游水位的波动较大导致。由于下游引航道导航墙长度不够，当发电机组切机或调峰运行，或泄洪时，或环境水文条件变化等，下游的水位波动与变幅会较大，变幅在较短的时间内会通过下游导航墙完成传递，导致下游对接出现较大波动，影响对接与设备安全运行。

下游水位整体变幅波动传递至承船厢的时间，一般不超过 10min，若能在下游将水位的数据进行统计分析，将其 10min 内的连续变化变幅计算出来，则可以为运维人员的操作提供重要参考依据。

依据此情况，将下闸首和辅助闸首的水位计数据利用标准 FAL 数组函数进行连续取值，5s 取一次数据存入数组中，共取 120 个数据，则共计 600s（10min）；将此数组一直进行复制进排序数组中；利用排序数组按大小进行排序；将最大值与最小值的差值比较，若差值大于 0.2m，则进行报警。

此逻辑优化，可以根据实际任意取不同频率的值，增大或减小取值的数量和总周期的时间，十分方便，具体控制逻辑如图 5-57 所示。

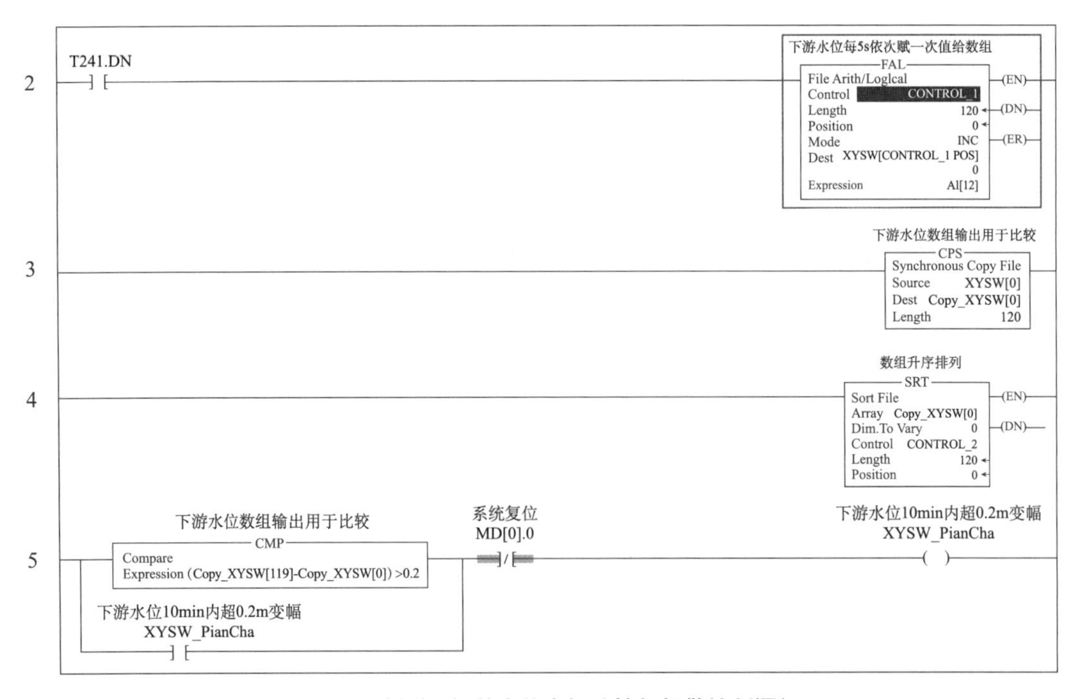

图 5-57　新增下闸首水位变幅计算与报警控制逻辑

程序优化后，经过测试，数据排序及计算变幅功能正常，上位机提示报警正常，为运行人员实时监控水位状态来作为设备操作运行的辅助判断提供了有力依据。

5.8.7　下闸首工作门集控状态下增加上位机纠偏功能

升船机上下闸首工作门油缸为长期持住缸，且为双缸持住。由于上下闸首工作门、通航门及门内所有机电液设备整体重量约 400t，重量较大，持住压力较大，且液压缸的内泄不可避免，造成通航结束后，双缸均会有缓慢下滑。在液压系统的逻辑中，允许双缸的运行偏差控制在 10mm 以内。若通航结束后，双缸的偏离较大（仍在 10mm 以内），加之双缸的内泄不同步，造成双缸的下滑不均衡，则第二天通航时，极大可能性造成工作门左右缸偏差超过 10mm，此故障必须进行处理现地单缸纠偏动作恢复至偏差在 10mm 以内才能消除，才可以进行上下闸首的设备动作。且该故障影响监控系统的自动运行，只能采用手动单机构动作，严重影响通航效率。经过试通航期间的长期运行检查，此故障发生概率极大，特别是下闸首工作门油缸，其内泄量较大。前期统计的下闸首的设备故障，有接近 80% ～ 90% 的故障都在于此，而经检查，油缸虽有下滑，但未超过设计标准，应属正常。需考虑快速处理方式，提高设备的故障处理速度。

经过研究，增加在上位机监控系统主画面中增加集控状态下的下闸首工作门油缸双缸同步纠偏功能。当发生此故障时，可以快速通过监控系统发令恢复，而不用必须至现地进行处理，提高了故障处理效率。整体对下闸首控制程序和上位机主画面进行了修改。程序控制逻辑和上位机监控系统控制画面修改后分别如图 5–58 和图 5–59 所示。

程序优化主要逻辑是在集控方式状态下，增加上位机监控系统的按钮发令，将此命令并联入原现地和检修方式下进行单缸纠偏功能的程序段中，并串入相应的闭锁与保护逻辑，且在集控系统画面中保证集控下的发令按钮显示也有保护显示，防止操作人员误操作。经过测试，程序优化后功能正常，保护闭锁正常，提高了设备运行维护的效率。

5.8.8　对接锁定机构泄压到位逻辑优化

试通航以来，升船机承船厢对接锁定机构频繁报出“对接锁定解锁失败”和“对接锁定泄压失败”故障，自动流程被中断，影响升船机通航效率。通过对故障现象和控制逻辑的分析，发现出现故障的直接原因为支承油缸泄压到位后压力存在波动，再次触发压力继电器信号导致故障。

通过对接锁定机构支承油缸液压控制原理图 5–60 可以看出，当支承油缸泄压到位后，支撑油缸 4 个腔均通过相应的平衡阀与外界管路隔离，形成独立封闭腔体，腔体内

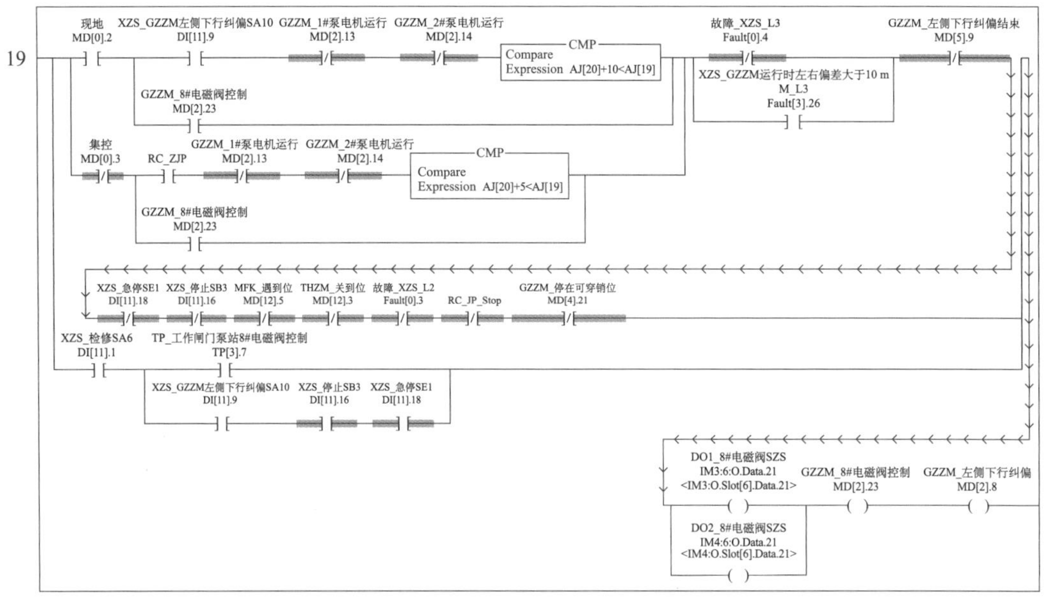

图 5-58 新增下闸首工作门纠偏功能控制逻辑

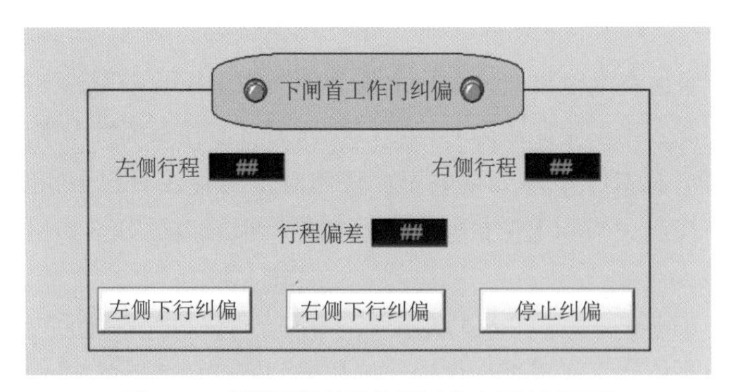

图 5-59 新增下闸首工作门纠偏功能控制画面

部压力随负载变化而改变。

因承船厢水深波动或系揽船舶影响，易出现局部负载变化情况，进而导致对接锁定支承油缸内部压力变化。受升船机设备运行特性影响，很难消除上述影响，故将对接锁定机构泄压到位控制逻辑进行优化。如图 5-61 所示，当支承油缸泄压令发出后，将首次泄压到位信号保持住，直至发出承压令，这样就可以避免泄压到位后，因为压力波动导致泄压到位信号丢失的情况。通过一段时间的试运行，效果良好，对接锁定机构故障大幅下降，升船机自动化流程成功率有效提升。

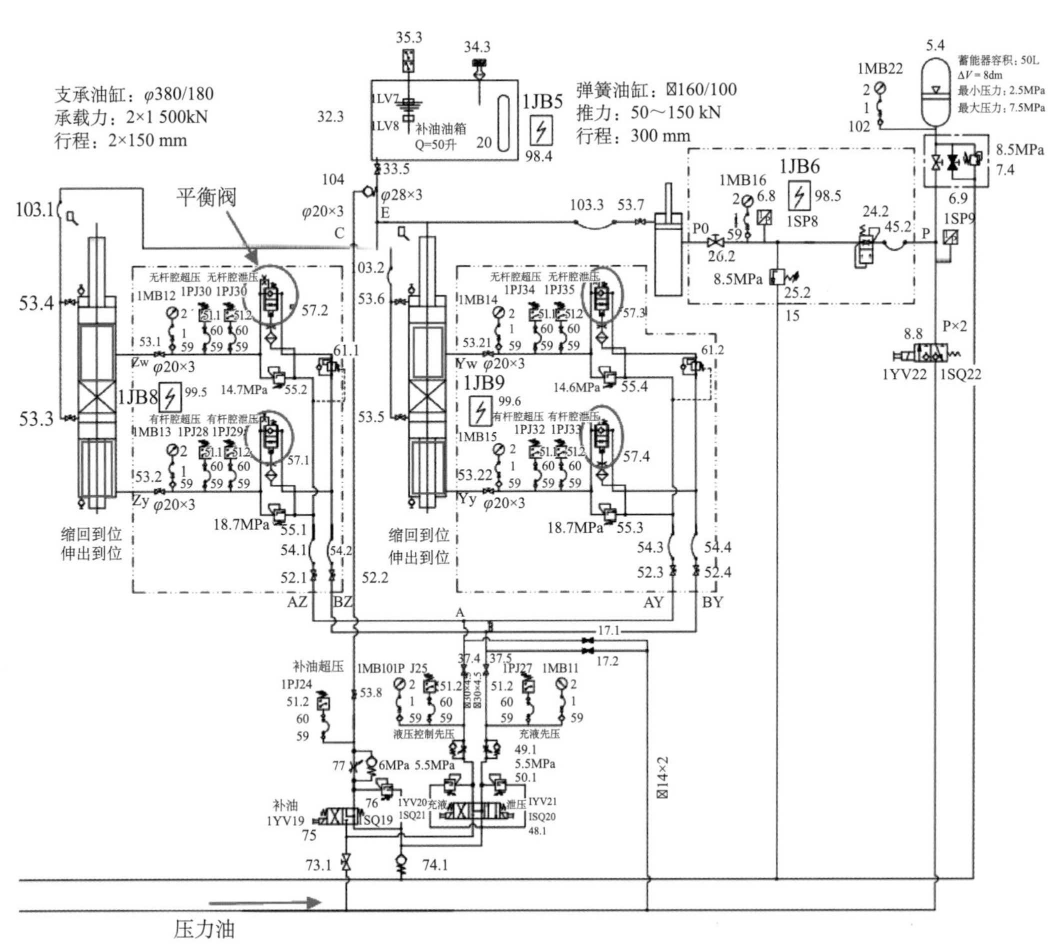

图 5-60　对接锁定机构支承油缸液压控制原理

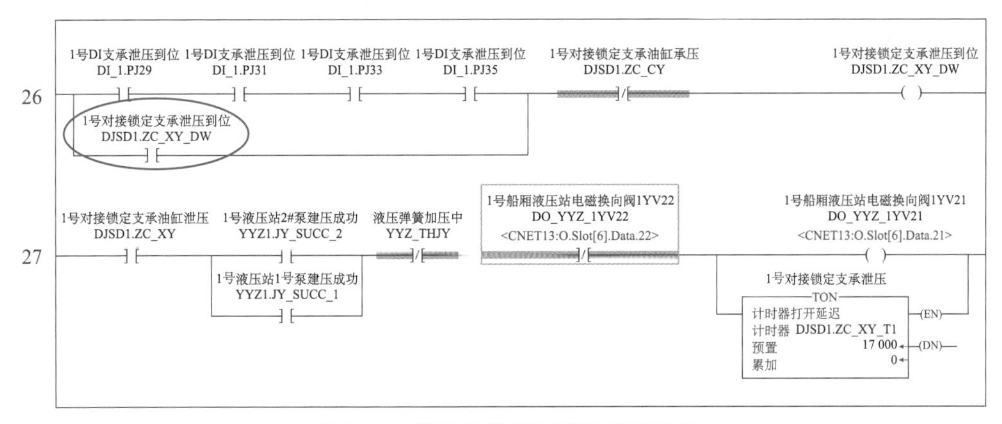

图 5-61　修改后的泄压到位控制逻辑

第6章 向家坝升船机运行展望

6.1 向家坝升船机通航潜力分析探索

6.1.1 连续运行能力分析

6.1.1.1 向家坝升船机设计通过能力

根据 GB 51177—2016《升船机设计规范》的相关规定，对向家坝升船机通过能力复核如下：

一次过闸（升船机）平均吨位：采用 GB 50139—2014《内河通航标准》中的标准船型（包括限制性航道内的船型）作为设计船型，并将各种船型进行组合得出一次过闸（升船机）平均吨位为 943t。

天然情况下流量小于 12 000m^3/s 的多年平均时间（按天计）为 337.3d，经电站调节流量小于 12 000m^3/s 的平均时间（按旬计）为 353.7d，通航时段内全天不调峰时间取 81d，调峰天中可不使用辅助闸室时间为 10h。

其他参数取值为：日工作小时 t 取 22h，船舶装载系数 α 取 0.8，年通航天数 N 取 330d，运量不均衡系数 β 取 1.3，日非运客、货船过闸次数 n_0 取 2。

向家坝升船机通过能力复核成果见表 6–1。

表 6–1 升船机设计通过能力理论计算表

运行工况		一次过闸平均时间（min）	日平均过闸次数（次）	单向通过能力（万 t）
不使用辅助闸室	按单、双向运行各占 50% 计算	45.91	28.75	256.15
每次均使用辅助闸室	按单、双向运行各占 50% 计算	50.73	26.02	229.99

续表

运行工况		一次过闸平均时间（min）	日平均过闸次数（次）	单向通过能力（万 t）
部分使用辅助闸室（每天使用 12h）	按单、双向运行各占 50% 计算	47.90	27.56	244.71

6.1.1.2 向家坝升船机饱和试验

在向家坝升船机试通航期间，电厂于 2019 年 5 月 29 日至 30 日组织了向家坝升船机达标饱和运行试验，试验模拟向家坝升船机双向 24h 连续运行工况，实际测算了升船机双向运行、单向运行船舶过坝历时及升船机当日可通过的厢次。

升船机达标饱和试验表明，当向家坝升船机双向连续运行 24h，可以完成运行 30.7 个厢次，船舶一次过坝平均历时约 46.9min，与设计一次过闸时间 45.91min（不使用辅助闸室）相近，说明升船机实际运行流程耗时与设计运行耗时基本相符。

6.1.1.3 向家坝升船机设计通过能力与试通航期间实际通过能力比较

升船机设计通过能力与试通航实际通过能力比较见表 6–2，表中计算通过能力时升船机设计船舶装载系数和货运不均匀系数分别采用 0.8 和 1.3，试通航指标为实际通航统计指标。

表 6–2 升船机设计通过能力与试通航期间实际通过能力比较表

	年通航天数（d）	日工作小时（h）	一次过闸平均吨位（t）	一次过闸时间（min）	日平均过闸次数（次）	年单向通过能力（万 t）
升船机设计	330	22	943	45.91	28.75	275.28
试通航实际	316	10	676.23	50.58	11.86	65.86

注：为简化比较，升船机设计通过能力暂按不使用辅助闸室、单双向运行各按 50% 考虑。

经表 6–2 中比较后发现，升船机试通航期间的年单向货运量为 65.86 万 t，与设计年通过能力 275.28 万 t 相差较大。主要由以下几个方面造成：

1）过坝船型问题

按照 GB 50139—2014《内河通航标准》中的标准船型，向家坝升船机设计过闸船型船队尺度采用 111.00m×10.80m×1.60m（长 × 宽 × 吃水深），单船尺度为 85m×10.8m×2.0m（长 × 宽 × 吃水深），实际经常通过向家坝升船机的船舶统计见表 6–3。

表 6–3 经常通过向家坝升船机的船舶统计表

序号	船舶名称	船舶种类	总长（m）	型宽（m）	满载吃水深(m）	满载排水量（t）
1	达 ** 号	干货船	59.99	10.8	3.1	1472

续表

序号	船舶名称	船舶种类	总长（m）	型宽（m）	满载吃水深(m)	满载排水量（t）
2	华 ** 号	干货船	51.8	9.2	2.3	753.16
3	黎 *	干货船	68	10.8	3.2	1787.17
4	三河 **	干货船	68	10.84	2.47	1458.37
5	安泰 * 号	干货船	48	8.22	2	558.27
6	顺源 **	散货船	65.5	10.83	3.1	1788.16
7	犍为 **	干货船	53.88	8.57	2.6	959.81
8	东乐 ** 号	干货船	50.3	8.2	2.3	678.49
9	结盟 ** 号	干货船	58.5	9.8	2.7	1210.79
10	永 ** 号	干货船	46.28	7.8	2.38	621.45
11	河强 ** 号	干货船	58	10	2.65	1148.66
12	康馨 **	散货船	48.98	9.1	1.8	595.03
13	继 * 号	干货船	50.3	8.2	2.3	678.59
14	继 ** 号	干货船	52.2	8.2	2.08	657.52
15	津洲 **	自卸沙船	58.02	10.83	3.05	1570.72
16	江宁 ** 号	干货船	58	10.82	3	1390.42
17	天顺 **	散货船	62.82	10.8	2.75	1105.52
18	祥伟 ** 号	干货船	58	11	2.11	1118.74
19	叙峰 ** 号	干货船	58	10.8	2.6	1176.12
20	川林 ** 号	干货船	57.6	10.8	2.7	1239.03
21	利航 **	自卸沙船	58	10.82	3	1478.78
22	文富 ** 号	干货船	58	10.82	3	1481.8

从表 6–3 可知，试通航期间实际通过向家坝升船机的船型一般都短而吃水深，船长一般都是 50 多米，吃水在 1.8 ～ 3.2m 之间。而设计代表船队长 111.0m，吃水 1.6m，设计代表 1000t 级单船长 85m，吃水 2.0m，设计船型长而吃水浅。造成实际过坝船型与升船机承船厢尺度不匹配，承船厢的有效水域无法充分利用，承船厢水深又不完全满足实际船舶吃水要求，通过升船机的船舶不能满载运行，使一次过闸平均吨位与设计值相比降低较多。

2）运行时间问题

升船机运行时间主要是年通航天数和日工作小时两个指标。

向家坝试通航期间，年检修停航约 32d，汛期平均泄洪停航 17d，超过了原设计停航天数 35d。其主要原因为试通航期间首次检修耗时较多，同时为确保通航安全在汛期停航时间较长。由于金沙江现在还不能夜航，试通航期间每日运行时间为 8 时至 22 时，与设计日工作小时 22h 存在较大差距。

3）其他外部因素

向家坝水电站于 2008 年 12 月大江截流后，造成向家坝坝址河段断航。经报国家批准，电站工程业主当时针对断航问题采用“翻坝转运＋经济补偿”的综合处理方案，翻坝转运解决货物流通问题，经济补偿解决断航影响问题，由此，形成了向家坝翻坝转运市场。向家坝翻坝转运运行以来，施工断航期“翻坝转运＋经济补偿”的综合处理方案得到了社会各方的广泛认可，货物翻坝转运量也从 2009 年的 57.5 万 t 激增至 2018 年 468 万 t，即便是向家坝升船机在同年已投入运行，但因向家坝翻坝转运已作为向家坝过坝运输的主要承载方式，电站工程业主承担的翻坝转运补贴现象存在，过坝货物流向不能有效引导向升船机，向家坝升船机运力发挥受到一定的制约。

6.1.2 标准船型推广

船舶标准化即：使大量船舶的尺寸及外形、运货量及货物摆放情况、运输货物的种类等一切影响通航效率的外部参数实现统一。这样有两点优势：其一，由于船舶实现了标准化，相应的通航建筑物就可以进行相应的标准化调整，使其更加适应通航的效率需求；其二，船舶标准化使得通航枢纽的管理变得简便，从原有的要兼顾各种各样船型的船舶过坝，到只需重点监测几种甚至一种标准船型的船舶，无疑极大减少了运行管理单位的工作量。

对于同类型的货船，在运输距离相同的前提下，船舶载重量越大，运输成本越低，经济性也就越好。在满足国家标准船型主尺度要求的前提下，如果尽可能地设计出载重量较大的船型，不但可以提高船舶的经济性，也可以更充分地发挥向家坝升船机的通行能力。另外，在货物周转量一定的前提下，提高船舶的装载能力，可以有效减少航道的船舶数量，从而提高船舶航行的安全系数。因此，船型关键指标的确定，是船舶设计的基础，也是至关重要的部分。

为了推广“向家坝型”标准船舶，可考虑的主要做法包括两个方面：一是定标准，制定主尺度系列标准、标准船型指标体系，以及安全、环保等方面的船舶技术标准，禁止新建非标准船型进入市场；二是调存量，加快小吨位过闸船舶、安全技术水平及生活污水排放不达标船舶、老旧运输船的更新改造，制定限航措施。

具体措施包括：

（1）研究公布主尺度系列。研究制定向家坝升船机准船型主尺度系列要根据内河航运生产实际，以提高船舶升船机通航建筑物的适应性来提高通航效率，以优化船型设计来提高船舶经济性。向家坝升船机标准船型主尺度制定的整体思路是：首先根据航道、升船机尺度限制条件和运输市场需求情况划分船型吨级系列，根据现有船型主尺度特征，同时考虑未来航道条件变化的因素确定每个吨级船型主尺度的选择范围，采用网格法形成多个主尺度方案；再建立技术经济模型和评价指标体系，对每个主尺度方案进行技术经济论证，根据评价指标体系比选出较优的方案作为主尺度系列标准的推荐方案。

（2）制定现有过闸船技术改造方案。在对新造船提出新的尺度、安全、环保等方面的要求之外，对现有过闸船的改造是过闸船型标准化推广工作的又一项主要内容。船舶从建造投入营运到退役报废这一较长的生命周期及高价值，决定现有非标船不可能在短期内进行拆解，因此对现有过闸船进行技术改造是船型标准化的必经之路。

（3）采取限航措施，逐步淘汰现有非标过闸船。在限制新造非标船进入市场的基础上，对现有非标过闸船采取限航措施，是确保向家坝升船机船型标准化有序推进、达到成效的又一重要保障。采取限航措施可以由地方航务（海事）主管机构通过发布公告、运输市场管理办法等方式，分阶段、分步骤明确现有过闸非标船的禁航日期。

6.1.3　提高过闸船舶吃水研究

在向家坝升船机通航方面，存在船舶与升船机不相匹配的问题，由于各种原因，导致升船机设计时按规范确定的标准船型与实际通航的船型相去甚远。目前金沙江水域船队已全部消失，1000t 单船尺寸基本为 55m × 10.8m × 2.8m，满载吃水达到 2.7 ～ 2.8m，若按设计 2.0m 吃水限制，船舶载重仅 500t 左右，船舶的经济性、升船机的通航效益受到很大影响，地方船舶公司、行政管理部门不断提出诉求，期望船舶的吃水控制能够尽可能地放宽，以提高水运的经济性。向家坝升船机运行管理单位对此高度重视，在升船机第一阶段实船试航过程中，已进行了超吃水 2.2m 和 2.3m 实船试验，试验初步表明，船舶吃水在设计 2.0m 的基础上有一定的提升空间。

6.1.3.1　研究目的和意义

过闸船舶吃水控制标准是保证通航建筑物及船舶通航安全的一项重要的技术指标。吃水控制标准与船舶尺寸、闸室（承船厢）尺寸、水深、船舶航速、运行条件等诸多因素有关，十分复杂。在设计阶段，通常全面考虑各种因素的影响，并考虑一定的安全系数，来确定船闸门槛或升船机承船厢水深，但在实际运行中，设计吃水标准通过研究论证后，在保证通航安全的前提下往往可以适当放宽。针对向家坝升船机船舶设计吃水与通航船舶不相匹配的问题，从提高船舶水运经济性、充分发挥升船机通航效益考虑，开展过闸船舶吃水控制标准提升研究具有重要意义。

通过船舶吃水控制标准理论分析、上下游水位波动特性观测、大量社会过闸船舶航行下沉量观测、代表性船舶系统性的实船试验等研究，科学合理地提出向家坝升船机船舶吃水控制标准及安全运行条件，在确保安全的情况下，最大限度地提高过闸船舶吃水控制标准。研究成果将为向家坝升船机通航效益的充分发挥提供技术支撑，对金沙江航运事业的发展起到很好的促进作用。

6.1.3.2 研究内容及方法

1）升船机过闸船舶吃水标准理论研究

通过实地调研收集金沙江下游潜在过闸的通航船舶基本资料，包括船型主尺度、载货量、吃水等，建立向家坝升船机潜在过闸船舶数据库；参考向家坝升船机船舶进出承船厢模型试验及实船试航成果，结合承船厢尺度，开展不同类型船舶进出承船厢的下沉量、富裕水深与船型、航速之间的关系理论分析，从总体上初步把握船舶吃水控制范围。

2）向家坝升船机过闸船舶下沉量原型观测

在过闸船舶的吃水分析的基础上，开展向家坝升船机过闸船舶下沉量原型观测，主要包括以下三个阶段：

（1）普遍观测阶段：在 2.2m 吃水控制标准条件下，对大量社会船舶正常通过升船机过程航速、下沉量、水面波动等进行观测，分析各种不同尺度的船舶通过升船机下沉量特性、水面波动规律等；

（2）集中试验阶段：挑选 2 ～ 3 条代表性船舶，开展多组次不同速度（0.3m/s、0.5m/s、0.7m/s）、不同吃水（2.2m、2.3m、2.4m）进出承船厢实船试验，以及在承船厢内不同停泊位置（上、中、下）出厢试验，建立船舶下沉量与船速、吃水、停泊位置之间的关系，提出船舶吃水控制标准的建议；

（3）普遍观测阶段：普适性选择过闸船舶吃水从 2.2m 进一步放宽至 2.4m 后，对正常过闸社会船舶进出厢的航速和下沉量进行观测。

3）向家坝升船机过闸船舶吃水控制标准研究

在理论分析、原型观测的基础上，建立向家坝升船机船舶进出承船厢综合下沉量预测公式，提出科学合理的船舶吃水控制建议。

6.1.3.3 研究结论与吃水控制标准预测

据统计，经常通过向家坝升船机的船舶约 160 条左右，包括干散货船、自卸沙船、挖泥船、拖船、趸船、客船、工程船、汽车渡驳、公务车、游艇、测量船等不同类型船舶，绝大部分为干散货和自卸砂船，吃水标准研究即以这两种船型为对象。

船舶满载吃水的概率分布函数和概率密度函数分别如图 6–1 和图 6–2 所示。据统计，在经常通过向家坝升船机的货船中，满载吃水 2.0m 以内的仅 7%，如按设计的 2.0m 船舶吃水控制标准，绝大部分船舶都要减载；船舶满载吃水近似正态分布，绝大部分集中在 2.5 ～ 3.0m 左右，意味着通航船舶的装载率较低，船舶的航运效益受到很大影响。因此，从实际通航船舶情况看，开展向家坝升船机过闸船舶吃水控制标准提升研究是十分必要和有意义的。

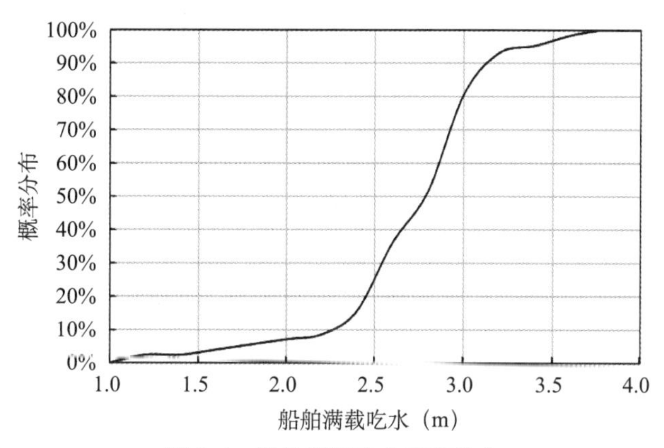

图 6-1 船舶满载吃水概率分布

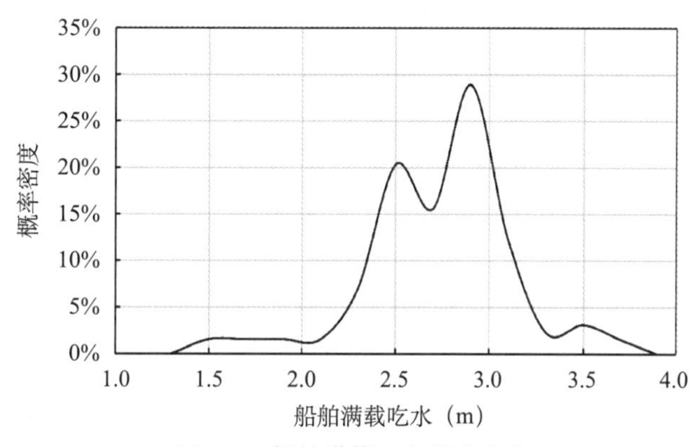

图 6-2 船舶满载吃水概率密度

根据船舶吃水影响因素分析可知，船舶下沉量是主要因素。在向家坝升船机承船厢水深论证阶段，通过开展的向家坝升船机1000t级单船和2×500t级船队进出承船厢模型试验，总结得出，船舶进出承船厢时的最大下沉量主要与船速、承船厢水深和断面系数有关。基于模型试验数据，拟合得到船舶下沉量预测公式

$$\frac{\delta}{h}=2.43\times\frac{v^2}{2gh}\times\left[\left(\frac{n}{n-1}\right)^2-1\right]+0.07 \tag{6-1}$$

$$n=F/f \tag{6-2}$$

式中：δ为船舶综合下沉量，m；h为承船厢水深，m；v为船舶对水相对航速，m/s；n为断面系数；F为承船厢水下横断面面积，m^2；f为船舯水下横断面面积，m^2；g为重力加速度，m/s^2。

按向家坝正常过闸1000t级代表性船舶尺度进行下沉量预测，船舶宽度取10.8m，承船厢宽度12m，正常运行条件下承船厢水深3.0±0.1m，按3.1m、3.0m和2.9m考虑，进出厢最大速度要求≤0.5m/s，按0.3m/s、0.4m/s和0.5m/s考虑。

通过对试验船舶下沉量和富裕水深的观测结果显示，当承船厢水深 3.1m 时，船舶吃水 2.4m，按 0.5m/s 的速度出厢下沉量约为 0.409m，富裕水深约为 0.291m；当承船厢水深 3.0m 时，船舶吃水 2.4m，按 0.5m/s 的速度出厢下沉量约为 0.429m，富裕水深约为 0.171m；当承船厢水深 2.9m 时，船舶吃水 2.4m，按 0.5m/s 的速度出厢下沉量约为 0.457m，富裕水深约为 0.043m；船舶吃水 2.3m，按 0.5m/s 的速度出厢下沉量约为 0.414m，富裕水深约为 0.186m。

研究结果表明，向家坝升船机承船厢对接后厢内水深相对稳定（300 ± 10cm），在重载船舶进出厢速度不超过 0.5m/s 情况下，船舶综合下沉量不大于 30cm，船舶吃水标准提升至 2.4m 技术上是可行的，但需要进一步继续验证 85m、吃水 2.4m、载量超过 1000t 标准船舶进出承船厢时防撞装置的有效性，以及在上下游水位大幅波动、机组切机补水等极端工况下，船舶提高至 2.3 ～ 2.4m 应具备的安全运行边界条件和措施。

6.2 向家坝水电站通航管理趋势探讨

6.2.1 信息通报协调机制建立

升船机运行管理模式或体制，主要指作为升船机的管理、运营和维护的方式、方法，涉及行政机关、事业部门、企业、中介组织等单位的责权利关系。向家坝升船机目前采用的为电航统管模式，是指由水利工程业主负责升船机的建设、日常运行管理和维护，产权也属于业主（电厂）的管理模式，这种模式的要点是与升船机的运营、维护与管理的有关费用由工程业主单方负责。

随着向家坝工程建设完成，上游水库正常蓄水以后，库区航道条件极大改善，库区从事翻坝运输船舶数量、吨位大幅增加，翻坝转运工作将常态化持续存在，向家坝枢纽河段将进入升船机运行和翻坝转运并存通航时期，通航安全管理要求高。

另外，向家坝枢纽河段通航水流条件与水库调度运行密切相关，航运调度必须服从电站发电、防洪、灌溉等综合效益需要；向家坝枢纽河段通航管理也需要行业主管部门积极推动船型标准化、制定相关管理办法、提升航道通过能力等工作。

为保障向家坝升船机运行期航运协调工作便捷、高效，促进金沙江航运效益发挥，需建立向家坝升船机运行期信息通报机制，以助于协调升船机投运后枢纽运行与航运关系，及河段通航重大政策制定、碍断航等重大航运协调事项。

原则上，建议与枢纽安全、升船机运行相关的事项，由运行管理单位负责；与航运安全、行业发展相关的事项，由航务（海事）管理机构牵头，而枢纽运行与航运安全界面上的协调事项，双方共同协商达成一致。

6.2.1.1　运行管理单位职责

（1）在每年的消落期、汛期、蓄水期、枯水期到来之前，将度汛方案、蓄水方案、消落方案等重大调度信息及时告知相关单位。

（2）及时向相关单位提供向家坝枢纽出入库流量、上下游水位（每日早、晚八点）等水情信息。

（3）及时通报升船机运行过程中的重大事项。

（4）开展航运相关研究，提高航运效益。

6.2.1.2　航务（海事）管理机构职责

（1）负责主持议定提交航运协调的相关事项。

（2）根据坝址的水情、气象情况，及时对外发布公告。

（3）根据本区域河段水情具体情况，采取限航、禁航等临时性安全措施。

（4）根据属地管理职责，对突发事件进行应急处置。

6.2.1.3　通报及协调运作方式

（1）会议协商机制。可以每半年召开一次工作会议，遇到重大情况，由成员单位提议可临时召开工作会议。会议达成一致意见后，应形成会议纪要，以成员单位共同名义下发各成员单位，各单位根据纪要安排落实具体工作。

（2）工作简报制度。各成员单位按照分工应每半年将各自职责范围内航务信息、水情信息、翻坝转运情况、升船机运行情况、航运安全监管情况、其他需要通报的情况报送牵头单位，由牵头单位组织编写工作简报，并在工作会议上通报。

6.2.2　枢纽河段通航秩序维护

枢纽通航安全包括枢纽水上通航交通秩序、通航船舶航行、停泊和作业安全。影响通航安全的因素有很多，大体上可以分为天然和人为两大类。天然因素对通航安全的影响是由其天然属性所决定，要控制这些因素对通航安全的影响，主要靠掌控其基本规律和属性，及早预防、控制并加以利用。人为因素对通航秩序安全的影响都与人的行为有关，主要靠对人员和人为操作进行科学管理和控制，来降低对通航安全的影响。天然因素主要有自然环境（气象、水文、水道、地质）、枢纽通航建筑物环境（设施、航道、锚地）等，人为因素主要有交通环境、安全保障措施等。

对枢纽河段通航秩序进行有效维护，可最大限度地避免船舶通航对枢纽大坝的不利影响。保障通航安全，就是保护通航资源，维护通航秩序，就是促进水运经济的发展。

新一轮科技革命和产业变革孕育兴起，大数据的积聚、理论算法的革新、计算能力的提升及网络设施的演进，驱动人工智能发展进入新阶段，人工智能正加快与经济社会各领域渗透融合，带动技术进步、推动产业升级、助力经济转型、促进社会进步。人工智能技术可以实现对人的思维、逻辑判断等意识过程进行模拟，人工智能从提出发展到现在，其应用领域已不断深入到各行各业，可以预见随着人工智能技术的不断成熟，将会给未来枢纽通航安全监管和通航秩序维护的难点和问题提供解决方案，例如：违章识别、综合信息处理、专家系统、智能机器人等科技产品或者系统方案等。

6.2.2.1 水上交通违法行为智能辨识

目前的水上交通安全监管的电子巡航主要是人工定时巡查，对发现的一些水上交通违法行为或者异常情况进行辨识。而当前的人工智能技术已经可以侦测视频图像中运动的物体（比如船舶、作业人员），并运用算法对识别出的物体进行一定的逻辑判断（基于预先学习的各类水上交通违法行为的特征），将符合筛选条件（可能存在水上交通违法行为的部分）的视频数据调取并推送或者优先予以播放。应用这种方式可以避免巡查人员无目的、无针对性的视频巡查，提高效率，降低巡检成本，而且应用人工智能技术的水上交通违法行为智能辨识系统可以依托云计算，快速处理大量信号源视频数据，24h 不间断工作。

6.2.2.2 智能巡航

根据水上交通安全监管的需要，海事部门需要定期通过海巡艇、执法车、无人机、视频监控等方式对辖区通航水域巡航。

以向家坝为例，枢纽管理河段的航道长度有 7km，还有码头、桥区、作业港区等，巡航任务繁重。如果在对现有巡航手段智能化的基础上，进一步引入卫星图人工智能这一新的智能巡航手段，则人工智能技术在图像处理方面的强大能力可以通过对多幅不同时间拍摄的同一区域卫星图像的差异性分析，找出发生变化的区域或者位置，并将这些可能存在问题的区域进行标注以供监管人员核查。由于基于人工智能技术的图像对比可以达到像素级，因此在对比时需要运用图像增强技术，例如要强调通航水域等某些感兴趣的特征，抑制岸上设施等不感兴趣的特征，有效提升通航水域范围图像信息的质量，满足水上交通安全监管分析的需要。

6.2.2.3 智能辅助决策

目前，枢纽通航秩序安全监管缺乏高效的辅助决策系统，可以预见复杂情况下水上交通秩序维护往往需要对专家意见、数据、图像、视频等方面的各类信息进行综合处理，尤其是海量视频、图片等，一般人可能无法在短时间内获取足够及有用的信息，目前人工智能技术在数据、图像处理等方面的能力远远超过人类，同时人工智能技术在专家系统和综合信息处理方面可以在辅助决策方面提供有效支持。智能辅助决策系统可以对人的逻辑思维和分析决策进行模拟，在通航秩序维护人员应对复杂情况或者紧急情况时，提供有效的人工智能决策支持。这种决策支持是基于建立的各种支持模型，通过算法对枢纽通航秩序维护相关的各类信息化系统提供的数据进行规则分析和推理，最终选择合适的模型提供给通航秩序维护人员。

6.2.3　翻坝运输体系与升船机通航联动模式

向家坝升船机自投入试通航以来，航运效益进一步发挥。根据向家坝升船机近一年半的试通航运行管理经验，在升船机正常运行情况下，坝上待机锚地基本能满足过闸船舶及翻坝转运船舶（以下统称翻坝船舶）靠泊需求，枢纽河段不存在大量船舶积压现象。向家坝蓄水后，促进了金沙江航运及库区经济快速发展，货物翻坝需求急剧增加，尤其遇翻坝转运设施检修维护、升船机停航检修、汛期泄洪停航等情况，导致过坝通道不畅，船舶坝前积压将成为常态。大量船舶积压坝前无序停靠，安全环保管理风险较大，而且还会形成社会不稳定因素。为有效控制向家坝枢纽河段等待船舶停泊数量，同时规范过闸船舶和翻坝船舶在枢纽河段内停靠，保障枢纽河段通航安全高效，在未来可考虑建立向家坝翻坝转运与升船机通航联动运行模式。

6.2.3.1　联动控制水域划分

建立联动运行，首要工作就是需要划定核心水域、远程水域 2 个区域，实施近坝水域的船舶联动控制。目前核心水域可设置为坝址到升船机上游待机锚地水域，远程水域可设置为升船机上游待机锚地以上某个控制水域。

6.2.3.2　联动控制目标

按照“上游核心水域船舶总数不超过 30 艘，船舶平均翻（过）坝时间不超过 3 天”作为总体控制目标。

6.2.3.3　翻（过）坝船舶控制措施

按照“远程申报、滚动计划、分段控制、沿途等待、实时公开”的原则，对所有船舶实施有效控制。

1）翻（过）坝船舶申报

（1）远程申报：拟翻（过）坝的船舶在本航次最后一个码头装货完毕，具备翻（过）坝条件后，通过指定的手机微信群远程申报翻（过）坝计划。

（2）现场申报：不具备远程申报条件的船舶，可向新滩坝翻（过）坝码头相关窗口申报。

（3）特殊任务船、客船、整船鲜活货船舶、重点急运物资运输船、集装箱船舶按照《金沙江向家坝枢纽河段通航管理暂行办法》优先翻（过）坝。进入核心水域后，相关部门实施100%现场核查，对于虚假申报的一律取消翻（过）坝计划，其列入失信船舶名单，按诚信管理有关规定处理。

（4）船舶申请翻（过）坝后，必须保持手机通畅，GPS（全球定位系统）、AIS（船舶自动识别系统）、VHF（甚高频）处于开启状态，避免造成申报无法确认和无法接收到翻（过）坝计划的情况。

（5）翻（过）坝船舶安全检查按照过闸船舶安全检查的相关规定执行。

（6）因不诚信行为取消远程申报资格的船舶，按相关规定延迟其翻（过）坝时间。

2）编制发布翻（过）坝计划

编制翻（过）坝调度作业计划应当遵循“安全第一、先到先过”的原则，船舶翻（过）坝调度作业计划，包括日作业计划和滚动预计划。

（1）日作业计划：相关单位在每日18:00前发布次日的翻（过）坝作业计划。

（2）滚动预计划：相关单位在每日9:00前发布前一日16:00前已申报翻（过）坝计划且已通过确认的其他船舶滚动预计划。

滚动预计划采用船舶名单列表形式，根据船舶申报翻（过）坝确认时间的先后顺序，分类编制载运重点急运物资船、客船、整船鲜活货船、集装箱船、普通货船等类别排序名单。

（3）优先翻（过）坝船舶列入日作业计划和滚动预计划。

3）沿途等待

（1）列入当日作业计划及滚动预计划中第一日翻（过）坝作业计划的翻（过）坝船舶，允许进入核心水域靠泊等待。

（2）列入滚动预计划第二日及以后的翻（过）坝船舶，在远程水域内自行选择安全区域靠泊等待，未经允许，禁止进入核心水域。

4）翻（过）坝船舶分段控制

（1）在大坝上游设置1条交通管制线（上游待机锚地），海事管理机构实行24h交通管制。

（2）实施交通管制的海事管理机构，根据相关单位发布的翻（过）坝计划，对船舶实施控制放行。对于不服从交通管制措施、擅自通过交通管制线的船舶，海事机构根据《内河交通安全管理条例》对该船舶依法严格处理，并列入失信船舶名单，按诚信管理有关规定处理。

（3）列入日作业计划的船舶，沿途各交通管制线均予以放行。

（4）地方海事局制定核心水域、控制水域具体的管控实施方案。

6.2.4　客运及旅游发展前景

2012 年向家坝电站建成蓄水后，在向家坝上游库区 157km 的金沙江江域上将形成 90 多 km^2 的库区湖泊面积，形成许多大大小小的岛屿，其水域风光更具有视觉景观效果，再加上良好的生态环境，具备发展旅游的资源条件，向家坝电站蓄水而成的“高峡平湖”将成为亲水旅游的理想之地，水利旅游资源—坝、湖、岛将成为水利旅游开发的优势区。其中，水路旅游线路发展将是库区旅游发展的重点方向。目前库区旅游码头主要有新市镇港、屏山港及沿江乡镇的码头组成，新市客运作业区、新市镇龙尾码头都具有一定的规模，为发展旅游业提供了优越的交通条件。

目前，向家坝枢纽工程旅游开发仍然停留在“观坝”这一垄断性观光产品上，调查发现，尽管游客对大坝的雄姿感深，但游客仅通过走马观花式的游览，很难对向家坝枢纽工程的文化内涵、科学价值等有较深的理解，因而仍然是表层次的感知性旅游。这种就工程而工程的旅游开发方式，很难适应体验旅游消费的需求，急需向工程文化遗产的开发模式转变。只有把向家坝枢纽工程作为人类文明的“未来遗产”，全方位地挖掘、保护、展示、传播、继承其作为遗产的文化内涵和价值，才能有效地满足游客的需要，传承向家坝枢纽工程的遗产文化。

作为金沙江上最靠近城市的国家级超级水电枢纽工程，向家坝大坝是今后库区旅游的核心要素之一。据了解，目前已有许多游客都会对乘船通过大坝，感受百米水头差的体验感抱有浓厚的兴趣。自 2018 年 5 月 26 日起，向家坝升船机进入试通航阶段，这座目前世界上提升高度第二大的升船机，可载 1000t 级船舶，最大承载吨位达 8150 万 t，最大爬升高度 114.2m，其伟岸壮美吸引了众多游客的目光。利用未来开展的向家坝升船机旅游项目，向家坝库区游的旅客可以通过乘坐向家坝升船机这一“空中电梯”，感受快速过坝和科技的力量。

安全是水电站旅游开发的前提条件，因此在大坝旅游的开发过程中，一方面要保证水电工程设施的安全运行，尤其是大中型水电工程直接关系到区域国民经济和社会的发展，对所在地区的国民经济发展有举足轻重的地位；另一方面要确保游客的人身安全。升船机在可研设计初期，就充分考虑了紧急情况下的安全停靠，以及完善的消防设施和应急疏散系统。

良好的生态环境是旅游业得以生存发展的必要条件，而大坝旅游的内在特征决定了水电站的建设运行必须以生态环境保护为前提。在利用升船机作为大坝旅游重要景点，进行旅游线路开发时，就将大坝旅游与环境保护融为一体，让游客在绿水青山与工业文明的交相辉映中感受人与自然和谐共生的美好场景。

总而言之，升船机的运行投入可以令整个金沙江库区的各个景区形成有机的连接，形成金沙江旅游带，同时依托和发挥向家坝—溪洛渡两坝间高峡平湖景观和现代大型水电工业文明景观的独特优势，打造金沙江旅游品牌，沿江两岸也能够形成跨行业、复合型的水电库区旅游产业链，通过旅游经济收益带动地方经济增长。

参考文献

[1] 王永新 . 国内外过船建造物的建设与发展 [J]. 水力发电，1990（8）：44–48.

[2] 胡亚安，李中华，李云，宣国祥 . 中国大型升船机研究进展 [J]. 水运工程，2016（12）：10–19.

[3] 胡亚安，李中华，郭超 . 景洪水利式升船机同步轴系统及极端工况模型研制试验 [R]. 南京：南京水利科学研究院，2014.

[4] 孙精石，周华兴 . 关于升船机的调查研究 [J]. 水道港口，2001，22（3）：141–145.

[5] 钮新强，宋维邦 . 船闸与升船机设计 [M]. 北京：中国水利水电出版社，2007.

[6] 福建水口发电集团有限公司 . 升船机运行培训教材 [M]. 北京：中国电力出版社，2021.